“十二五”职业教育国家规划教材
经全国职业教育教材审定委员会审定
全国高等职业院校规划教材·精品与示范系列

省级精品课
配套教材

公差配合与精度检测
（第2版）

张秀芳 许 晖 主 编
赵姝娟 高 洁 副主编

電子工業出版社
Publishing House of Electronics Industry
北京·BEIJING

内 容 简 介

本书按照教育部倡导的“以就业为导向，以能力为本位”的职业教育教学改革精神，结合作者多年来开展的工学结合经验与课程改革成果，在第1版得到广泛使用的基础上进行修订编写。以企业真实工作任务为主线安排教学，突出学生的应用能力和综合素质培养。主要内容包括尺寸公差及配合设计、形位公差设计、表面粗糙度设计、光滑工件尺寸检测、典型零件公差及检测、尺寸链分析与计算等。全书采用最新的国家标准，内容通俗易懂，图文并茂，版面新颖。本书配有“职业导航”、“教学导航”、“知识分布网络”、“知识梳理与总结”，以方便教学和读者高效率地学习知识与技能。

本书为高等职业本专科院校机械类专业、机电类专业、控制类及自动化类专业的教学用书，也可作为开放大学、成人教育、自学考试、中职学校及培训班的教材，以及机械工程技术人员的参考书。

本书配有实训指导书、免费的电子教学课件、习题参考答案和**精品课网站**，详见前言。

图书在版编目（CIP）数据

公差配合与精度检测/张秀芳，许晖主编．—2版．—北京：电子工业出版社，2014.1
全国高等职业院校规划教材•精品与示范系列
ISBN 978-7-121-22369-3

Ⅰ．①公…　Ⅱ．①张…　②许…　Ⅲ．①公差－配合－高等职业教育－教材②机械加工－几何误差－高等职业教育－教材　Ⅳ．①TG801

中国版本图书馆CIP数据核字（2014）第011042号

策划编辑：陈健德（E-mail:chenjd@phei.com.cn）
责任编辑：刘真平
印　　刷：涿州市京南印刷厂
装　　订：涿州市京南印刷厂
出版发行：电子工业出版社
　　　　　北京市海淀区万寿路173信箱　邮编　100036
开　　本：787×1 092　1/16　印张：11.5　字数：294.4千字
版　　次：2009年6月第1版
　　　　　2014年1月第2版
印　　次：2018年1月第5次印刷
定　　价：26.00元

凡所购买电子工业出版社图书有缺损问题，请向购买书店调换。若书店售缺，请与本社发行部联系，联系及邮购电话：（010）88254888，88258888。

质量投诉请发邮件至zlts@phei.com.cn，盗版侵权举报请发邮件至dbqq@phei.com.cn。

本书咨询联系方式：chenjd@phei.com.cn。

职业教育　继往开来（序）

自我国经济在 21 世纪快速发展以来，各行各业都取得了前所未有的进步。随着我国工业生产规模的扩大和经济发展水平的提高，教育行业受到了各方面的重视。尤其对高等职业教育来说，近几年在教育部和财政部实施的国家示范性院校建设政策鼓舞下，高职院校以服务为宗旨、以就业为导向，开展工学结合与校企合作，进行了较大范围的专业建设和课程改革，涌现出一批示范专业和精品课程。高职教育在为区域经济建设服务的前提下，逐步加大校内生产性实训比例，引入企业参与教学过程和质量评价。在这种开放式人才培养模式下，教学以育人为目标，以掌握知识和技能为根本，克服了以学科体系进行教学的缺点和不足，为学生的顶岗实习和顺利就业创造了条件。

中国电子教育学会立足于电子行业企事业单位，为行业教育事业的改革和发展，为实施“科教兴国”战略做了许多工作。电子工业出版社作为职业教育教材出版大社，具有优秀的编辑人才队伍和丰富的职业教育教材出版经验，有义务和能力与广大的高职院校密切合作，参与创新职业教育的新方法，出版反映最新教学改革成果的新教材。中国电子教育学会经常与电子工业出版社开展交流与合作，在职业教育新的教学模式下，将共同为培养符合当今社会需要的、合格的职业技能人才而提供优质服务。

近期由电子工业出版社组织策划和编辑出版的“全国高职高专院校规划教材·精品与示范系列”，具有以下几个突出特点，特向全国的职业教育院校进行推荐。

（1）本系列教材的课程研究专家和作者主要来自于教育部和各省市评审通过的多所示范院校。他们对教育部倡导的职业教育教学改革精神理解得透彻准确，并且具有多年的职业教育教学经验及工学结合、校企合作经验，能够准确地对职业教育相关专业的知识点和技能点进行横向与纵向设计，能够把握创新型教材的出版方向。

（2）本系列教材的编写以多所示范院校的课程改革成果为基础，体现重点突出、实用为主、够用为度的原则，采用项目驱动的教学方式。学习任务主要以本行业工作岗位群中的典型实例提炼后进行设置，项目实例较多，应用范围较广，图片数量较大，还引入了一些经验性的公式、表格等，文字叙述浅显易懂。增强了教学过程的互动性与趣味性，对全国许多职业教育院校具有较大的适用性，同时对企业技术人员具有可参考性。

（3）根据职业教育的特点，本系列教材在全国独创性地提出“职业导航、教学导航、知识分布网络、知识梳理与总结”及“封面重点知识”等内容，有利于老师选择合适的教材并有重点地开展教学过程，也有利于学生了解该教材相关的职业特点和对教材内容进行高效率的学习与总结。

（4）根据每门课程的内容特点，为方便教学过程对教材配备相应的电子教学课件、习题答案与指导、教学素材资源、程序源代码、教学网站支持等立体化教学资源。

职业教育要不断进行改革，创新型教材建设是一项长期而艰巨的任务。为了使职业教育能够更好地为区域经济和企业服务，殷切希望高职高专院校的各位职教专家和老师提出建议和撰写精品教材（联系邮箱:chenjd@phei.com.cn，电话:010-88254585），共同为我国的职业教育发展尽自己的责任与义务！

中国电子教育学会

职业导航

机械产品的制造包括设计、加工和检测三个过程。

机械产品的设计包括四个方面，即运动设计、结构设计、强度设计和精度设计，其中精度设计是本课程的研究内容。设计结果以机械图样的形式体现。

机械产品的加工以机械图样为依据，无论机械加工操作人员还是工艺员，都必须能够识读机械图样结构及精度要求。

零件加工后能否满足精度要求需要通过检测加以判断，检测是产品达到精度要求的技术保证，检测人员要求具备机械精度基本知识和检测操作能力。

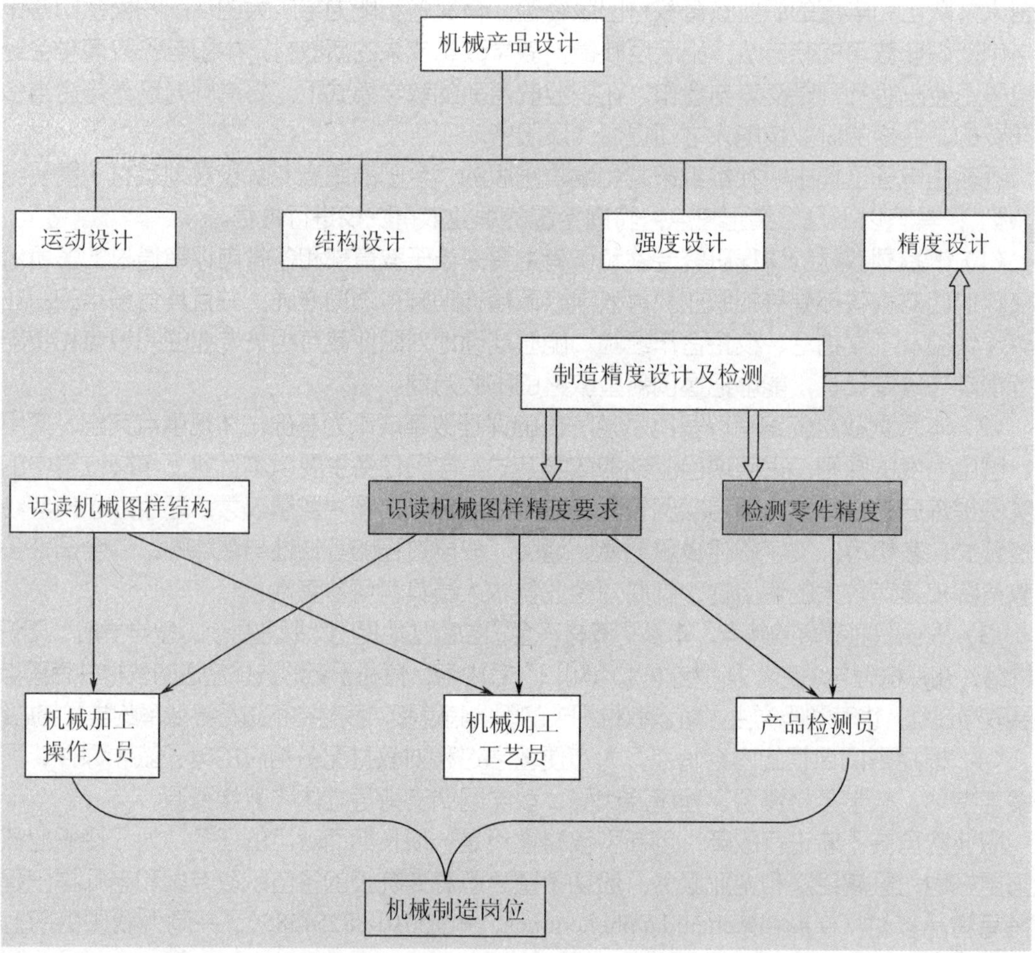

前　言

随着全国机械行业技术的快速发展，在教育部倡导的“以就业为导向，以能力为本位”的职业教育改革精神指引下，我们对公差配合与精度检测课程不断进行教学改革，引入企业真实工作任务作为课程教学内容，注重学生应用能力和综合素质的培养。公差配合与精度检测课程是机械加工技术专业群各专业的重要技术基础课，是机械工程技术人员获得几何量公差与检测方面的基本知识和技能的重要途径。本书以突出职业意识和职业能力的培养为主线，精选教学内容，主要包括尺寸公差及配合设计、形位公差设计、表面粗糙度设计、光滑工件尺寸检测、典型零件公差及检测、尺寸链分析与计算等。

本书随着课程内容的不断改进，在第 1 版得到高职院校老师广泛使用的基础上进行修订编写，内容既保持了原有的特色，同时又在帮助读者理解上增加了一些新的元素，主要特点有以下六个方面。

1．按照实际岗位能力需要组织内容。机械类各专业的职业岗位对本课程的培养能力要求分为三个方面，本教材内容及结构与此相对应，突出职业能力培养。

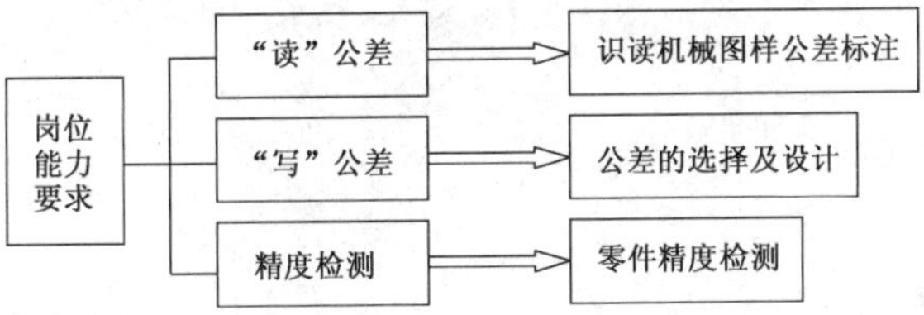

2．以企业的真实工作任务作为教学任务，将概念及术语与教学任务相结合，增强可读性和易懂性，并使学习情境贴近岗位工作环境。

3．本书内容精练，实用性强，注重技能培养，强化技能训练。全书提供 12 个教学任务和 12 个训练项目，有利于学生快速掌握操作技能。

4．突出操作技能培养，精度检测的大部分内容放在配套实训教材中专门讨论并进行操作训练，以“学做合一”模式实现能力培养。

5．采用最新的国家标准，内容通俗易懂，图文并茂，为帮助读者读懂相对复杂些的工程装配图，增加了立体装配示意图，给学习者带来很大的方便。

6．版面新颖实用，有助于高效率地开展教学。教材配有“职业导航”，说明本课程内容与职业岗位的关系；在每章正文前配有“教学导航”，为更好地引导教师与学员实现教学目标提供指导；正文中的“知识分布网络”，便于学习者快速掌握本节内容的重点；用“任务介绍”、“相关知识”、“技能训练”把每节内容整理出几个条块，层次更清晰；在每一章的后面均安排有“知识梳理与总结”，以便于学习者高效率地学习、提炼与归纳。

本书为高等职业本专科院校机械类专业、机电类专业、控制类及自动化类专业的教学用书，也可作为开放大学、成人教育、自学考试、中职学校及培训班的教材，以及机械工程技术人员的参考书。

本书由辽宁机电职业技术学院张秀芳、许晖担任主编，赵姝娟、高洁担任副主编。具体编写分工如下：张秀芳编写第 1 章、第 3 章及第 5 章，赵姝娟编写绪论和第 2 章，许晖编写第 4 章，高洁编写第 6 章。

为了方便教师教学，本书配套的实训指导书同时出版，另外还配有电子教学课件和习题参考答案，请有此需要的教师登录华信教育资源网（http://www.hxedu.com.cn）免费注册后进行下载，有问题时请在网站留言板留言或与电子工业出版社联系（E-mail:hxedu@phei.com.cn）。读者也可通过该精品课网站（http://jpkc.lnmec.net.cn/09_zhxf/index.asp）浏览和参考更多的教学资源。

由于作者水平有限，错误和不当之处在所难免，恳请各位读者批评指正。

编者

目 录

绪 论

教学导航

教	知识重点	互换性的概念及意义、优先数
	知识难点	实现互换性的条件及与标准化的关系
学	推荐学习方法	课堂：听课+互动 课外：了解生活或生产中零件互换性的实例
	必须掌握的理论知识	互换性、公差与加工误差、标准和标准化

0.1 互换性及其意义

1. 互换性的含义

在机械制造业中，零件的互换性是指在同一规格的一批零部件中，可以不经选择、修配或调整，任取一件都能装配在机器上，并能达到规定的使用性能要求。零部件具有的能够彼此互相替换的性能称为“互换性”。能够保证产品具有互换性的生产，称为遵守互换性原则的生产。

互换性是广泛用于机械制造、军品生产、机电一体化产品的设计和制造过程中的重要原则，并且能取得巨大的经济和社会效益。汽车行业就是运用互换性原理，形成规模经济，取得最佳技术经济效益的。

2. 互换性的分类

互换性按其互换程度可分为完全互换与不完全互换。

1）完全互换

完全互换是指一批零部件装配前不经选择，装配时也不需修配和调整，装配后即可满足预定的使用要求。如螺栓、圆柱销等标准件的装配大都属于此类情况。

2）不完全互换

当装配精度要求很高时，若采用完全互换将使零件的尺寸公差很小，加工困难，成本很高，甚至无法加工。这时可采用不完全互换法进行生产，将其制造公差适当放大，以便于加工。在完工后，再用量仪将零件按实际尺寸大小分组，按组进行装配。如此，既保证装配精度与使用要求，又降低成本。此时，仅是组内零件可以互换，组与组之间不可互换，因此，叫分组互换法。

在装配时允许用补充机械加工或钳工修刮办法来获得所需的精度，称为修配法。用移动或更换某些零件以改变其位置和尺寸的办法来达到所需的精度，称为调整法。

不完全互换只限于部件或机构在制造厂内装配时使用。对厂外协作，则往往要求完全互换。究竟采用哪种方式为宜，要由产品精度、产品复杂程度、生产规模、设备条件及技术水平等一系列因素决定。

一般大量生产和成批生产，如汽车、拖拉机厂大都采用完全互换法生产。精度要求很高，如轴承工业，常采用分组装配，即不完全互换法生产。而小批和单件生产，如矿山、冶金等重型机器业，则常采用修配法或调整法生产。

3. 互换性的技术经济意义

互换性原则被广泛采用，因为它不仅对生产过程发生影响，而且还涉及产品的设计、使用、维修等各个方面。

在设计方面，由于采用具有互换性的标准件、通用件，可使设计工作简化，缩短设计周期，并便于用计算机辅助设计。

在制造方面，当零件具有互换性时，可以分散加工，集中装配。这样有利于组织专业化协作生产，有利于使用现代化的工艺装备，有利于组织流水线和自动线等先进的生产方式。装配时，不需辅助加工和修配，既减轻工人的劳动强度，又缩短装配周期，还可使装配工作按流水作业方式进行，从而保证产品质量，提高劳动生产率和经济效益。

在使用、维修方面，互换性也有其重要意义。当机器的零件突然损坏或按计划定期更换时，便可在最短时间内用备件加以替换，从而提高了机器的利用率和延长机器的使用寿命。

在某些方面，例如，战场上使用的武器，保证零（部）件的互换性是绝对必要的。在这些场合，互换性所起的作用很难用价值来衡量。

综上所述，在机械工业中，遵循互换性原则，对产品的设计、制造、使用和维修具有重要的技术经济意义。

互换性不仅在大量生产中广为采用，而且随着现代生产逐步向多品种、小批量的综合生产系统方向转变，互换性也为小批生产，甚至单件生产所要求。但是应当指出，互换性原则不是在任何情况下都适用的，有时零件只能采用单配才能制成或才符合经济原则，例如，模具常用修配法制造。然而，即使在这种情况下，不可避免地还要采用具有互换性的刀具、量具等工艺装备。因此，互换性仍是必须遵循的基本的技术经济原则。

0.2 实现互换性的条件——公差标准化和技术测量

0.2.1 公差与加工误差

为了满足互换性要求，最理想的是同一规格的零部件的几何参数做得完全一样。由于任何零件都要经过加工的过程，无论设备的精度和操作工人的技术水平多么高，要使加工零件的尺寸、形状和位置关系做到绝对准确，是不可能的。实际上，只要将同规格的零部件的几何参数控制在一定的范围内，就能达到互换的目的。也就是说，要使零件具有互换性，就应按“公差”制造。

1. 机械加工误差

加工精度是指机械加工后，零件几何参数（尺寸、几何要素的形状和相互位置、轮廓的微观不平程度等）的实际值与设计理想值相符合的程度。

加工误差是指实际几何参数对其设计理想值的偏离程度，加工误差越小，加工精度越高。加工误差是由工艺系统的诸多误差因素所造成的。如加工方法的原理误差，工件装卡定位误差，夹具、刀具的制造误差与磨损，机床的制造、安装误差与磨损，机床、刀具的误差，切削过程中的受力、受热变形和摩擦振动，还有毛坯的几何误差及加工中的测量误差等。

机械加工误差主要有以下几类。

1）尺寸误差

尺寸误差指零件加工后的实际尺寸相对理想尺寸的偏离程度。理想尺寸是指图样上标注的最大、最小两极限尺寸的平均值，即尺寸公差带的中心值。

2）形状误差

形状误差指加工后零件的实际表面形状相对其理想形状的差异（或偏离程度），如圆度、直线度等。

3）位置误差

位置误差指加工后零件的表面、轴线或对称平面之间的相互位置相对其理想位置的差异（或偏离程度），如同轴度、位置度等。

4）表面微观不平度

表面微观不平度指加工后的零件表面上由较小间距的峰和谷所组成的微观几何形状误差。零件表面微观不平度用表面粗糙度的评定参数值表示。

2. 几何量公差

几何量公差是实际几何参数值允许的变动范围。公差规范限制了误差，体现了对产品精度的要求。

精度设计是指为了控制加工误差，满足零件功能要求，设计者根据机械产品的使用要求经济合理地提出相应的公差要求，以便在加工过程中将加工误差限定在一定的范围内，从而能够保证产品装配后正常工作。这些要求通过零件图样，用几何量公差的标注形式给出。

相对于各类加工误差，几何量公差分为尺寸公差、形位公差和表面粗糙度指标允许值及典型零件特殊几何参数的公差等。

0.2.2 标准和标准化

现代化工业生产的特点是规模大，协作单位多，互换性要求高。为了正确协调各生产部门和准确衔接各生产环节，必须有一种协调手段，使分散的局部生产部门和生产环节保持必要的技术统一，成为一个有机的整体，以实现互换性生产。

标准与标准化正是联系这种关系的主要途径和手段，是实现互换性的基础。

1. 标准和标准化概念

标准是对重复性事物和概念所作的统一规定，它以科学、技术和实践经验的综合成果为基础，经有关方面协商一致，由主管机构批准，以特定形式发布，作为共同遵守的准则和依据。

在国际上，为了促进世界各国在技术上的统一，成立了国际标准化组织（简称 ISO）和国际电工委员会（简称 IEC），由这两个组织负责制定和颁发国际标准。我国于 1978 年恢复参加 ISO 组织后，陆续修订了自己的标准。修订的原则是，在立足我国生产实际的基础上向

ISO 靠拢，以利于加强我国在国际上的技术交流和产品互换。标准按不同的级别颁发。我国标准分为国家标准、行业标准、地方标准和企业标准。对需要在全国范围内统一的技术要求，应当制定国家标准，代号为 GB；对没有国家标准而又需要在全国某个行业范围内统一的技术要求，可制定行业标准，如机械标准（JB）等；对没有国家标准和行业标准而又需要在某个范围内统一的技术要求，可制定地方标准或企业标准，它们的代号分别用 DB、QB 表示。

标准的范围极广，种类繁多，涉及人类生活的各个方面。按标准化对象的特征，可以分为基础标准、产品标准、方法标准和安全与环境保护标准等。

基础标准是以标准化共性要求和前提条件为对象的标准，是为了保证产品的结构功能和制造质量而制定的，一般工程技术人员必须采用的通用性标准，也是制定其他标准时可依据的标准。本书所涉及的标准就是基础标准。

标准化是指标准的制定、发布和贯彻实施的全部活动过程，包括从调查标准化对象开始，经试验、分析和综合归纳，进而制定和贯彻标准，以后还要修订标准等。标准化是以标准的形式体现的，也是一个不断循环、不断提高的过程。

2．优先数和优先数系

工程上各种技术参数的简化、协调和统一，是标准化的重要内容。

在机械设计中，常常需要确定很多参数，而这些参数又会按照一定规律向有关的参数传递下去。例如加工螺栓，其直径尺寸一旦确定，将会影响螺母的尺寸以及丝锥、板牙、钻头等加工工具的尺寸等。如果螺栓规格数值繁多，由于数值不断关联、不断传播，必然会给生产的组织和管理带来困难并增加生产成本。

为了减少各环节的生产成本，必须对各种技术参数的数值做出统一规定，使参数选择一开始就纳入标准化轨道。《优先数和优先数系》国家标准（GB/T 321—2005）就是其中最重要的一个标准，要求工业产品技术参数尽可能符合它的要求。如机床主轴转速的分级间距，钻头直径尺寸的分类均符合某一优先数系。

GB/T 321—2005 中规定以十进制等比数列为优先数系，并规定了五个系列，它们分别用系列符号 R5、R10、R20、R40 和 R80 表示，其中前四个系列作为基本系列，R80 为补充系列，仅用于分级很细的特殊场合。各系列的公比为：

R5 系列　　公比为 $q_5=\sqrt[5]{10}\approx 1.6$

R10 系列　　公比为 $q_{10}=\sqrt[10]{10}\approx 1.25$

R20 系列　　公比为 $q_{20}=\sqrt[20]{10}\approx 1.12$

R40 系列　　公比为 $q_{40}=\sqrt[40]{10}\approx 1.06$

R80 系列　　公比为 $q_{80}=\sqrt[80]{10}\approx 1.03$

范围为 1～10 的优先数系列见表 0-1。如将表中的所列优先数值乘以 10，100，…，或乘以 0.1，0.01，…，即可得到所有大于 10 或者小于 1 的优先数。标准还允许从基本系列和补充系列中按照一定规律隔项取值组成派生系列，以 Rr/p 表示，r 代表 5、10、20、40、80。如派生系列 R10/3，r 为 10，p 为 3，就是从基本系列 R10 中，从某一项开始，每逢 3 项留取一个优先数，若从 1 开始，得到 1.00，2.00，4.00，…数系；若从 1.25 开始，就可得到 1.25，2.50，5.00，10.00，…数系。

表 0-1　优先数系的基本系列（摘自 GB/T　321—2005）

基本系列（常用值）				计 算 值
R5	R10	R20	R40	
1.00	1.00	1.00	1.00	1.000 0
			1.06	1.059 3
		1.12	1.12	1.122 0
			1.18	1.188 5
	1.25	1.25	1.25	1.258 9
			1.32	1.333 5
		1.40	1.40	1.412 5
			1.50	1.496 2
1.60	1.60	1.60	1.60	1.584 9
			1.70	1.678 8
		1.80	1.80	1.778 3
			1.90	1.883 6
	2.00	2.00	2.00	1.995 3
			2.12	2.113 5
		2.24	2.24	2.238 7
			2.36	2.371 4
2.50	2.50	2.50	2.50	2.511 9
			2.65	2.660 7
		2.80	2.80	2.818 4
			3.00	2.985 4
	3.15	3.15	3.15	3.162 3
			3.35	3.349 7
		3.55	3.55	3.548 1
			3.75	3.758 1
4.00	4.00	4.00	4.00	3.981 1
			4.25	4.217 0
		4.50	4.50	4.466 8
			4.75	4.731 5
	5.00	5.00	5.00	5.011 9
			5.30	5.308 8
		5.60	5.60	5.623 4
			6.00	5.956 6

本课程所涉及的有关标准里，如尺寸分段、公差分级及表面粗糙度的参数系列等，基本上采用优先数系。

0.2.3　技术检测

零件加工后能否满足精度要求要通过检测加以判断，因此检测是产品达到精度要求的技术保证。

检测是检验和测量的统称。几何量的检验是指确定所加工零件的几何参数是否在规定的极限范围内，并做出合格与否的判断，而不必得出被测量值的具体数值；测量是将被测几何量与作为计量单位的标准量进行比较，以确定其具体数值的过程。

检测是机械制造的“眼睛”。检测不仅用来评定产品质量，而且可用于分析产品不合格的原因，从而及时调整加工工艺，预防废品的进一步产生，以达到降低产品成本的目的。

因此，产品质量的提高，除依赖设计和加工精度的提高外，往往更有赖于检测精度的提高。所以，合理地确定公差与正确地进行检测，是保证产品质量，实现互换性生产的两个必不可少的条件和手段。

0.3 本课程的性质和要求

任何机械产品的设计总是包括四个方面：运动设计、结构设计、强度设计和精度设计。前三个方面是《机械设计基础》等课程解决的问题，精度设计则是本课程研究的主要问题。

《公差配合与精度检测》课程是机械类专业的技术基础课。它既联系《机械制图》、《机械设计基础》等设计类课程，又与《机械制造技术》等制造类课程密不可分。从课程体系上讲，本课程是联系设计类课程与制造工艺类课程的纽带，是从基础课向专业课过渡的桥梁。

本课程的内容特点是：抽象概念多，术语定义多，需记忆的内容多，逻辑推理少。在学习中切忌死记硬背，而应注重理解和应用，并一定要动手参与检测操作。

学生学完本课程后应达到如下要求。

（1）能够识读图样上的公差技术要求；

（2）初步学会零件精度设计的内容和方法，并能正确标注图样；

（3）学会使用常用的计量器具，了解典型零件的检测方法并判断其合格性。

思考与练习题 0

0-1　完全互换与不完全互换的区别是什么？各用于何种场合？

0-2　什么是优先数和优先数系？主要优点是什么？R5、R40 系列各表示什么意义？

0-3　加工误差、公差、互换性三者的关系是什么？

项目1 尺寸公差及配合设计

教学导航

教	知识重点	尺寸公差与配合的有关术语和标准规定；尺寸公差与配合的有关计算，包括极限偏差的计算、极限盈隙的计算、配合公差的计算
	知识难点	设计尺寸公差，包括选择基准制、公差等级、配合类型，确定尺寸极限偏差
	推荐教学方式	任务驱动教学法
	推荐考核方式	口试或笔试（识读图样尺寸公差标注）、小型设计（零件尺寸精度设计）
学	推荐学习方法	课堂：听课+讨论+互动 课外：通过实践，掌握普通车床尾座的结构和工作过程；了解安全阀结构及功能要求；熟悉《公差与配合》手册
	必须掌握的理论知识	尺寸公差与配合的有关术语和标准规定；极限偏差的计算、极限盈隙的计算、配合公差的计算
	需要掌握的工作技能	能够识读机械产品图样中尺寸公差及配合的标注；能够设计零件的尺寸精度

1.1 尺寸公差及配合标注读解

知识分布网络

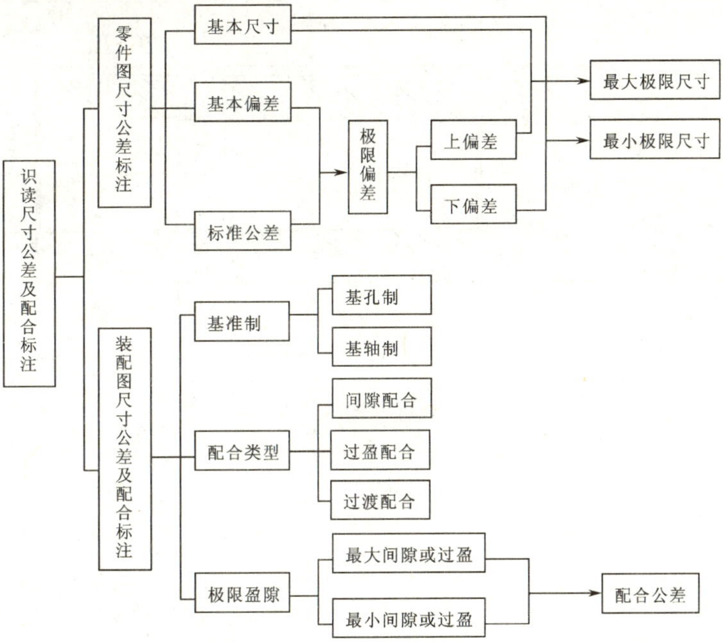

任务介绍

任务1　识读顶尖套筒及螺母尺寸公差标注

以车床尾座图样中部分尺寸公差与配合标注为例。车床尾座在加工和装配过程中尺寸精度体现在零件图和装配图的技术要求中，如图 1-1～图 1-3 所示。

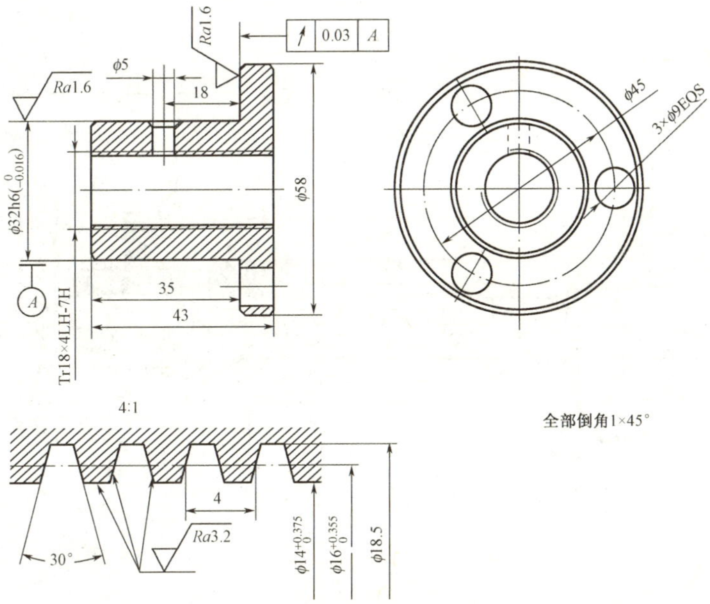

图 1-1　车床尾座螺母零件图

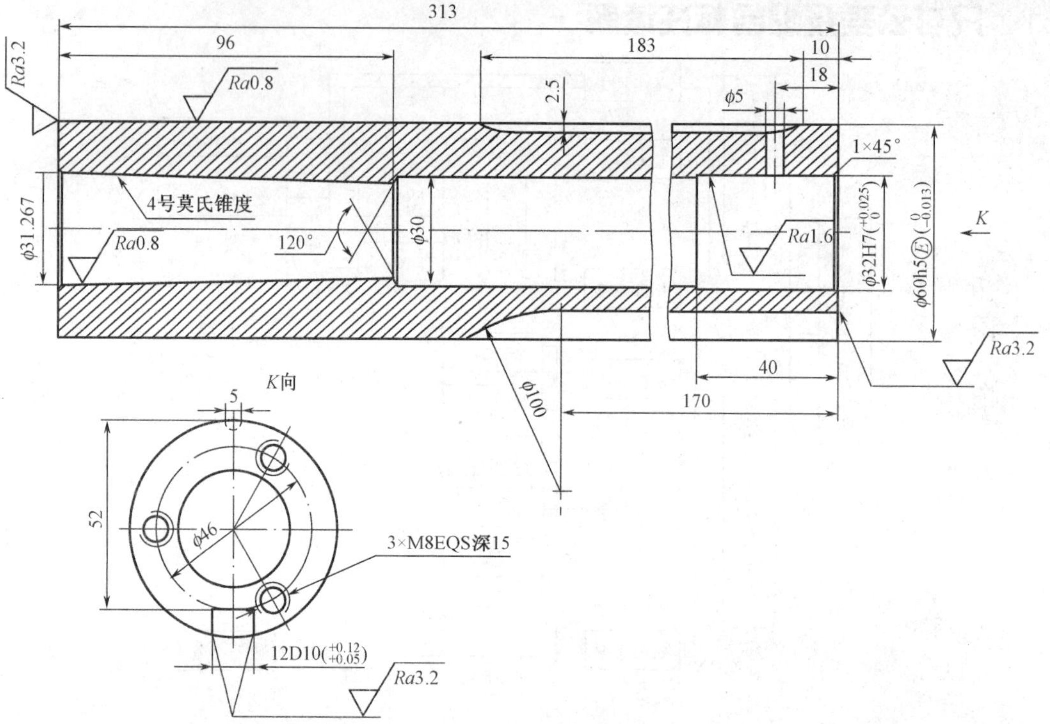

图 1-2　车床尾座顶尖套筒零件图

图 1-1 中 φ32h6 是零件图中轴的尺寸公差与配合标注形式之一，图 1-2 中 φ32H7 是零件图中孔的尺寸公差与配合标注形式之一，图 1-3 中 φ32H7/h6 等是装配图中常见的尺寸公差与配合标注形式。

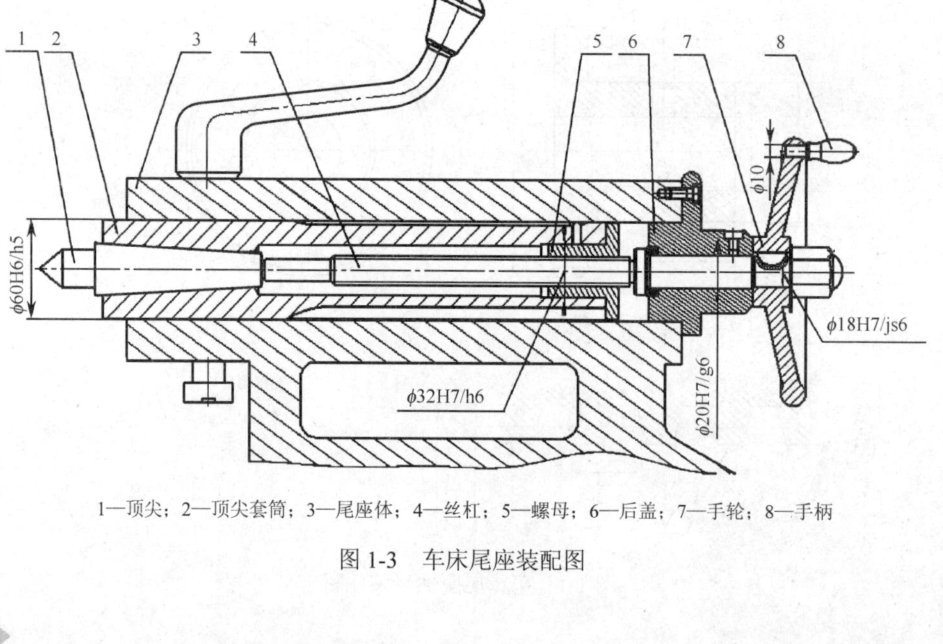

1—顶尖；2—顶尖套筒；3—尾座体；4—丝杠；5—螺母；6—后盖；7—手轮；8—手柄

图 1-3　车床尾座装配图

车床尾座零件的装配关系如图 1-4 所示，装配立体图如图 1-5 所示。

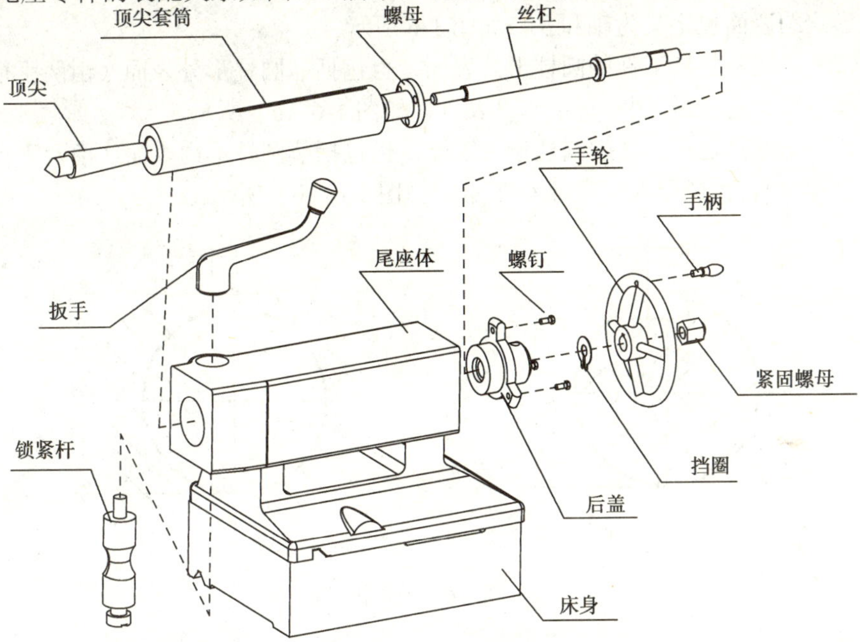

图 1-4　车床尾座零件装配关系图

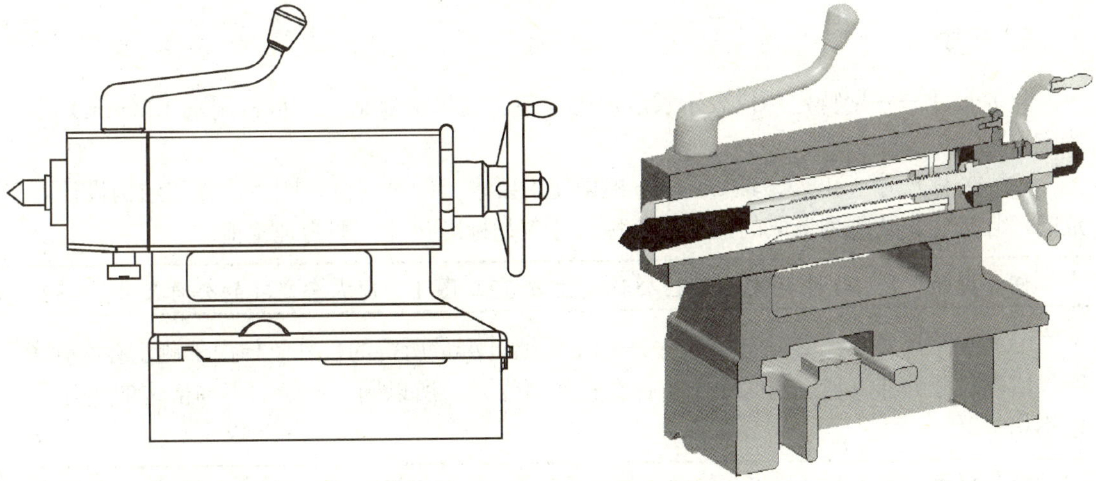

图 1-5　车床尾座装配立体图

识读图样中的尺寸公差及配合标注时，应该获得以下信息：公称尺寸、极限偏差和公差、精度等级、基准制和配合类型以及极限盈隙。

相关知识

1.1.1　孔和轴的尺寸

1．轴和孔

由图 1-3～图 1-5 所示的车床尾座装配图可知：各零件之间多处反映了轴与孔的结合，轴与孔结合在机械制造中得到了广泛的应用。除了图 1-3 中所示圆柱形内、外表面的轴和孔，还有其他形式的表面也定义为轴和孔，如图 1-6 所示。

（1）轴——通常是指工件的圆柱形外表面，也包括非圆柱形外表面（由两平行平面或切面形成的被包容面）。轴径用小写字母 d 表示，如图 1-6（a）所示。

（2）孔——通常是指工件的圆柱形内表面，也包括非圆柱形内表面（由两平行平面或切面形成的包容面）。孔径用大写字母 D 表示，如图 1-6（b）所示。

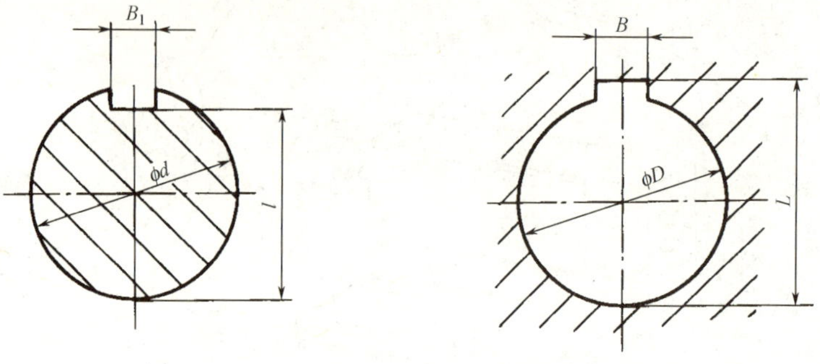

图 1-6　轴和孔

从装配关系讲，孔为包容面，在它之内无材料；轴为被包容面，在它之外无材料。

2．尺寸

（1）尺寸——用特定单位表示长度值的数字。在机械制造中一般常用毫米（mm）作为特定单位。

（2）公称尺寸（孔 D、轴 d）——根据使用要求，经过强度、刚度计算和结构设计而确定的，且按优先数系列选取的尺寸。公称尺寸应是标准尺寸，即为理论值。

任务提示： 图 1-1 中的螺母轴径公称尺寸 d=32，图 1-2 顶尖套筒孔的公称尺寸 D=32。

（3）实际尺寸（孔 D_a、轴 d_a）——加工后通过测量所得的尺寸。但由于测量存在误差，所以实际尺寸并非真值。同时由于工件存在形状误差，所以同一个表面不同部位的实际尺寸也不相等。

任务提示： 图 1-1 中的 $\phi 32$ 轴径，加工后测量为 $\phi 31.990$、$\phi 31.985$ 等，即 $d_{a1}=31.990$，$d_{a2}=31.985$。

（4）极限尺寸——允许尺寸变化的两个界限值。极限尺寸是以公称尺寸为基数来确定的。

最大极限尺寸（孔 D_{max}、轴 d_{max}）——允许实际尺寸变动的最大值；

最小极限尺寸（孔 D_{min}、轴 d_{min}）——允许实际尺寸变动的最小值。

任务提示： 图 1-2 中 $\phi 32$ 孔，最大极限尺寸 D_{max} =32.025，最小极限尺寸 D_{min} =32。图 1-1 中 $\phi 32$ 轴，最大极限尺寸 d_{max} =32，最小极限尺寸 d_{min} =31.984。

1.1.2　偏差、公差和公差带图

1. 尺寸偏差（简称偏差）

偏差——某一尺寸减去公称尺寸所得的代数差。

（1）极限偏差——极限尺寸减去公称尺寸得到的代数差。

上偏差：最大极限尺寸减去公称尺寸所得的代数差，符号（ES、es）；

下偏差：最小极限尺寸减去公称尺寸所得的代数差，符号（EI、ei）。

孔上偏差　$ES=D_{max}-D$，孔下偏差　$EI=D_{min}-D$；

轴上偏差　$es=d_{max}-d$，轴下偏差　$ei=d_{min}-d$。

> **任务提示：** 孔 ES=32.025−32=+0.025，EI=32−32=0；
> 轴 $es=32-32=0$，$ei=31.984-32=-0.016$。

（2）实际偏差（E_a、e_a）——实际尺寸减去公称尺寸的代数差，在实际中称为误差。偏差可以为正、负或零值。

> **任务提示：** 螺母轴径 e_{a1}=31.990−32=−0.010，e_{a2}=31.985−32=−0.015。

零件尺寸合格的条件：加工零件的实际尺寸在极限尺寸范围内，或者其误差在极限偏差范围内，即为合格品，反之是废品。

孔　$D_{min} \leqslant D_a \leqslant D_{max}$；$EI \leqslant E_a \leqslant ES$

轴　$d_{min} \leqslant d_a \leqslant d_{max}$；$ei \leqslant e_a \leqslant es$

2. 尺寸公差（简称公差）

公差——允许尺寸的变动量。公差数值等于最大极限尺寸与最小极限尺寸代数差的绝对值，也等于上偏差与下偏差代数差的绝对值。公差取绝对值不存在负公差，也不允许为零。公差大小反映零件加工的难易程度及尺寸的精确程度。

孔公差　$T_h=|D_{max}-D_{min}|=|ES-EI|$

轴公差　$T_s=|d_{max}-d_{min}|=|es-ei|$

> **任务提示：** 套筒孔公差 T_h=|32.025−32|=|0.025−0|=0.025；
> 轴径的公差 T_s=|32−31.984|=|0−（−0.016）|=0.016。

公称尺寸、尺寸偏差和尺寸公差三者的关系如图1-7所示。

3. 零线、公差带和公差带图

表示零件的尺寸相对其公称尺寸所允许变动的范围，叫做尺寸公差带。图解方式为公差带图，如图1-8所示。

（1）零线——在公差带图中，确定偏差的一条基准直线，即零偏差线。通常以零线表示公称尺寸（图中以毫米为单位标出），标注为“0”，偏差由此零线算起，零线以上为正偏差，

零线以下为负偏差，分别标注“+”、“−”号，若为零，可不标注。

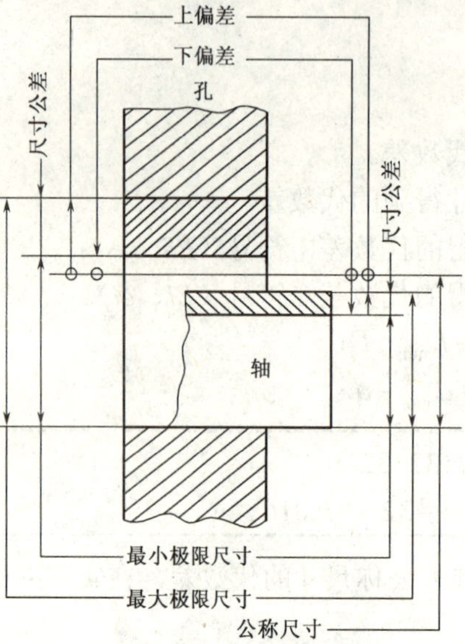

图 1-7　术语图解

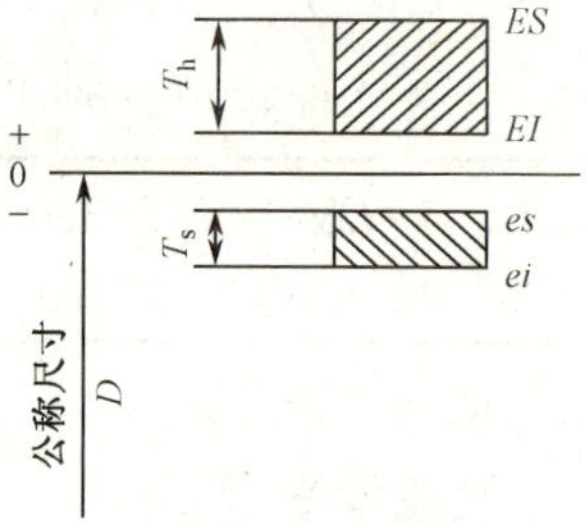

图 1-8　公差带图

（2）公差带——公差带图中用与零线平行的直线表示上、下偏差（图中以微米或毫米为单位标出，单位省略不写）。公差带在零线垂直方向上的宽度代表公差值，沿零线方向的长度可适当选取。通常孔公差带用由右上角像左下角的斜线表示，轴公差带用由左上角向右下角的斜线表示。

（3）标准公差——公差与配合相关国家标准中所规定的用以确定公差带大小的任一公差值。

（4）基本偏差——用以确定公差带相对于零线位置的上偏差或下偏差，数值均已标准化，一般为靠近零线的那个极限偏差。当公差带在零线以上时，下偏差为基本偏差；当公差带在零线以下时，上偏差为基本偏差，如图 1-9 所示。

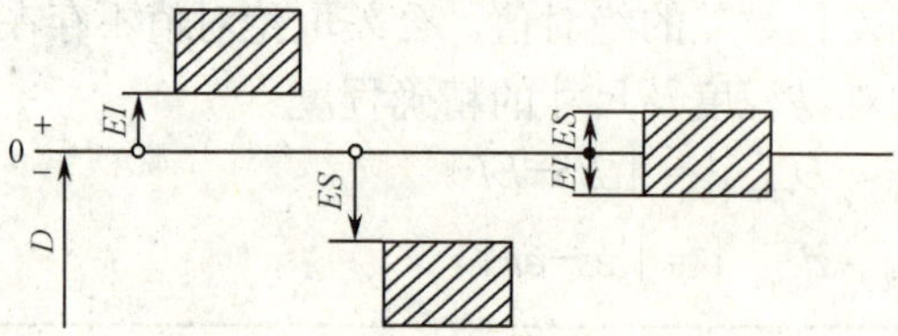

图 1-9　基本偏差

任务提示： 螺母 $\phi32$ 轴径公差带基本偏差为上偏差（es=0），顶尖套筒 $\phi32$ 孔公差带基本偏差为下偏差（EI =0）。

1.1.3　标准公差及基本偏差的国标规定

公差带有两个基本参数，即公差带的大小与位置。大小由标准公差确定，位置由基本偏差确定。

国家标准 GB/T 1800.1—2009《产品几何技术规范（GPS）极限与配合 第 1 部分：公差、偏差和配合的基础》规定了两个基本系列，即标准公差系列和基本偏差系列。

1. 标准公差系列

标准公差等级是指确定尺寸精确程度的等级。为了满足机械制造中各零件尺寸不同精度的要求，国家标准在公称尺寸至 500 mm 范围内规定了 20 个标准公差等级，用符号 IT 和数值表示，IT 表示国际公差，数字表示公差（精度）等级代号：IT01、IT0、IT1、IT2～IT18。其中，IT01 精度等级最高，其余依次降低，IT18 等级最低。在公称尺寸相同的条件下，标准公差数值随公差等级的降低而依次增大。同一公差等级、同一尺寸分段内各公称尺寸的标准公差数值是相同的。同一公差等级对所有公称尺寸的一组公差也被认为具有同等精确程度。

表 1-1 列出了国家标准（GB/T 1800.1—2009）规定的机械制造行业常用尺寸（尺寸至 500 mm）的标准公差数值。

表 1-1 标准公差的数值表（摘自 GB/T 1800.1—2009）

公称尺寸/mm		标准公差等级																	
		IT1	IT2	IT3	IT4	IT5	IT6	IT7	IT8	IT9	IT10	IT11	IT12	IT13	IT14	IT15	IT16	IT17	IT18
大于	至	μm											mm						
—	3	0.8	1.2	2	3	4	6	10	14	25	40	60	0.1	0.14	0.25	0.4	0.6	1	1.4
3	6	1	1.5	2.5	4	5	8	12	18	30	48	75	0.12	0.18	0.3	0.48	0.75	1.2	1.8
6	10	1	1.5	2.5	4	6	9	15	22	36	58	90	0.15	0.22	0.36	0.58	0.9	1.5	2.2
10	18	1.2	2	3	5	8	11	18	27	43	70	110	0.18	0.27	0.43	0.7	1.1	1.8	2.7
18	30	1.5	2.5	4	6	9	13	21	33	52	84	130	0.21	0.33	0.52	0.84	1.3	2.1	3.3
30	50	1.5	2.5	4	7	11	16	25	39	62	100	160	0.25	0.39	0.62	1	1.6	2.5	3.9
50	80	2	3	5	8	13	19	30	46	74	120	190	0.3	0.46	0.74	1.2	1.9	3	4.6
80	120	2.5	4	6	10	15	22	35	54	87	140	220	0.35	0.54	0.87	1.4	2.2	3.5	5.4
120	180	3.5	5	8	12	18	25	40	63	100	160	250	0.4	0.63	1	1.6	2.5	4	6.3
180	250	4.5	7	10	14	20	29	46	72	115	185	290	0.46	0.72	1.15	1.85	2.9	4.6	7.2
250	315	6	8	12	16	23	32	52	81	130	210	320	0.52	0.81	1.3	2.1	3.2	5.2	8.1
315	400	7	9	13	18	25	36	57	89	140	230	360	0.57	0.89	1.4	2.3	3.6	5.7	8.9
400	500	8	10	15	20	27	40	63	97	155	250	400	0.63	0.97	1.55	2.5	4	6.3	9.7

任务提示: 图 1-1 中 ϕ32h6 轴径的公差等级为 6 级，查表 1-1 知其标准公差值为 IT6=16μm；图 1-2 中 ϕ32H7 孔的公差等级为 7 级，标准公差值为 IT7=25μm。

2. 基本偏差系列

1）基本偏差代号

国家标准（简称国标）中已将基本偏差标准化，规定了孔、轴各 28 种公差带位置，孔用大写字母，轴用小写字母。在 26 个英文字母中，去掉 5 个字母（孔去掉 I、L、O、Q、W，轴去掉 i、l、o、q、w），加上 7 组字母（孔为 CD、EF、FG、JS、ZA、ZB、ZC；轴为 cd、 ef、fg、js、za、zb、zc），共 28 种，基本偏差系列见图 1-10。

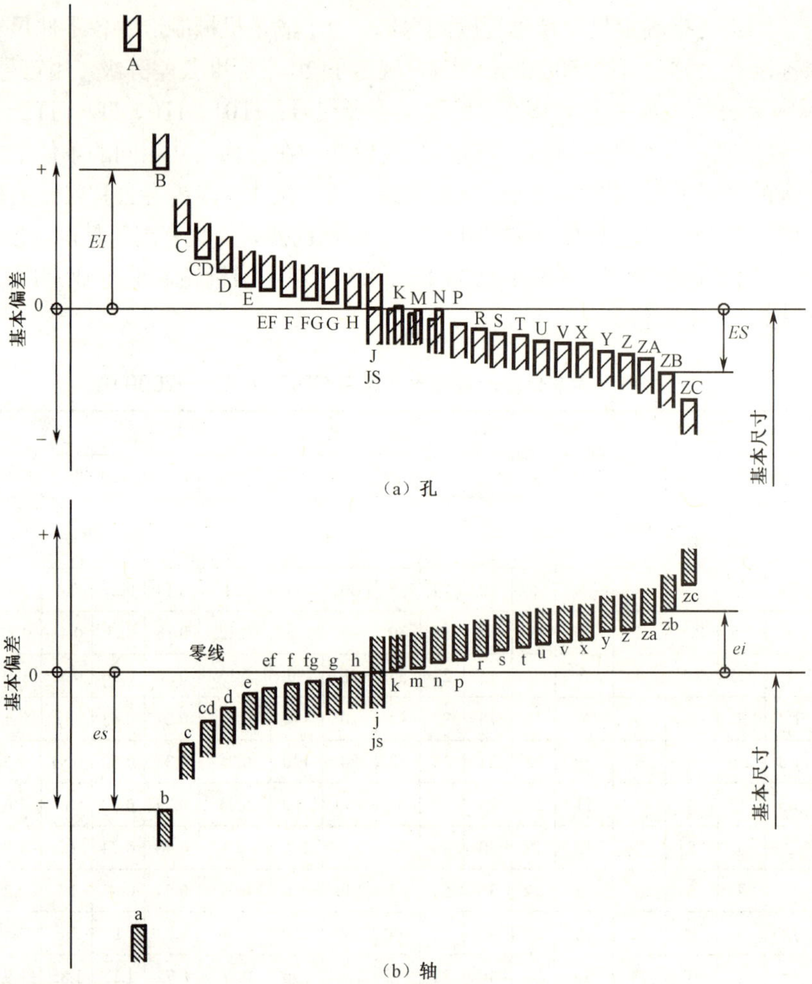

图 1-10　基本偏差系列

2）基本偏差系列特点

- ◆ 基本偏差系列中的 H(h)，其基本偏差为零。
- ◆ JS(js)与零线对称，上偏差 $ES(es)=+IT/2$，下偏差 $EI(ei)=-IT/2$，上、下偏差均可作为基本偏差。
- ◆ 孔的基本偏差系列中，A～H 的基本偏差为下偏差，J～ZC 的基本偏差为上偏差；轴的基本偏差中 a～h 的基本偏差为上偏差，j～zc 的基本偏差为下偏差。
- ◆ 公差带的另一极限偏差“开口”，表示其公差等级未定。

3）基本偏差数值

国家标准已列出轴、孔基本偏差数值表，如表 1-2 和表 1-3 所示，在实际中可查表确定其数值。

表 1-2　公称尺寸不大于 500mm 轴的基本偏差数值（摘自 GB/T 1800.1—2009）（μm）

公称尺寸/mm		基本偏差数值 上偏差 *es*												下偏差 *ei*																				
		所有标准公差等级												IT5 和 IT6	IT7	IT8	IT4～IT7	IT3＞ IT7	所有标准公差等级															
大于	至	a	b	c	cd	d	e	ef	f	fg	g	h	js	j	j	j	k	k	m	n	p	r	s	t	u	v	x	y	z	za	zb	zc
—	3	−270	−140	−60	−34	−20	−14	−10	−6	−4	−2	0	偏差等于 $\pm\frac{IT}{2}$	−2	−4	−6	0	0	+2	+4	+6	+10	+14		+18		+20		+26	+32	+40	+60
3	6	−270	−140	−70	−46	−30	−20	−14	−10	−6	−4	0		−2	−4		+1	0	+4	+8	+12	+15	+19		+23		+28		+35	+42	+50	+80
6	10	−280	−150	−80	−56	−40	−25	−18	−13	−8	−5	0		−2	−5		+1	0	+6	+10	+15	+19	+23		+28		+34		+42	+52	+67	+97
10	14	−290	−150	−95		−50	−32		−16		−6	0		−3	−6		+1	0	+7	+12	+18	+23	+28		+33		+40		+50	+64	+90	+130
14	18																									+39	+45		+60	+77	+108	+150
18	24	−300	−160	−110		−65	−40		−20		−7	0		−4	−8		+2	0	+8	+15	+22	+28	+35		+41	+47	+54	+63	+73	+98	+136	+188
24	30																							+41	+48	+55	+64	+75	+88	+118	+160	+218
30	40	−310	−170	−120		−80	−50		−25		−9	0		−5	−10		+2	0	+9	+17	+26	+34	+43	+48	+60	+68	+80	+94	+112	+148	+200	+274
40	50	−320	−180	−130																				+54	+70	+81	+97	+114	+136	+180	+242	+325
50	65	−340	−190	−140		−100	−60		−30		−10	0		−7	−12		+2	0	+11	+20	+32	+41	+53	+66	+87	+102	+122	+144	+172	+226	+300	+405
65	80	−360	−200	−150																		+43	+59	+75	+102	+120	+146	+174	+210	+274	+360	+480
80	100	−380	−220	−170		−120	−72		−36		−12	0		−9	−15		+3	0	+13	+23	+37	+51	+71	+91	+124	+146	+178	+214	+258	+335	+445	+585
100	120	−410	−240	−180																		+54	+79	+104	+144	+172	+210	+254	+310	+400	+525	+690
120	140	−460	−260	−200		−145	−85		−43		−14	0		−11	−18		+3	0	+15	+27	+43	+63	+92	+122	+170	+202	+248	+300	+365	+470	+620	+800
140	160	−520	−280	−210																		+65	+100	+134	+190	+228	+280	+340	+415	+535	+700	+900
160	180	−580	−310	−230																		+68	+108	+146	+210	+252	+310	+380	+465	+600	+780	+1 000
180	200	−660	−340	−240		−170	−100		−50		−15	0		−13	−21		+4	0	+17	+31	+50	+77	+122	+166	+236	+284	+350	+425	+520	+670	+880	+1 150
200	225	−740	−380	−260																		+80	+130	+180	+258	+310	+385	+470	+575	+740	+960	+1 250
225	250	−820	−420	−280																		+84	+140	+196	+284	+340	+425	+520	+640	+820	+1 050	+1 350
250	280	−920	−480	−300		−190	−110		−56		−17	0		−16	−26		+4	0	+20	+34	+56	+94	+158	+218	+315	+385	+475	+580	+710	+920	+1 200	+1 550
280	315	−1 050	−540	−330																		+98	+170	+240	+350	+425	+525	+650	+790	+1 000	+1 300	+1 700
315	355	−1 200	−600	−360		−210	−125		−62		−18	0		−18	−28		+4	0	+21	+37	+62	+108	+190	+268	+390	+475	+590	+730	+900	+1 150	+1 500	+1 900
355	400	−1 350	−680	−400																		+114	+208	+294	+435	+530	+660	+820	+1 000	+1 300	+1 650	+2 100
400	450	−1 500	−760	−440		−230	−135		−68		−20	0		−20	−32		+5	0	+23	+40	+68	+126	+232	+330	+490	+595	+740	+920	+1 100	+1 450	+1 850	+2 400
450	500	−1 650	−840	−480																		+132	+252	+360	+540	+660	+820	+1 000	+1 250	+1 600	+2 100	+2 600

注：① 公称尺寸小于或等于 1mm 时，基本偏差 a 和 b 均不采用。

② 公差带 js7～js11，若 *IT* 数值是奇数，则取偏差=$\pm\frac{IT-1}{2}$。

表 1-3　公称尺寸不大于 500 mm 孔的基本偏差数值（摘自 GB/T 1800.1—2009）（μm）

公称尺寸/mm		基本偏差数值																																		Δ值					
		下偏差 EI												上偏差 ES																											
		所有标准公差等级												IT6	IT7	IT8	≤IT8	>IT8	≤IT8	>IT8	≤IT8	>IT8	≤IT7	标准公差等级大于 IT7												标准公差等级					
大于	至	A	B	C	CD	D	E	EF	F	FG	G	H	JS	J			K		M		N		P～ZC	P	R	S	T	U	V	X	Y	Z	ZA	ZB	ZC	IT3	IT4	IT5	IT6	IT7	IT8
—	3	+270	+140	+60	+34	+20	+14	+10	+6	+4	+2	0	偏差等于±$\frac{IT}{2}$	+2	+4	+6	0	0	2	-2	-4	-4	在大于 IT7 的相应数值上增加一个Δ值	-6	-10	-14		-18		-20		-26	-32	-40	-60	0	0	0	0	0	0
3	6	+270	+140	+70	+46	+30	+20	+14	+10	+6	+4	0		+5	+6	+10	-1+Δ		-4+Δ	-4	-8+Δ	0		-12	-15	-19		-23		-28		-35	-42	-50	-80	1	1.5	1	3	4	6
6	10	+280	+150	+80	+56	+40	+25	+18	+13	+8	+5	0		+5	+8	+12	-1+Δ		-6+Δ	-6	-10+Δ	0		-15	-19	-23		-28		-34		-42	-52	-67	-97	1	1.5	2	3	6	7
10	14	+290	+150	+95		+50	+32		+16		+6	0		+6	+10	+15	-1+Δ		-7+Δ	-7	-12+Δ	0		-18	-23	-28		-33		-40		-50	-64	-90	-130	1	2	3	3	7	9
14	18																												-39	-45		-60	-77	-108	-150						
18	24	+300	+160	+110		+65	+40		+20		+7	0		+8	+12	+20	-2+Δ		-8+Δ	-8	-15+Δ	0		-22	-28	-35		-41	-47	-54	-63	-73	-98	-136	-188	1.5	2	3	4	8	12
24	30																										-41	-48	-55	-64	-75	-88	-118	-160	-218						
30	40	+310	+170	+120		+80	+50		+25		+9	0		+10	+14	+24	-2+Δ		-9+Δ	-9	-17+Δ	0		-26	-34	-43	-48	-60	-68	-80	-94	-112	-148	-200	-274	1.5	3	4	5	9	14
40	50	+320	+180	+130																							-54	-70	-81	-97	-114	-136	-180	-242	-325						
50	65	+340	+190	+140		+100	+60		+30		+10	0		+13	+18	+28	-2+Δ		-11+Δ	-11	-20+Δ	0		-32	-41	-53	-66	-87	-102	-122	-144	-172	-226	-300	-405	2	3	5	6	11	16
65	80	+360	+200	+150																					-43	-59	-75	-102	-120	-146	-174	-210	-274	-360	-480						
80	100	+380	+220	+170		+120	+72		+36		+12	0		+16	+22	+34	-3+Δ		-13+Δ	-13	-23+Δ	0		-37	-51	-71	-91	-124	-146	-178	-214	-258	-335	-445	-585	2	4	5	7	13	19
100	120	+410	+240	+180																					-54	-79	-104	-144	-172	-210	-254	-310	-400	-525	-690						
120	140	+460	+260	+200																					-63	-92	-122	-170	-202	-248	-300	-365	-470	-620	-800						
140	160	+520	+280	+210		+145	+85		+43		+14	0		+18	+26	+41	-3+Δ		-15+Δ	-15	-27+Δ	0		-43	-65	-100	-134	-190	-228	-280	-340	-415	-535	-700	-900	3	4	6	7	15	23
160	180	+580	+310	+230																					-68	-108	-146	-210	-252	-310	-380	-465	-600	-780	-1 000						
180	200	+660	+310	+240																					-77	-122	-166	-236	-284	-350	-425	-520	-670	-880	-1 150						
200	225	+740	+380	+260		+170	+100		+50		+15	0		+22	+30	+47	-4+Δ		-17+Δ	-17	-31+Δ	0		-50	-80	-130	-180	-258	-310	-385	-470	-575	-740	-960	-1 250	3	4	6	9	17	26
225	250	+820	+420	+280																					-84	-140	-196	-284	-340	-425	-520	-640	-820	-1 050	-1 350						
250	280	+920	+480	+300		+190	+110		+56		+17	0		+25	+36	+55	-4+Δ		-20+Δ	-20	-34+Δ	0		-56	-94	-158	-218	-315	-385	-475	-580	-710	-920	-1 200	-1 550	4	4	7	9	20	29
280	315	+1 050	+540	+330																					-98	-170	-240	-350	-425	-525	-650	-790	-1 000	-1 300	-1 700						
315	355	+1 200	+600	+360		+210	+125		+62		+18	0		+29	+39	+60	-4+Δ		-21+Δ	-21	-37+Δ	0		-62	-108	-190	-268	-390	-475	-590	-730	-900	-1 150	-1 500	-1 900	4	5	7	11	21	32
355	400	+1 350	+680	+400																					-114	-208	-294	-435	-530	-660	-820	-1 000	-1 300	-1 650	-2 100						
400	450	+1 500	+760	+440		+230	+135		+68		+20	0		+33	+43	+66	-5+Δ		-23+Δ	-23	-40+Δ	0		-68	-126	-232	-330	-490	-595	-740	-920	-1 100	-1 450	-1 850	-2 400	5	5	7	13	23	34
450	500	+1 650	+840	+480																					-132	-252	-360	-540	-660	-820	-1 000	-1 250	-1 600	-2 100	-2 600						

注：① 1 mm 以下各级 A 和 B 均不采用。

② 标准公差≤IT8 级的 K、M、N 及标准公差≤IT7 级的 P～ZC 时，从表的右侧选取Δ值。例如：在 18～30 mm 之间的 P7，Δ=8 μm，因此 ES=−22+8=−14 μm。

【实例 1-1】利用标准公差数值表和轴的基本偏差数值表，确定 ϕ 50f6 轴的极限偏差数值。

解： 查表 1-1 得，IT6=16 μm

查表 1-2 得，基本偏差 es =−25 μm

所以 $ei=es$−IT6=(−25) −16=−41 μm

在图样上可标注为 $\phi50_{-0.041}^{-0.025}$。

【实例 1-2】利用标准公差数值表和孔的基本偏差数值表，确定 ϕ 35U7 孔的极限偏差数值。

解： 查表 1-1 得，IT7= 25 μm

查表 1-3，公称尺寸处于＞30～40 尺寸分段内，公差等级＞7 时，表中的基本偏差为−60，但本题公差等级等于 7，故应按照表中的说明，在该表的右端查找出 Δ =9 μm。

所以 ES=−60+ Δ =−60+9=−51 μm

而 $EI=ES$−IT7=−51−25=−76 μm

在图样上可标注为 $\phi35_{-0.076}^{-0.051}$。

1.1.4　配合

配合——公称尺寸相同相互结合的孔和轴公差带之间的关系。

间隙或过盈——孔的尺寸减去相配合的轴的尺寸所得的代数差。此差值为正时得间隙，此差值为负时得过盈。

1．配合类型

配合可分为间隙配合、过盈配合和过渡配合三种。

1）间隙配合

孔的公差带在轴的公差带之上，具有间隙的配合（包括最小间隙为零的配合），如图 1-11 所示。

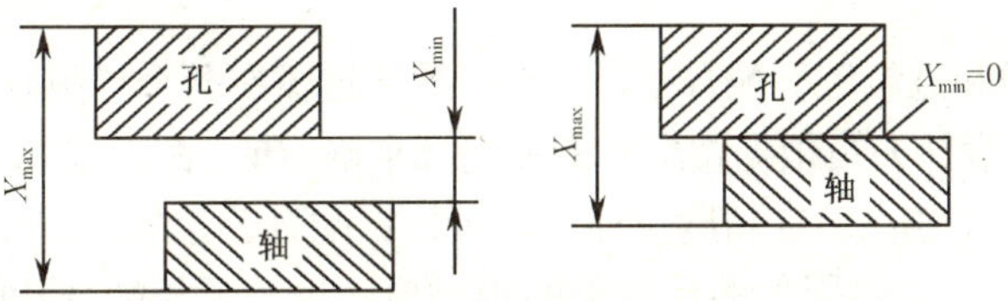

图 1-11　间隙配合

由于孔和轴都有公差，所以实际间隙的大小随着孔和轴的实际尺寸而变化。孔的最大极限尺寸减轴的最小极限尺寸所得的差值为最大间隙，也等于孔的上偏差减轴的下偏差。以 X 代表间隙，则

最大间隙：$X_{max}=D_{max}-d_{min}=ES-ei$；

最小间隙：$X_{min}=D_{min}-d_{max}=EI-es$。

2）过盈配合

孔的公差带在轴的公差带之下，具有过盈的配合（包括最小过盈为零的配合），如图 1-12 所示。

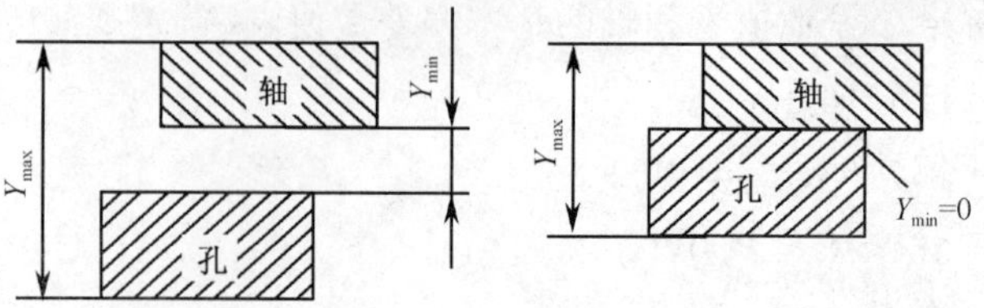

图 1-12　过盈配合

实际过盈的大小也随着孔和轴的实际尺寸而变化。孔的最大极限尺寸减轴的最小极限尺寸所得的差值为最小过盈，也等于孔的上偏差减轴的下偏差，以 Y 代表过盈，则

最大过盈：$Y_{max}=D_{min}-d_{max}=EI-es$；

最小过盈：$Y_{min}=D_{max}-d_{min}=ES-ei$。

3）过渡配合

孔和轴的公差带相互交叠，随着孔、轴实际尺寸的变化可能得到间隙或过盈的配合，如图 1-13 所示。

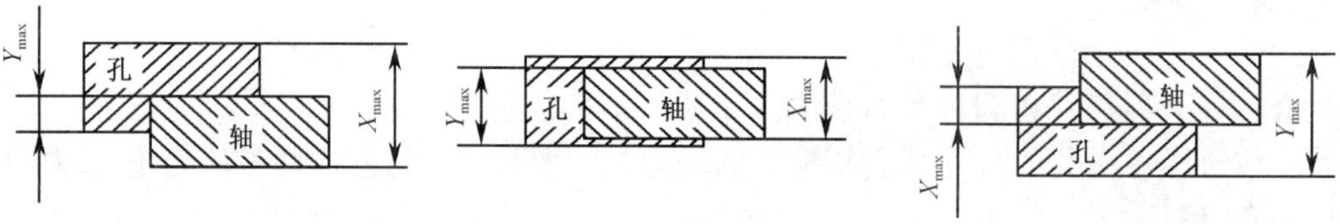

图 1-13　过渡配合

孔的最大极限尺寸减轴的最小极限尺寸所得的差值为最大间隙。孔的最小极限尺寸减轴的最大极限尺寸所得的差值为最大过盈。

最大间隙：$X_{max}=D_{max}-d_{min}=ES-ei$；

最大过盈：$Y_{max}=D_{min}-d_{max}=EI-es$。

2．配合公差

在上述间隙、过盈和过渡三类配合中，允许间隙或过盈在两个界限内变动，这个允许的变动量为配合公差，这是设计人员根据相配件的使用要求确定的。配合公差越大，配合精度越低；配合公差越小，配合精度越高。在精度设计时，可根据配合公差来确定孔和轴的尺寸公差。

配合公差的大小为两个界限值的代数差的绝对值，也等于相配合孔的公差和轴的公差之和。取绝对值表示配合公差，在实际计算时常省略绝对值符号。

$$\left.\begin{array}{l}\text{间隙配合中：} T_f=X_{max}-X_{min}\\ \text{过盈配合中：} T_f=Y_{min}-Y_{max}\\ \text{过渡配合中：} T_f=X_{max}-Y_{max}\end{array}\right\}=T_h+T_s$$

任务提示： 车床尾座体中螺母与顶尖套筒 $\phi32$ 轴、孔配合的最大盈隙和配合公差如下。

顶尖套筒孔公差带在螺母轴公差带之上，故其配合为间隙配合。

最大间隙：$X_{max}=D_{max}-d_{min}=ES-ei=0.025-(-0.016)=0.041$；

最小间隙：$X_{min}=D_{min}-d_{max}=EI-es=0-0=0$。

1.1.5　基准制

为了以尽可能少的标准公差带形成最多种的配合，标准规定了两种基准制：基孔制和基轴制。如有特殊需要，允许将任一孔、轴公差带组成配合。孔、轴尺寸公差代号用基本偏差代号与公差等级代号组成。

1）基孔制

基本偏差为一定的孔的公差带，与不同基本偏差的轴的公差带形成各种配合的一种制度，如图 1-14 所示。

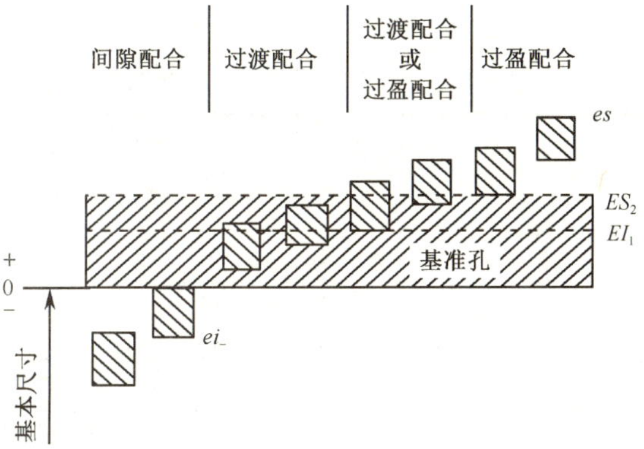

图 1-14　基孔制配合

在基孔制中，孔是基准件，称为基准孔；轴是非基准件，称为配合轴。同时规定，基准孔的基本偏差是下偏差，且等于零，即 EI=0，并以基本偏差代号 H 表示，应优先选用。

2）基轴制

基本偏差为一定的轴的公差带，与不同基本偏差的孔的公差带形成各种配合的一种制度，如图 1-15 所示。

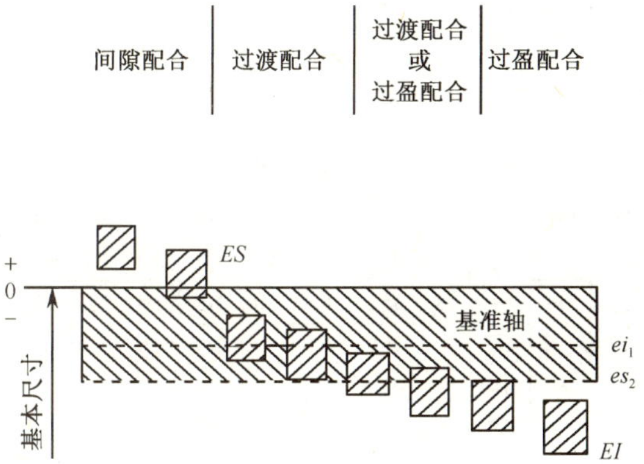

图 1-15　基轴制配合

在基轴制中，轴是基准件，称为基准轴；孔是非基准件，称为配合孔。同时规定，基准轴的基本偏差是上偏差，且等于零，即 es=0，并以基本偏差代号 h 表示。

由于孔的加工工艺复杂，故制造成本高，因此优先选用基孔制。

1.1.6 国标中规定的公差带与配合

1．国标中规定的公差带

原则上允许任一孔、轴组成配合。但为了简化标准和使用方便，根据实际需要规定了优先、常用和一般用途的孔、轴公差带，从而有利于生产和减少刀具、量具的规格、数量，方便于技术工作。

表 1-4、表 1-5 所示为公称尺寸不大于 500 mm 孔、轴优先、常用和一般用途公差带。应按顺序选用。

表 1-4 公称尺寸不大于 500 mm 轴优先、常用和一般用途公差带

							h1		js1												
							h2		js2												
							h3		js3												
						g4	h4		js4	k4	m4	n4	p4	r4	s4						
					f5	g5	h5	j5	js5	k5	m5	n5	p5	r5	s5	t5	u5	v5	x5		
				e6	f6	(g6)	(h6)	j6	js6	(k6)	m6	(n6)	(p6)	r6	(s6)	t6	(u6)	v6	x6	y6	z6
			d7	e7	(f7)	G7	(h7)	j7	js7	k7	m7	n7	p7	r7	s7	t7	u7	v7	x7	y7	z7
		c8	d8	e8	f8	g8	h8		js8	k8	m8	n8	p8	r8	s8	t8	u8	v8	x8	y8	z8
a9	b9	c9	(d9)	e9	f9		(h9)		js9												
a10	b10	c10	d10	e10			h10		js10												
a11	b11	(c11)	d11				(h11)		js11												
a12	b12	c12					h12		js12												
a13	b13						h13		js13												

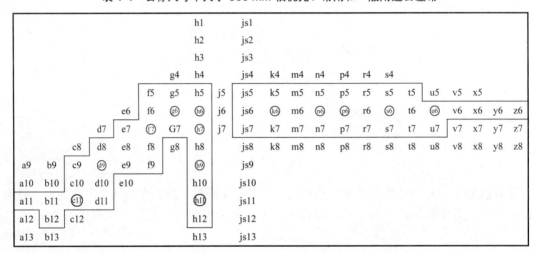

表 1-5 公称尺寸不大于 500 mm 孔优先、常用和一般用途公差带

							H1		JS1												
							H2		JS2												
							H3		JS3												
							H4		JS4	K4	M4										
						G5	H5		JS5	K5	M5										
					F6	G6	H6	J6	JS6	K6	M6	N6	P6	R6	S6	T6	U6	V6	X6	Y6	Z6
			D7	E7	F7	(G7)	(H7)	J7	JS7	(K7)	M7	(N7)	(P7)	R7	(S7)	T7	(U7)	V7	X7	Y7	Z7
		C8	D8	E8	(F8)	G8	(H8)	J8	JS8	K8	M8	N8	P8	R8	S8	T8	U8	V8	X8	Y8	8
A9	B9	C9	(D9)	E9	F9		(H9)		JS9			N9	P9								
A10	B10	C10	D10	E10			H10		JS10												
A11	B11	(C11)	D11				(H11)		JS11												
A12	B12	C12					H12		JS12												
							H13		JS13												

表中，轴的优先公差带 13 种（带圆圈），常用公差带 59 种（方框内），一般用途公差带 119 种；孔的优先公差带 13 种，常用公差带 44 种，一般用途公差带 105 种。

2. 国标中规定的配合

孔、轴公差带进行组合可得30万种配合，远远超过了实际需要。现将尺寸不大于500 mm范围内，对基孔制规定13种优先配合和59种常用配合，见表1-6；对基轴制规定了13种优先配合和47种常用配合，见表1-7。

表1-6 基孔制优先和常用配合（摘自GB/T 1801—2009）

基准孔	轴																				
	a	b	c	d	e	f	g	h	js	k	m	n	p	r	s	t	u	v	x	y	z
	间隙配合								过渡配合			过盈配合									
H6						H6/f5	H6/g5	H6/h5	H6/js5	H6/k5	H6/m5	H6/n5	H6/p5	H6/r5	H6/s5	H6/t5					
H7						H7/f6	**H7/g6**	**H7/h6**	H7/js6	**H7/k6**	H7/m6	**H7/n6**	**H7/p6**	H7/r6	**H7/s6**	H7/t6	**H7/u6**	H7/v6	H7/x6	H7/y6	H7/z6
H8					H8/e7	**H8/f7**	H8/g7	**H8/h7**	H8/js7	H8/k7	H8/m7	H8/n7	H8/p7	H8/r7	H8/s7	H8/t7	H8/u7				
H8				H8/d8	H8/e8	H8/f8		H8/h8													
H9			H9/c9	**H9/d9**	H9/e9	H9/f9		**H9/h9**													
H10			H10/c10	H10/d10				H10/h10													
H11	H11/a11	H11/b11	**H11/c11**	H11/d11				**H11/h11**													
H12		H12/b12						H12/h12													

注：1. $\frac{H6}{n5}$、$\frac{H7}{p6}$ 在公称尺寸小于或等于3 mm和 $\frac{H8}{r7}$ 在公称尺寸小于或等于100 mm时，为过渡配合。

2. 标注"灰色"的配合为优先配合。

表1-7 基轴制优先和常用配合（摘自GB/T 1801—2009）

基准轴	孔																				
	A	B	C	D	E	F	G	H	JS	K	M	N	P	R	S	T	U	V	X	Y	Z
	间隙配合								过渡配合			过盈配合									
h5						F6/h5	G6/h5	H6/h5	JS6/h5	K6/h5	M6/h5	N6/h5	P6/h5	R6/h5	S6/h5	T6/h5					
h6						F7/h6	**G7/h6**	**H7/h6**	JS7/h6	**K7/h6**	M7/h6	**N7/h6**	**P7/h6**	R7/h6	**S7/h6**	T7/h6	**U7/h6**				
H7					E8/h7	F8/h7		**H8/h7**	JS8/h7	K8/h7	M8/h7	N8/h7									
h8				D8/h8	E8/h8	F8/h8		H8/h8													
h9				**D9/h9**	E9/h9	F9/h9		**H9/h9**													
h10				D10/h10				H10/h10													
h11	A11/h11	B11/h11	**C11/h11**	D11/h11				**H11/h11**													
h12		B12/h12						H12/h12													

注：标注"灰色"的配合为优先配合。

从表中可以看出，加工工艺等价原则在这里反映出的经济性：孔、轴公差等级以 IT8 为界，低于等于 IT8 级的轴与孔采用同级配合，但高于 IT8 级的轴必须与低一级的孔配合。

3．一般公差线性尺寸的未注公差

一般公差是指在车间一般加工条件下可保证的公差，是机床设备在正常维护和操作情况下，能达到的经济加工精度。采用一般公差时，在该尺寸后不标注极限偏差或其他代号，所以也称未注公差。

一般公差主要用于较低精度的非配合尺寸。当功能上允许的公差等于或大于一般公差时，均应采用一般公差；当要素的功能允许比一般公差大的公差，且注出更为经济时，如装配所钻盲孔的深度，则相应的极限偏差值要在尺寸后注出。在正常情况下，一般可不必检验。一般公差适用于金属切削加工的尺寸，一般冲压加工的尺寸。对非金属材料和其他工艺方法加工的尺寸亦可参照采用。

在 GB/T 1804－2000 中，规定了四个公差等级，其线性尺寸一般公差的公差等级及其极限偏差数值见表 1-8。

表 1-8　线性尺寸的未注极限偏差的数值（摘自 GB/T 1804—2000）　（mm）

公差等级	尺寸分段							
	0.5～3	＞3～6	＞6～30	＞30～120	＞120～400	＞400～1 000	＞1 000～2 000	＞2 000～4 000
f（精密级）	±0.05	±0.05	±0.1	±0.15	±0.2	±0.3	±0.5	—
m（中等级）	±0.1	±0.1	±0.2	±0.3	±0.5	±0.8	±1.2	±2
c（粗糙级）	±0.2	±0.3	±0.5	±0.8	±1.2	±2	±3	±4
v（最粗级）	—	±0.5	±1	±1.5	±2.5	±4	±6	±8

采用一般公差时，在图样上不标注公差，但应在技术要求中做相应注明，例如选用中等级 m 时，表示为 GB/T 1804-m。

任务小结

1．零件图尺寸公差与配合标注读解

1）$\phi 32h6$

（1）轴公称尺寸：d=32。

（2）公差等级：查表 1-1，由公称尺寸 30～50 的横行与 IT6 的纵列相交处，知标准公差 IT6=16 μm。

（3）基本偏差：代号为 h，查表 1-2，由公称尺寸 30～40 的横行与 h 的纵列相交处，查得基本偏差为上偏差，且 es=0。

（4）极限偏差的计算：下偏差 $ei=es-\text{IT6}=0-16=-16$ μm（−0.016 mm），该公差标注还可以用 $\phi 32^{\ 0}_{-0.016}$ 表示。

（5）最大极限尺寸：$d_{max} = d + es = 32 + 0 = 32$。

（6）最小极限尺寸：$d_{min} = d + ei = 32 + (-0.016) = 31.984$。

（7）尺寸合格条件：31.984≤ d_a ≤32。

2）ϕ32H7

（1）孔公称尺寸：D=32。

（2）公差等级：查表 1-1，由公称尺寸 30～50 的横行与 IT7 的纵列相交处，知标准公差 IT7=25 μm。

（3）基本偏差：代号为 H，查表 1-3，由公称尺寸 30～40 的横行与 H 的纵列相交处，查得基本偏差为下偏差，且 EI=0。

（4）极限偏差的计算：上偏差 ES=EI+IT7=0+25=+25 μm（+0.025 mm），该公差标注还可以用 $\phi 32^{+0.025}_{0}$ 表示。

（5）最大极限尺寸：$D_{max} = D + ES = 32 + 0.025 = 32.025$。

（6）最小极限尺寸：$D_{min} = D + EI = 32 + 0 = 32$。

（7）尺寸合格条件：32≤ D_a ≤32.025。

2．装配图尺寸公差与配合标注 ϕ32H7/h6 读解

（1）孔轴公称尺寸：32。

（2）基准制：基孔制。

（3）配合种类：公差带图如图 1-16 所示，可以判断是间隙配合。

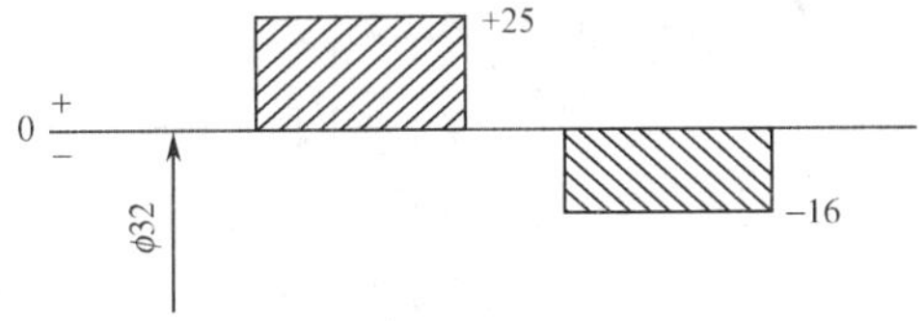

图 1-16　公差带图

（4）最大间隙：$X_{max} = D_{max} - d_{min} = ES - ei = 25 - (-16) = 41$ μm。

（5）最小间隙：$X_{min} = D_{min} - d_{max} = EI - es = 0 - 0 = 0$。

（6）配合公差：$T_f = X_{max} - X_{min} = 41 - 0 = 41$ μm。

技能训练

训练 1　丝杠尺寸公差标注识读

1．目的

（1）掌握有关尺寸、偏差、公差和配合的基本术语和定义。

（2）掌握有关极限尺寸、极限偏差、公差的计算，明确它们之间的关系。

（3）掌握有关极限间隙或极限过盈、配合公差的计算，明确它们之间的关系。

（4）掌握绘制轴、孔公差带图和配合公差带图的基本要领。

（5）进一步熟悉尺寸公差与配合国家标准的基本内容，为后续应用标准打好基础。

2．内容

（1）图 1-17 所示车床尾座中丝杠轴径公差标注 ϕ20g6 。

（2）图 1-17 所示车床尾座中丝杠轴径公差标注 ϕ18js6 。

（3）图 1-3 所示后盖与丝杠的配合代号 ϕ20H7/g6 。

（4）图 1-3 所示手轮与丝杠右端轴径的配合代号 ϕ18H7/js6 。

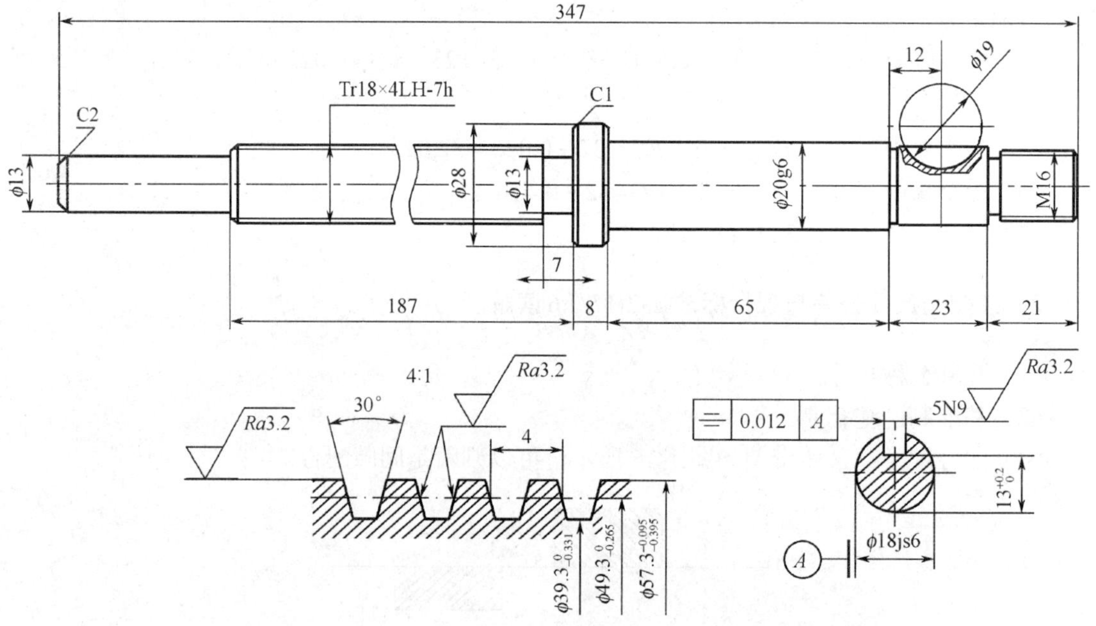

图 1-17　丝杠

3．要求

试根据上述四组公差代号，完成以下训练。

（1）指出：零件图尺寸公差代号的公称尺寸、公差等级、基本偏差的名称及相对应的数值。

（2）计算：零件另一个极限偏差数值。

（3）指出：零件的实际尺寸合格的范围。

（4）计算：装配图中尺寸公差带的极限尺寸、公差数值及极限间隙或极限过盈、配合公差的数值，并指出配合性质。

（5）绘制：各组配合代号的尺寸公差带图和配合公差带图。

（6）标注：在零件图及装配图上，以不同的形式标注有关的尺寸公差及配合代号。

（7）指出：题目中的配合是优先选用的配合，还是常用配合？组成配合的公差带是一般选用的公差带，还是常用公差带或优先选用的公差带？

1.2　尺寸公差及配合的选择与标注

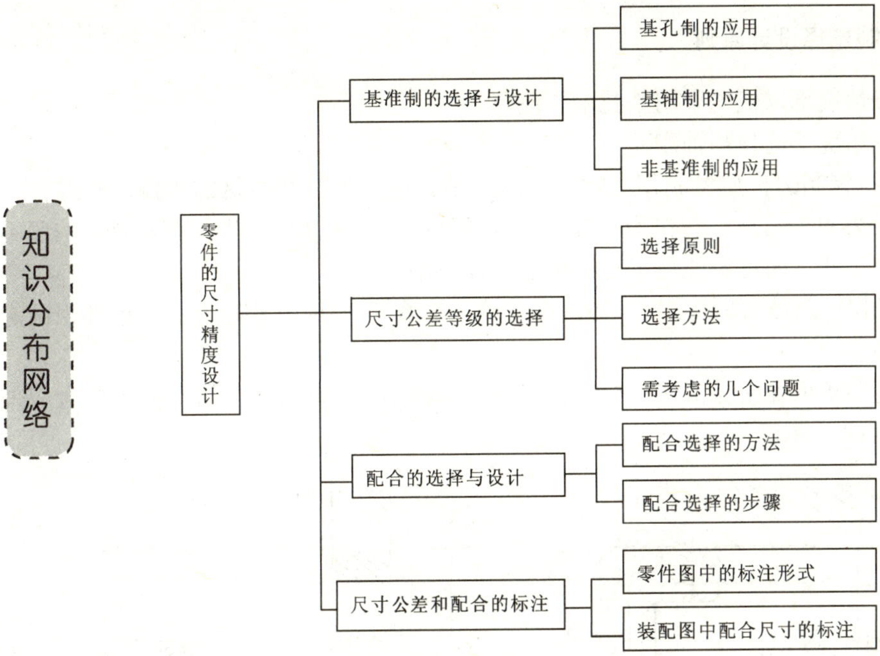

任务介绍

任务2　设计顶尖套筒与尾座体的尺寸公差及配合

车床尾座的作用主要是以顶尖顶持工件，并承受切削力，尾座顶尖与主轴顶尖有严格的同轴度要求，但在加工和装配过程中会不可避免地出现误差，若误差过大，则影响车床的零件加工质量。因此，对车床尾座在加工和装配过程中给定合理的尺寸精度要求非常重要。

顶尖套筒的外圆柱面与尾座体上ϕ60 孔的配合是尾座上直接影响使用功能的最重要配合。套筒要求能在孔中沿轴向移动，并且移动时套筒（连带顶尖）不能晃动，否则就会影响工作精度，这就要求必须合理设计零件的尺寸精度。

零件的尺寸精度和配合设计任务主要包括以下四个方面的内容。

（1）基准制的选择与设计；

（2）尺寸公差等级的选择；

（3）配合的选择与设计；

（4）尺寸精度和配合的标注。

相关知识

1.2.1 基准制的选择

1. 基准制选择设计原则

（1）一般情况下，优先采用基孔配合制。

（2）有些情况下选择基轴制。

① 用冷拉钢制圆柱型材制作光轴作为基准轴。这一类圆柱型材的规格已标准化，尺寸公差等级一般为 IT7～IT9。它作为基准轴，轴径可以免去外圆的切削加工，只要按照不同的配合性质来加工孔，即可实现技术与经济的最佳效果。

② 与标准件或标准部件配合（如：键、销、轴承等），应以标准件为基准件来确定用基孔制还是基轴制。

例如，滚动轴承外圈与箱体孔的配合应采用基轴制，滚动轴承内圈与轴的配合应采用基孔制，如图 1-18 所示。

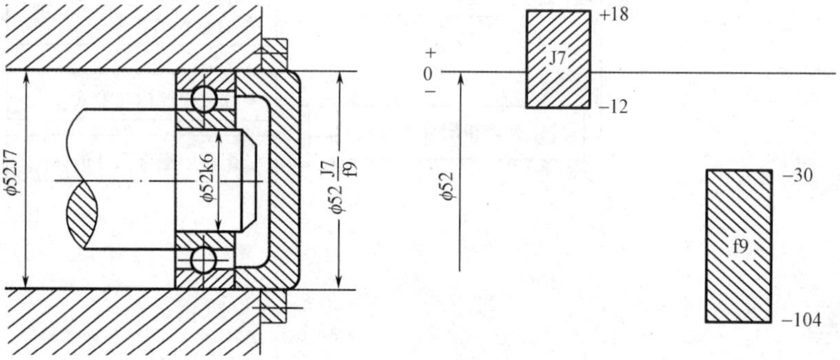

图 1-18 滚动轴承与箱体和轴的配合

③“一轴多孔”，而且构成的多处配合的松紧程度要求不同的场合。

所谓“一轴多孔”指一轴与两个或两个以上的孔组成配合。如图 1-19 所示内燃机中活塞销与活塞孔及连杆套孔的配合，它们组成三处两种性质的配合。

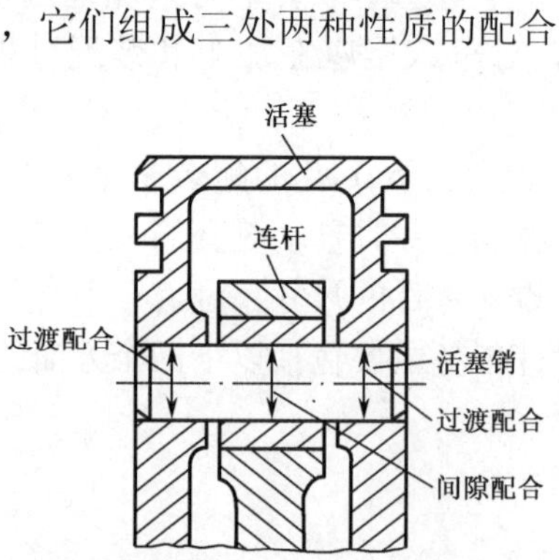

图 1-19 内燃机活塞中的配合

如图 1-20（a）所示采用基孔配合制，轴为阶梯轴，且两头大中间小，既不便加工，也不便装配。

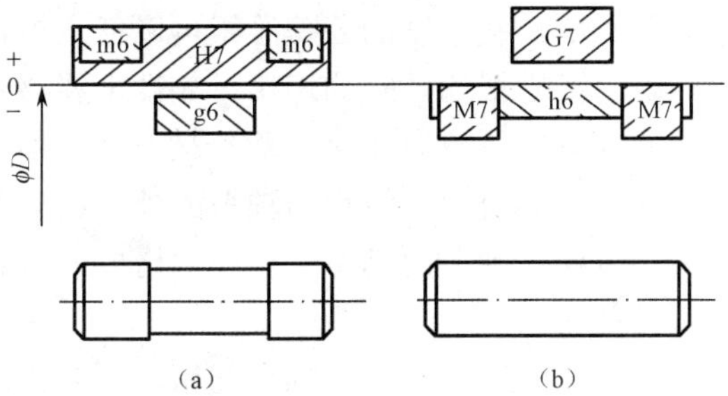

图 1-20　采用不同配合制

（3）特殊情况可以采用非基准制。

国家标准规定：为了满足配合的特殊需要，允许采用非基准制配合，即采用任一孔、轴公差带（基本偏差代号非 H 的孔或 h 的轴）组成的配合。

2．基准制选择设计的应用

车床尾座顶尖套筒的外圆柱面与尾座体上ϕ60 孔的配合不属于适合应用基轴制的情况，也无特殊要求，故优先选用基孔制配合，所以尾座体上ϕ60 孔的基本偏差代号为“H”。

1.2.2　尺寸公差等级的选择

1．公差等级的选择原则

选择公差等级就是解决制造精度与制造成本之间的矛盾。在满足使用性能的前提下，尽量选取较低的公差等级。

所谓“较低的公差等级”，是指假如 IT7 级以上（含 IT7）的公差等级均能满足使用性能要求，那么，选择 IT7 级为宜。它既保证使用性能，又可获得最佳的经济效益。

2．公差等级的选择方法

（1）类比法（经验法）——参考经过实践证明合理的类似产品的公差等级，将所设计的机械（机构、产品）的使用性能、工作条件、加工工艺装备等情况与之进行比较，从而确定合理的公差等级。对初学者来说，多采用类比法，此法主要是通过查阅有关的参考资料、手册，并进行分析比较后确定公差等级。类比法多用于一般要求的配合。

（2）计算法——根据一定的理论和计算公式计算后，再根据尺寸公差与配合的标准确定合理的公差等级。即根据工作条件和使用性能要求确定配合部位的间隙或过盈允许的界限，然后通过计算法确定相配合的孔、轴的公差等级。计算法多用于重要的配合。

3．确定公差等级应考虑的几个问题

（1）一般的非配合尺寸要比配合尺寸的公差等级低。

（2）遵守工艺等价原则——孔、轴的加工难易程度相当，在公称尺寸等于或小于 500 mm

时，孔比轴要低一级；在公称尺寸大于 500 mm 时，孔、轴的公差等级相同。这一原则主要用于中高精度（公差等级≤IT8）的配合。

（3）在满足配合要求的前提下，孔、轴的公差等级可以任意组合，不受工艺等价原则的限制。如轴承盖与轴承孔的配合要求很松，它的连接可靠性主要靠螺钉连接来保证。对配合精度要求很低，相配合的孔件和轴件既没有相对运动，又不承受外界负荷，所以轴承盖的配合外径采用 IT9 是经济合理的。孔的公差等级是由轴承的外径精度所决定的，如果轴承盖的配合外径按工艺等价原则采用 IT6，则反而是不合理的。这样做势必要提高制造成本，同时对提高产品质量又起不到任何作用。

（4）与标准件配合的零件，其公差等级由标准件的精度要求所决定。如与轴承配合的孔和轴，其公差等级由轴承的精度等级来决定。与齿轮孔相配的轴，其配合部位的公差等级由齿轮的精度等级所决定。

（5）用类比法确定公差等级时，一定要查明各公差等级的应用范围和公差等级的选择实例，表 1-9 和表 1-10 可供参考。

表 1-9　公差等级的应用

应用 \ 公差等级	IT01	IT0	IT1	IT2	IT3	IT4	IT5	IT6	IT7	IT8	IT9	IT10	IT11	IT12	IT13	IT14	IT15	IT16	IT17	IT18
块规	—	—	—																	
量规			—	—	—	—	—	—	—											
配合尺寸							—	—	—	—	—	—	—	—						
特别精密零件				—	—	—	—													
非配合尺寸														—	—	—	—	—	—	—
原材料										—	—	—	—	—	—	—				

表 1-10　公差等级的应用范围

公差等级	应 用 范 围
5 级	主要用在配合公差、形状公差要求甚小的地方，它的配合性质稳定，一般在机床、发动机、仪表等重要部位应用。如：与 D 级滚动轴承配合的箱体孔；与 E 级滚动轴承配合的机床主轴，机床尾架与套筒，精密机械及高速机械中轴径，精密丝杠轴径等
6 级	配合性质达到较高的均匀性，如：与 E 级滚动轴承相配合的孔、轴径；与齿轮、蜗轮、联轴器、带轮、凸轮等连接的轴径，机床丝杠轴径；摇臂钻立柱；机床夹具中导向件外径尺寸；6 级精度齿轮的基准孔，7、8 级精度齿轮基准轴径
7 级	7 级精度比 6 级稍低，应用条件与 6 级基本相似，在一般机械制造中应用较为普遍。如：联轴器、带轮、凸轮等孔径；机床夹盘座孔，夹具中固定钻套，可换钻套；7、8 级齿轮基准孔，9、10 级齿轮基准轴
8 级	在机械制造中属于中等精度。如：轴承座衬套沿宽度方向尺寸；9、10 级齿轮基准孔，11、12 级齿轮基准轴
9 级、10 级	主要用于机械制造中轴套外径与孔；操纵件与轴；空轴带轮与轴；单键与花键
11 级、12 级	配合精度很低，装配后可能产生很大间隙，适用于基本上没有什么配合要求的场合。如：机床上法兰盘与止口；滑块与滑移齿轮；加工中工序间尺寸；冲压加工的配合件；机床制造中的扳手孔与扳手座的连接

（6）在满足设计要求的前提下，应尽量考虑工艺的可能性和经济性。各种加工方法所能

达到的精度可参考表 1-11。

表 1-11　各种加工方法的加工精度

加工方法＼公差等级	IT01	IT0	IT1	IT2	IT3	IT4	IT5	IT6	IT7	IT8	IT9	IT10	IT11	IT12	IT13	IT14	IT15	IT16	IT17	IT18
研磨	—	—	—	—	—	—	—													
珩磨						—	—	—	—											
圆磨							—	—	—	—										
平磨							—	—	—	—										
金刚石车							—	—	—											
金刚石镗							—	—	—											
拉削							—	—	—	—										
铰孔								—	—	—	—	—								
精车、精镗									—	—	—									
粗车												—	—	—						
粗镗												—	—	—						
铣										—	—	—	—							
刨、插												—	—							
钻削												—	—	—	—					
冲压												—	—	—	—	—				
滚压、挤压												—	—							
锻造																	—	—		
砂型铸造																—	—			
金属型铸造																—	—			
气割																	—	—	—	—

任务提示： 车床尾座顶尖套筒的外圆柱面与尾座体上ϕ60 孔的公差等级选择采用类比法。套筒在孔中沿轴向移动时，若有晃动，将直接影响工作精度，故应采用较高的公差等级。建议顶尖套筒的外圆柱面公差等级为 IT5，尾座体上ϕ60 孔公差等级为 IT6。

1.2.3　配合的选择

1．配合选择的任务

当基准配合制和孔、轴公差等级确定之后，配合选择的任务是：确定非基准件（基孔制配合中的轴或基轴制配合中的孔）的基本偏差代号。

2．配合选择的方法

配合的选择方法有类比法、计算法和试验法三种。

1）类比法

类比法同公差等级的选择相似，大多通过查表将所设计的配合部位的工作条件和功能要求与相同或相似的工作条件或功能要求的配合部位进行分析比较，对于已成功的配合作适当的调整，从而确定配合代号。此选择方法主要应用在一般、常见的配合中。

2）计算法

计算法主要用于两种情况：一是用于保证与滑动轴承的间隙配合，当要求保证液体摩擦时，可以根据滑动摩擦理论计算允许的最小间隙，从而选定适当的配合；二是完全依靠装配过盈传递负荷的过盈配合，可以根据要求传递负荷的大小计算允许的最小过盈，再根据孔、轴材料的弹性极限计算允许的最大过盈，从而选定适当的配合。

3）试验法

试验法主要用于新产品和特别重要配合的选择。这些部位的配合选择，需要进行专门的模拟试验，以确定工作条件要求的最佳间隙或过盈及其允许变动的范围，然后确定配合性质。这种方法只要实验设计合理，数据可靠，选用的结果就比较理想，但成本较高。

3. 配合选择的步骤

采用类比法时，可以按照下列步骤选择配合。

1）确定配合的类型

根据配合部位的功能要求，确定配合的类型。

（1）间隙配合。间隙配合有 A～H（a～h）共 11 种，其特点是利用间隙储存润滑油及补偿温度变形、安装误差、弹性变形等所引起的误差。它在生产中应用广泛，不仅用于运动配合，加紧固件后也可用于传递力矩。不同基本偏差代号与基准孔（或基准轴）分别形成不同间隙的配合。主要依据变形、误差需要补偿间隙的大小、相对运动速度，以及是否要求定心或拆卸来选定。

（2）过渡配合。过渡配合有 JS～N（js～n）四种基本偏差，其主要特点是定心精度高且可拆卸。也可加键、销紧固件后用于传递力矩，主要根据机构受力情况、定心精度和要求装拆次数来考虑基本偏差的选择。定心要求高，受冲击负荷，不常拆卸的，可选较紧的基本偏差，如 N（n），反之应选较松的配合，如 K（k）或 JS（js）。

（3）过盈配合。过盈配合有 P～ZC（p～zc）13 种基本偏差，其特点是由于有过盈，装配后孔的尺寸被胀大而轴的尺寸被压小，产生弹性变形，在结合面上产生一定的正压力和摩擦力，用以传递力矩和紧固零件。选择过盈配合时，如不加键、销等紧固件，则最小过盈应能保证传递所需的力矩，最大过盈应不使材料破坏，故配合公差不能太大，所以公差等级一般为 IT5～IT7。基本偏差根据最小过盈量及结合件的标准来选取。

功能要求及对应的配合类型见表 1-12，可按表中的情况进行选择。

表 1-12　配合类型应用范围

<table>
<tr><th colspan="4">结合件的工作情况</th><th>配 合 类 型</th></tr>
<tr><td rowspan="2">有相对运动</td><td colspan="3">只有移动</td><td>间隙较小的间隙配合</td></tr>
<tr><td colspan="3">转动或与移动的复合运动</td><td>间隙较大的间隙配合</td></tr>
<tr><td rowspan="4">无相对运动</td><td rowspan="3">传递扭矩</td><td rowspan="2">要求精确同轴</td><td>永久结合</td><td>过盈配合</td></tr>
<tr><td>可拆结合</td><td>过渡配合或间隙最小的间隙配合加紧固件</td></tr>
<tr><td colspan="2">不需要精确同轴</td><td>间隙较小的间隙配合加紧固件</td></tr>
<tr><td colspan="3">不传递扭矩</td><td>过渡配合或过盈小的过盈配合</td></tr>
</table>

注：紧固件指键、销钉和螺钉等。

2）确定非基准件的基本偏差代号

根据配合部位具体的功能要求，通过查表，比照配合的应用实例，参考各种配合的性能特征，选择较合适的配合,即确定非基准件的基本偏差代号。轴的基本偏差的具体选用可参考表 1-13，基孔制常用和优先配合的特征及应用可参见表 1-14。

表 1-13　轴的基本偏差选用说明及应用

配合	基本偏差	特性及应用
间隙配合	a、b	可得到特别大的间隙，应用很少。例如起重机吊钩的铰链、带榫槽的法兰盘推荐配合为 H12/b12
	c	可得到很大的间隙，一般适用于缓慢、松弛的动配合。用于工作条件较差（如农业机械）、受力变形，或为了便于装配，而必须保证有较大的间隙时，推荐配合为 H11/c11。其较高等级的配合，如 H8/c7 适用于轴在高温下工作的紧密配合，例如内燃机排气阀和导管
	d	一般用于 IT7～IT11 级，适用于松的转动配合，如密封盖、滑轮、空带轮等与轴的配合，也适用于大直径滑动轴承的配合，如球磨机、轧钢机等重型机械的滑动轴承
	e	多用于 IT7～IT9 级，通常用于要求有明显间隙，易于转动的支承配合，如大跨距支承、多支点支承等配合。高等级的 e 轴也适用于大的、高速、重载的支承，如蜗轮发电机、大型电动机及内燃机的主要轴承、凸轮轴轴承等配合
	f	多用于 IT6～IT8 级的一般转动配合，当温度影响不太大时，被广泛用于普通润滑油（或润滑脂）润滑的支承，如齿轮箱、小电动机、泵等的转轴与滑动轴承的配合
	g	配合间隙很小，制造成本很高，除了很轻负荷的精密机构外，一般不用作转动配合。多用于 IT5～IT7 级，最适合不回转的精密滑动轴承，也用于插销等定位配合，如精密连杆轴承、活塞及滑阀、连杆销，以及钻套与衬套、精密机床的主轴与轴承、分度头轴颈与轴的配合等。例如钻套与衬套的配合为 H7/g6
	h	配合的最小间隙为零，用于 IT4～IT11 级。广泛用于无相对转动的零件，作为一般定位配合。若无温度、变形影响，也用于精密滑动配合。例如车床尾座体孔与顶尖套筒的配合为 H6/h5
过渡配合	js	平均起来为稍有间隙的配合，多用于 IT4～IT7 级，要求间隙比 h 轴小，并允许稍有过盈的定位配合，如联轴器，可用手或木锤装配
	k	平均起来没有间隙的配合，适用于 IT4～IT7 级，推荐用于稍有过盈的定位配合，例如为了消除振动用的定位配合，一般用木锤装配
	m	平均起来具有不大过盈的过渡配合，适用于 IT4～IT7 级，用于精密定位的配合，如蜗轮的青铜轮缘与轮毂的配合为 H7/m6。一般可用木锤装配，但在最大过盈时，要求有相当大的压入力
	n	平均过盈比 m 轴稍大，很少得到间隙，适用于 IT4～IT7 级，用锤或压力机装配，拆卸较困难
过盈配合	p	与 H6 或 H7 孔配合时是过盈配合，与 H8 孔配合时为过渡配合。对非铁制零件，为较轻的压入配合，当需要时易于拆卸。对钢、铸铁或铜、钢组件装配是标准压入配合。它主要用于定心精度很高，零件有足够的刚性，受冲击负荷的定位配合
	r	对铁制零件，为中等打入配合；对非铁制零件，为轻打入的配合，当需要时可以拆卸。与 H8 孔配合，直径在 100mm 以上时为过盈配合，直径小时为过渡配合
	s	用于钢铁件的永久或半永久结合，可产生相当大的结合力。当用弹性材料，如轻合金时，配合性质与铁制零件的 p 轴相当。例如套环压装在轴上、阀座等的配合。尺寸较大时，为了避免损伤配合表面，需用热胀或冷缩法装配
	t、u、v x、y、z	过盈量依次增大，一般不推荐。例如联轴器与轴的配合 H7/t6

表 1-14　尺寸不大于 500 mm 基孔制常用和优先配合的特征及应用

配合类别	配合代号	应　用
间隙配合	H11/c11	间隙非常大，用于很松的、转动很慢的动配合；要求大公差与大间隙的外露组件；要求装配方便的很松的配合
	H9/d9	间隙很大的自由转动配合，用于精度为非主要要求，或有大的温度变化、高转速或大的轴颈压力时的配合
	H8/f7	间隙不大的转动配合，用于中等转速与中等轴颈压力的精确转动；也用于装配容易的中等定位配合
	H7/g6	间隙很小的滑动配合，用于不希望自由转动，但可自由移动和滑动并精密定位的配合；也可用于要求明确的定位配合
	H7/h6、H8/h7、H9/h9	均为间隙定位配合，零件可自由装拆，而工作时一般相对静止不动。在最大实体条件下的间隙为零，在最小实体条件下的间隙由公差等级决定
过渡配合	H7/k6	用于精密定位配合
	H7/n6	允许有较大过盈的更精密定位配合
过盈配合	H7/p6	过盈定位配合，即小过盈配合，用于定位精度特别重要时，能以最好的定位精度达到部件的刚性及对中性要求，而对内孔承受压力无特殊要求，不依靠配合的紧固性传递摩擦负荷的配合
	H7/s6	中等压入配合，适用于一般钢件，或用于薄壁件的冷缩配合，用于铸铁件可得到最紧的配合
	H7/u6	压入配合，适用于可以承受高压入力的零件，或不易承受大压入力的冷缩配合

3）配合选择的注意事项

大批量生产时，加工后所得的尺寸通常呈正态分布；而单件小批量生产时，加工所得的孔的尺寸多偏向最小极限尺寸，轴的尺寸多偏向最大极限尺寸，即呈偏态分布。所以，对于同一使用要求，单件小批生产时采用的配合应比大批量生产时要松一些。如大批量生产时的 ϕ50H7/js6 的要求，在单件小批量生产时应选择 ϕ50H7/h6。

【实例 1-3】已知孔、轴公称尺寸 ϕ25，间隙 0.010～0.045 mm，试确定孔、轴的公差等级和公差带及配合代号。

解：（1）选择基准制：基孔制。

（2）选择公差等级：

由给定条件可知，此孔、轴配合为间隙配合，要求的配合公差为

$$T_f = |X_{max} - X_{min}| = T_h + T_s = (0.054-0.020)\ \text{mm} = 0.034\ \text{mm} = 34\ \mu\text{m}$$

即所选的孔、轴公差之和应最接近而又不大于 34 μm。

假设孔与轴为同级配合，则 $T_h = T_s = T_f/2 = 0.017\ \text{mm} = 17\ \mu\text{m}$。

查表 1-1，IT7=21 μm，IT6=13 μm，故孔与轴的公差等级介于 IT6 与 IT7 之间，一般取孔比轴大一级，即

孔 IT7=21 μm，轴 IT6=13 μm

则配合公差 $T_f = T_h + T_s = (21+13)\ \mu\text{m} = 34\ \mu\text{m}$。

（3）确定孔、轴公差带：

因为是基孔制配合，且孔的标准公差等级为 IT7，所以孔的公差带为 $\phi25\text{H7}(^{+0.021}_{\ 0})$。

又因为 $X_{min}=EI-es$，且 $EI=0$，所以

$$es=-X_{min}$$

本题要求最小间隙为 0.020 mm（20 μm），即轴的基本偏差应接近于−20 μm。

查表 1-2，取轴的基本偏差为 f，$es=-20$ μm，则 $ei=es-\text{IT6}=(-20-13)$ μm $=-33$ μm，所以轴的公差带为 $\phi25\text{f6}(^{-0.020}_{-0.033})$。

（4）验算设计结果：

孔、轴配合为 $\phi25\text{H7/f6}$

最大间隙：$X_{max}=ES-ei=54$ μm

最小间隙：$X_{min}=EI-es=20$ μm

故间隙在 0.020～0.054 mm 之间，设计结果满足使用要求。

1.2.4 尺寸公差及配合在图样中的标注

（1）零件图中的标注形式，如图 1-21 所示。

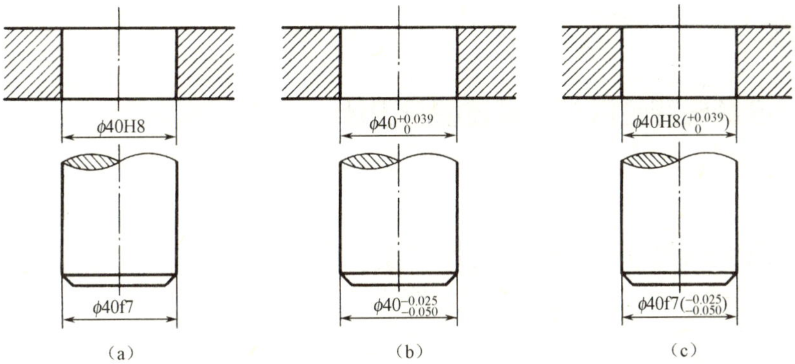

图 1-21　零件图标注示例

（2）在装配图中配合尺寸的标注，如图 1-22 所示。

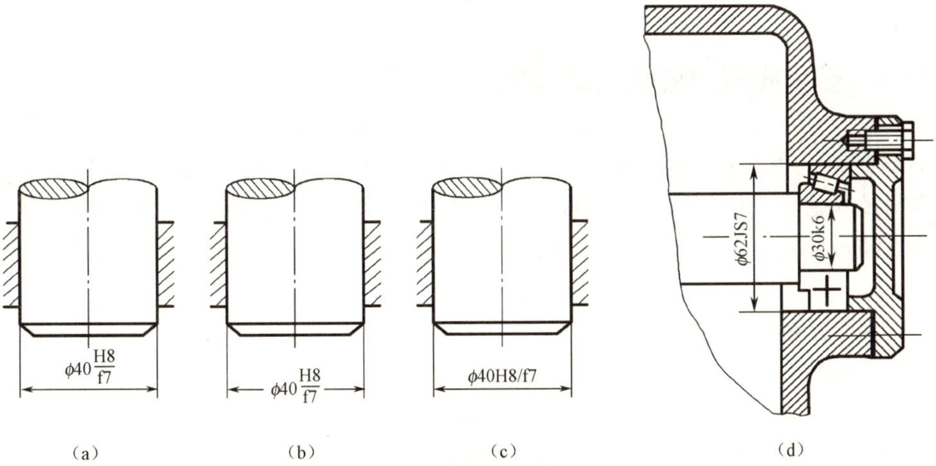

图 1-22　装配图标注示例

任务小结

步骤1　选择基准制。

顶尖套筒的外圆柱面与尾座体上ϕ60 孔的配合结构无特殊要求，优先采用基孔制配合，即尾座体上孔的基本偏差代号为 H。

步骤2　确定尺寸精度等级。

参考表 1-9～表 1-11，以及考虑遵守工艺等价原则，选择尾座体上孔的尺寸精度等级为 6 级，顶尖套筒外圆柱面尺寸精度等级为 5 级。

步骤3　选择配合。

顶尖套筒的外圆柱面与尾座体上ϕ60 孔的配合是尾座上直接影响使用功能的最重要配合。套筒要求能在孔中沿轴向移动，并且移动时套筒（连带顶尖）不能晃动，否则就会影响工作精度。另外，移动速度很低，又无转动，所以应选高精度的小间隙配合。

参考表 1-13 及表 1-14，选择顶尖套筒的外圆柱面的基本偏差代号为 h。

故顶尖套筒的外圆柱面与尾座体上ϕ60 孔的配合为ϕ60H6/h5。

技能训练

训练2　手柄与手轮尺寸公差及配合设计

1．目的

（1）掌握零件尺寸精度及配合设计的内容及方法。

（2）进一步熟悉尺寸公差与配合国家标准的基本内容。

2．内容及要求

图 1-3 所示车床尾座中手柄与手轮（铸铁）上ϕ10 孔的配合，装上后无拆卸要求，试确定其公差等级、公差带及配合代号并标注在装配图上。

训练3　安全阀尺寸公差及配合设计

图 1-23 所示为安全阀装配立体示意图，图 1-24 所示为安全阀装配图，图 1-25 及图 1-26 所示为阀门及阀盖零件图。安全阀连接于流体管道中，从下方进入阀体的流体从右侧流出。当流体压力超过预定值时，顶起阀门，即打开安全阀，使流体从阀的左侧泄出，起到安全保护的作用。

（1）阀门要求能在阀体内做轴向移动，不得歪斜。试设计阀门与阀体上ϕ34 孔的尺寸精度及配合，并标注在装配图及零件图上。

（2）阀帽套在阀盖上起防尘作用，侧面用螺钉紧固，要求阀帽装卸方便。试设计阀盖与阀帽上ϕ26 孔的尺寸精度及配合，并标注在装配图及零件图上。

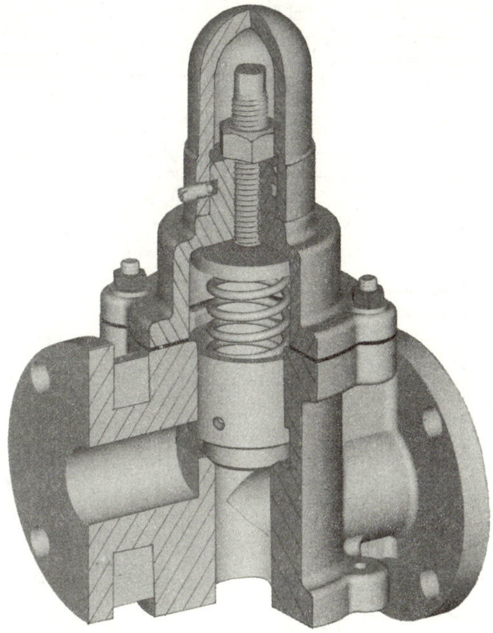

图 1-23　安全阀装配立体示意图

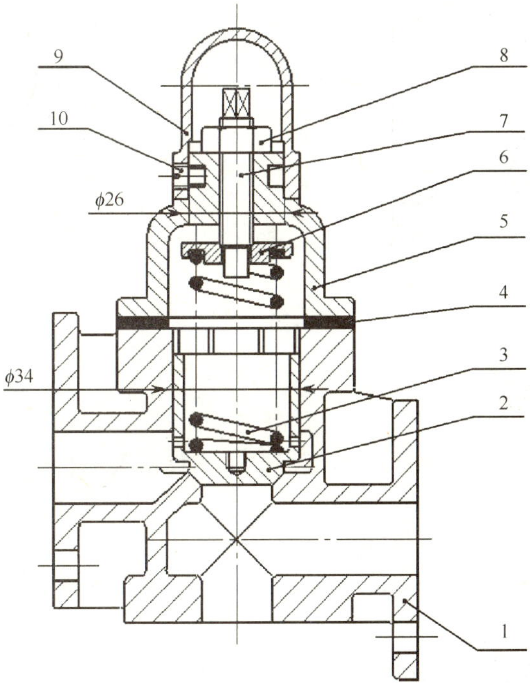

1—阀体；2—阀门；3—弹簧；4—衬片；5—阀盖；6—弹簧托盘；7—螺杆；8—六角螺母；9—阀帽；10—圆柱端紧定螺钉

图 1-24　安全阀装配图

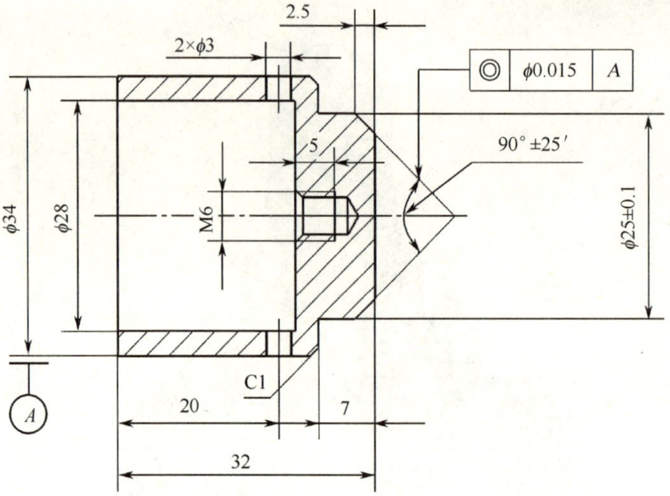

图 1-25　阀门

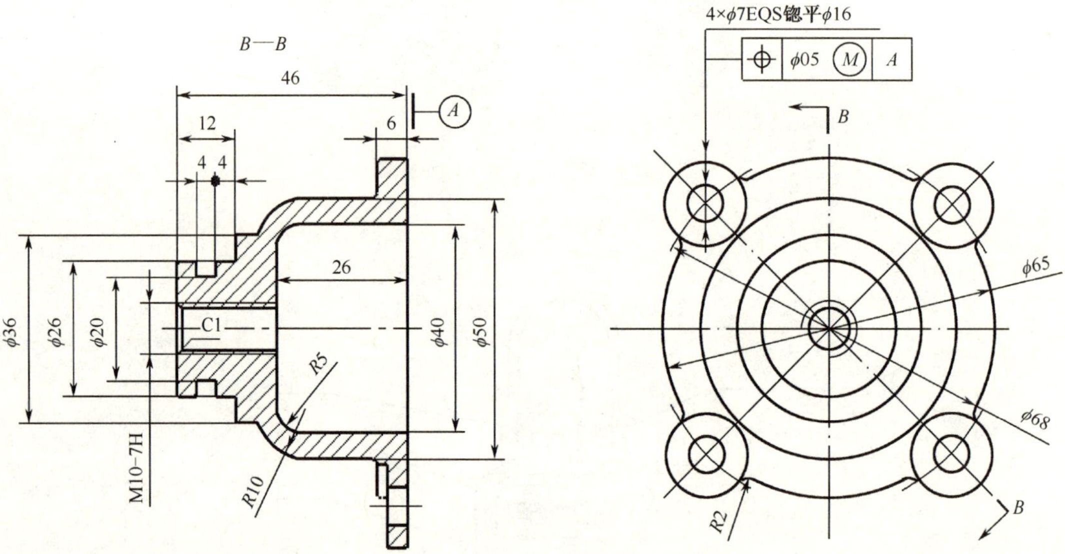

图 1-26　阀盖

知识梳理与总结

（1）有关尺寸的术语有：公称尺寸、实际尺寸、极限尺寸；有关配合的术语有：配合、配合类型、配合制。

（2）尺寸合格条件：实际尺寸在极限尺寸的范围内。

（3）公差带有大小和位置两个参数，国家标准将这两个参数标准化，即得到标准公差系列和基本偏差系列。

（4）公差与配合的选择主要包括确定基准制、公差等级及配合的种类。

（5）基准制优先选用基孔制。

（6）公差等级选择的原则是在满足使用要求的前提下，尽量选用较低的公差等级。

（7）配合的选择应尽可能选择优先配合，其次是常用配合。如果优先和常用配合不能满足要求，则可选用标准推荐的一般用途的孔、轴公差带，按使用要求组成需要的配合。

（8）确定公差等级和配合可参见《公差与配合》手册。

思考与练习题 1

1-1　试说明下列概念是否正确。

（1）公差是零件尺寸允许的最大偏差。

（2）公差一般为正，在个别情况下也可以为负或零。

（3）过渡配合可能有间隙，也可能有过盈。因此过渡配合可能是间隙配合，也可能是过盈配合。

1-2　求下列各种孔、轴配合的公称尺寸，上偏差、下偏差，公差，最大极限尺寸、最小极限尺寸，最大间隙、最小间隙（或过盈），说明属于何种配合，求出配合公差，并画出各种配合及配合公差带图，单位为毫米（mm）。

（1）孔$\phi25^{+0.021}_{0}$与轴$\phi25^{-0.020}_{-0.033}$相配合。

（2）孔$\phi25^{+0.021}_{0}$与轴$\phi25^{+0.041}_{+0.028}$相配合。

（3）孔$\phi25^{+0.021}_{0}$与轴$\phi25^{+0.015}_{+0.002}$相配合。

1-3　使用标准公差与基本偏差表，查出下列公差带的上、下偏差。

（1）ϕ32d9　（2）ϕ80p6　（3）ϕ20v7　（4）ϕ170h11

（5）ϕ28k7　（6）ϕ280m6　（7）ϕ40C11　（8）ϕ140M8

（9）ϕ25Z6　（10）ϕ30js6　（11）ϕ35P7　（12）ϕ60J6

1-4　查出下列孔、轴配合中孔和轴的上、下偏差，说明配合性质，画出公差与配合图解。

（1）$\phi40\frac{H8}{f7}$　（2）$\phi25\frac{P7}{h6}$　（3）$\phi60\frac{H7}{h6}$　（4）$\phi32\frac{H8}{js7}$

（5）$\phi16\frac{D8}{h8}$　（6）$\phi100\frac{G7}{h6}$

1-5　有一孔、轴配合的公称尺寸为ϕ30 mm，要求配合间隙在+0.020 ~ +0.055 mm之间，试确定孔和轴的精度等级和配合种类。

项目2 形位公差设计

教学导航

教	知识重点	形位公差特征项目及其意义；形位公差设计原则
	知识难点	公差原则（要求）的基本概念及其应用
	推荐教学方式	任务教学法
	推荐考核方式	口试（识读形位公差标注）、小型设计（零件形位精度设计）
学	推荐学习方法	课堂：听课+互动 课外：通过实践，了解台虎钳和圆柱齿轮减速器的结构、工作原理及工作过程
	必须掌握的理论知识	形位公差特征项目的种类、意义及其标注方法；公差原则（要求）的基本概念
	需要掌握的工作技能	识读图样形位公差标注；零件的形位精度设计

2.1　形位公差标注识读

知识分布网络

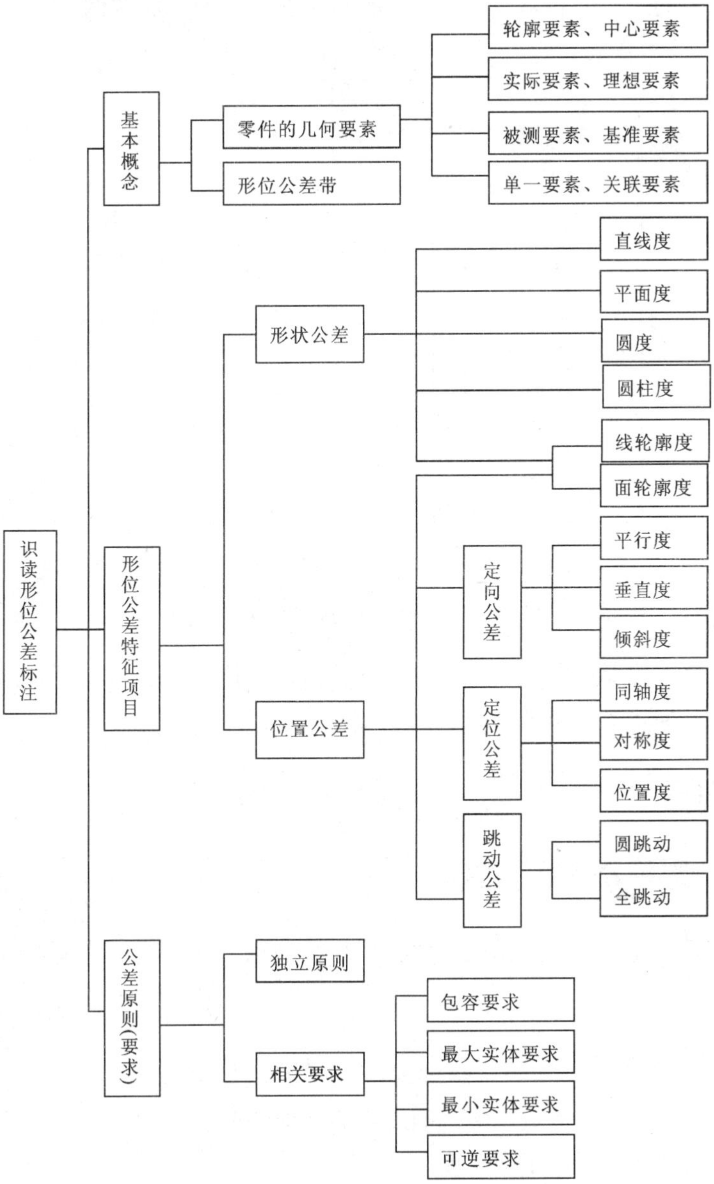

任务介绍

任务3　识读齿轮形位公差标注

由于存在加工误差，使零件的几何量不仅存在尺寸误差，而且存在形状和位置误差。零件的形状误差和位置误差的存在，将对机器的精度、结合强度、密封性、工作平稳性、使用寿命等产生不良影响。因此，为了提高机械产品质量和保证零件的互换性，不仅对零件的尺寸误差，而且对零件的形状和位置误差加以控制，将形位误差控制在一个经济、合理的范围内。这一允许形状和位置误差变动的范围，称为形状和位置（形位）公差。形位公差是零件图技术要求中的主要内容之一。图 2-1 所示为形位公差标注实例。

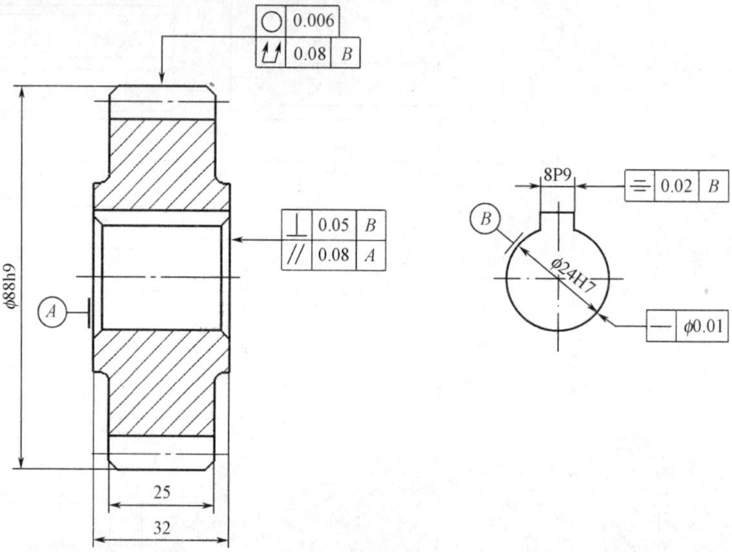

图 2-1　形位公差标注实例

识读图样中的形位公差标注时，应该获得以下信息：公差项目名称、被测要素、基准要素、公差值大小、公差意义及公差要求。

相关知识

2.1.1　形位公差基本概念

形位公差的研究对象是构成零件几何特征的点、线、面，这些点、线、面统称为零件的几何要素。

1．零件的几何要素

构成零件几何特征的点、线、面均称为几何要素。

零件的几何要素可从不同角度来分类。

1）按结构特征分

轮廓要素——构成零件外形，能被人们直接感觉到（看得见、摸得着）的点、线、面。

中心要素——对称中心所表示的要素。

2）按存在状态分

实际要素——零件上实际存在的要素，测量时由测得要素代替。由于存在测量误差，测得要素并非该实际要素的真实状况。

理想要素——具有几何学意义的要素。机械图样所表示的要素均为理想要素，它不存在任何误差，是绝对正确的几何要素。理想要素是评定实际要素误差的依据。

3）按所处地位分

被测要素——图样中有形位公差要求的要素，是检测对象。

基准要素——用来确定被测要素方向或（和）位置的要素，理想基准要素简称基准。

4）按功能要求分

单一要素——仅对其本身给出形状公差要求，或仅涉及其形状公差要求时的要素。它是独立的，与基准要素无关。

关联要素——对被测要素给出位置公差要求的要素，它相对基准要素有位置关系，即与基准相关。

2．形位误差与形位公差

形状误差一般是对单一要素而言的，是被测要素本身的形状相对其理想形状的变动量。形状公差是相对其理想要素允许的变动量，是对形状误差的限制。

位置误差是对关联要素而言的，是被测要素相对其理想要素位置的变动量，理想要素相对于基准有方位要求。位置公差是对位置误差的限制。

3．形位公差带

形位公差带用来限制被测实际要素变动的区域。它是一个几何图形，只要被测要素完全落在给定的公差带内，就表示被测要素的形状和位置符合设计要求。

形位公差带具有形状、大小、方向和位置四要素。

2.1.2　形位公差项目符号及标注

1．特征项目及符号

国家标准规定了14项形位公差，其名称、符号以及分类如表2-1所示。

表2-1　形位公差项目、符号及分类

公差		项目	符号	基准要求
形状	形状	直线度	—	无
		平面度	▱	
		圆度	○	
		圆柱度	⌭	
形状或位置	轮廓	线轮廓度	⌒	有或无
		面轮廓度	⌓	
位置	定向	平行度	//	有

续表

公差		项目	符号	基准要求
位置	定向	垂直度	⊥	有
		倾斜度	∠	
	定位	位置度	⌖	有或无
		同轴度	◎	有
		对称度	⌯	
位置	跳动	圆跳动	↗	有
		全跳动	⌰	

2. 形位公差的标注

形位公差代号包括：形位公差有关项目的符号、形位公差框格和指引线、形位公差数值和其他有关符号、基准符号及基准代号，如图 2-2 所示。

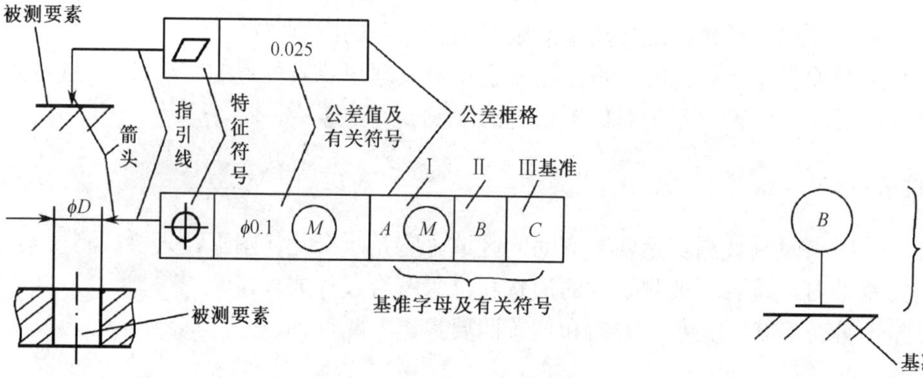

(a)　　(b)

图 2-2　形位公差代号

1）形位公差框格

公差框格有两格或多格，它可以水平放置，也可以垂直放置，自左至右依次填写公差项目符号、公差数值（单位为 mm）、基准代号字母。第 2 格及其后各格中还可能填写其他有关符号。

2）指引线与被测要素

指引线用细实线表示，可从框格的任一端引出，引出段必须垂直于框格，指向被测要素。引向被测要素时允许弯折，但不得多于两次。

当被测要素是轮廓要素时，指引线箭头应指向轮廓线或其引出线，且明显地与尺寸线错开；当被测要素为中心要素时，指引线箭头要与该要素的尺寸线对齐，如图 2-1 所示。

提示：指引线箭头所指应是公差带的宽度或直径方向。

3）基准符号与基准要素

基准要素需用基准符号示出，基准符号如图 2-2（b）所示。

当基准要素为轮廓要素时，基准符号应靠近该要素的轮廓线或其引出线标注，并应明显地与尺寸线错开；当基准要素为中心要素时，基准符号应与该要素的轮廓要素尺寸线对齐，如图 2-1 所示。

基准一般分为三类：
- 单一基准：由 1 个要素建立的基准；
- 公共基准：由两个要素建立的基准；
- 基准体系：由互相垂直的 2 个或 3 个要素构成 1 个基准体系。

框格内的基准字母根据基准类型标注：
- 单一基准：用 1 个字母表示，如图 2-1 所示；
- 公共基准：用横线隔开的两个字母，在一个框格内表示；
- 基准体系：用 2 个或 3 个字母分别放在不同框格内表示，如图 2-2（a）所示。

> **提示：**①无论基准符号方向如何，圆圈内的字母都应水平书写。
> ② 基准代号字母：代表基准的字母用大写英文字母表示，为了不引起误解，其中 E、I、J、M、O、P、L、R、F 不用。

4）公差数值

如果公差带为圆形或圆柱形，公差值前加注ϕ，如果是球形，加注 $S\phi$，如图 2-1 所示。

5）形位公差的一些特殊标注

形位公差的一些特殊标注如图 2-3 所示。

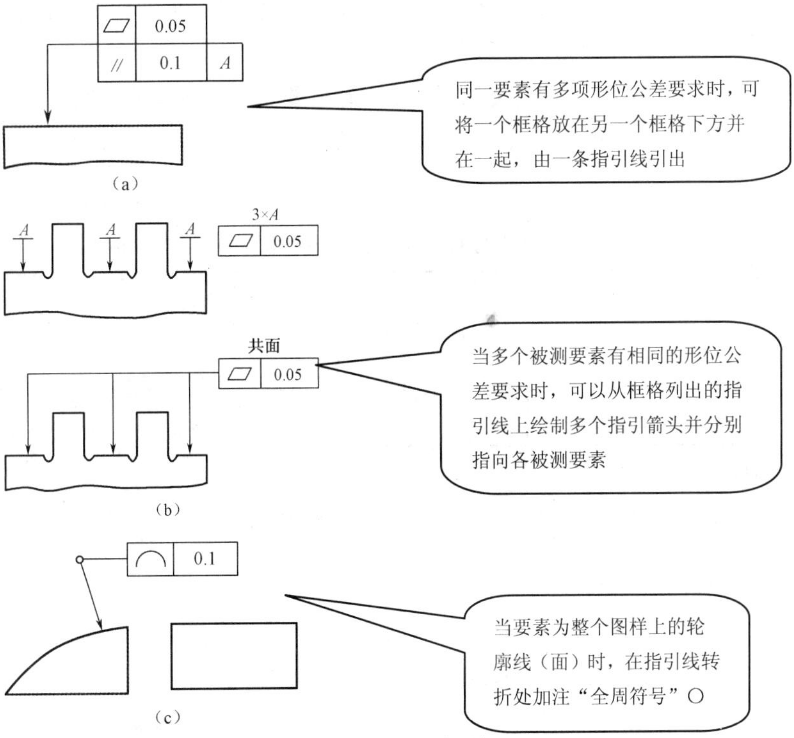

图 2-3　形位公差的一些特殊标注

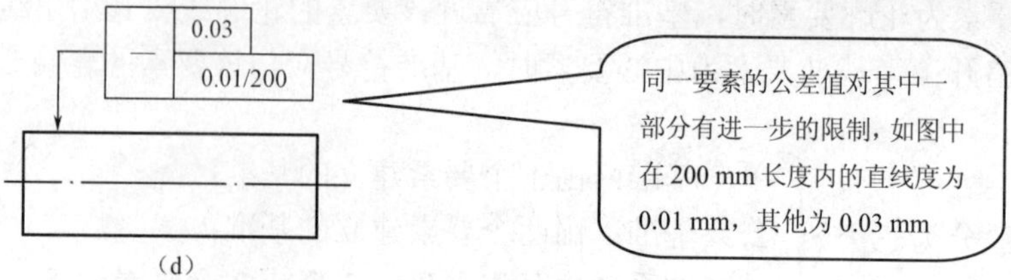

（d）

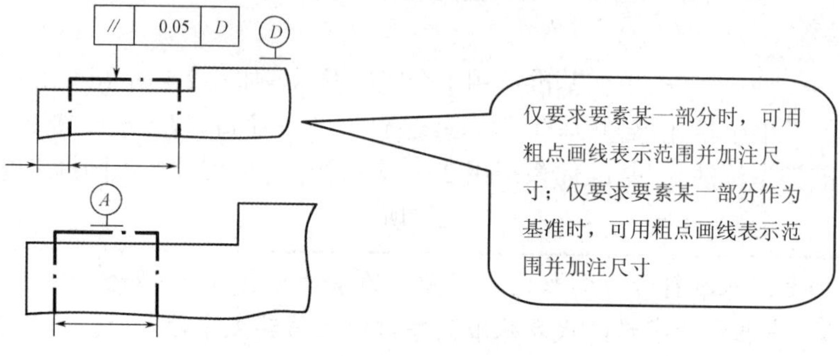

（e）

图 2-3　形位公差的一些特殊标注（续）

2.1.3　形状公差

形状公差是单一实际要素的形状所允许的变动量。形状公差带是限制单一实际要素变动的一个区域。形状公差带的特点是不涉及基准，它的方向和位置均是浮动的，只能控制被测要素形状误差的大小。其中，线轮廓度和面轮廓度具有双重性：无基准要求时，为形状公差；有基准要求时，为位置公差。

典型形状公差读图说明和意义见表 2-2。最重要的是理解“公差意义”，只有理解了“公差意义”，才能有设计中的正确采用，或正确地理解设计并为之制定正确的工艺，包括正确的检测方案。

表 2-2　典型形状公差读图说明和意义（单位：mm）

项目	标注示例及读图说明	公差带定义	公差意义
直线度	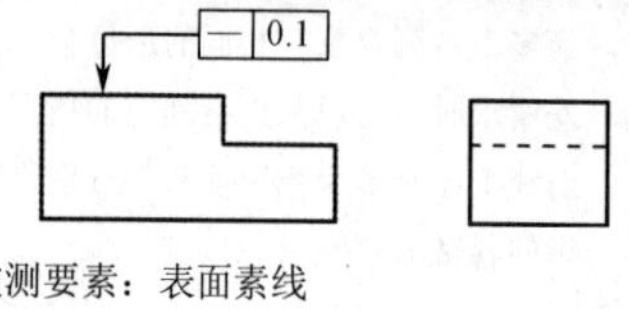 被测要素：表面素线 读法：上表面内任意直线的直线度公差为 0.1	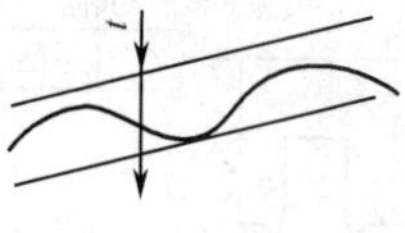 在给定平面内，公差带是距离为公差值 t 的两平行直线之间的区域	被测表面的素线必须位于平行于图样所示投影面且距离为公差值 0.1 的两平行直线内
直线度	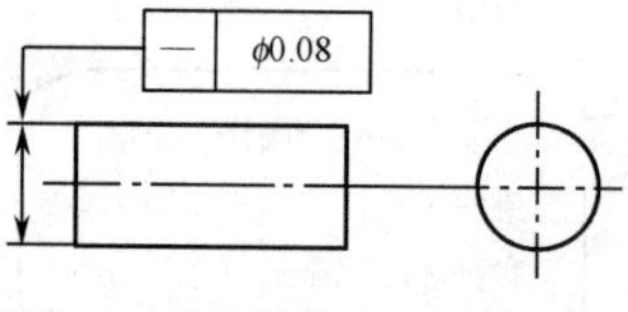 被测要素：圆柱体的轴线 读法：圆柱体轴线的直线度公差为 ϕ0.08	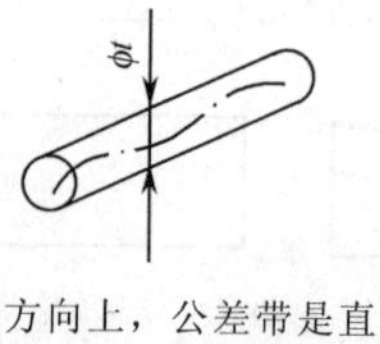 在任意方向上，公差带是直径为 ϕt 的圆柱面内的区域	被测圆柱体 ϕd 的轴线必须位于直径为公差值 ϕ0.08 的圆柱面内

续表

项目	标注示例及读图说明	公差带定义	公 差 意 义
平面度	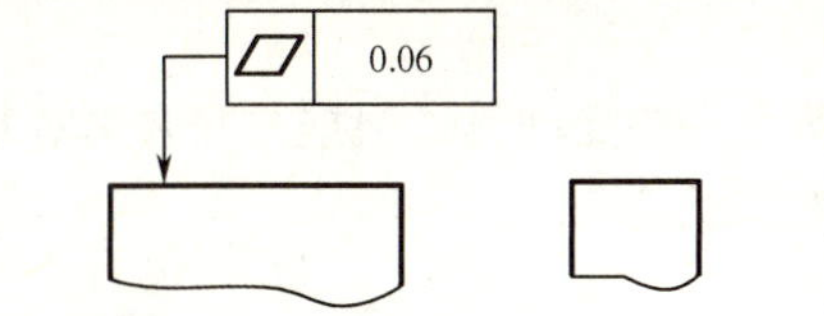 被测要素：上表面 读法：上表面的平面度公差为 0.06	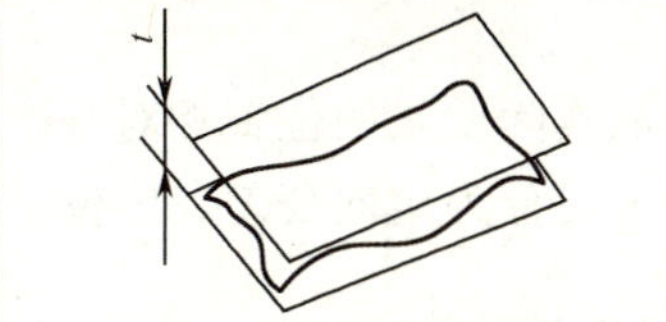 公差带是距离为公差值 t 的两平行平面之间的区域	被测上表面必须位于距离为公差值 0.06 的两平行平面内
圆度	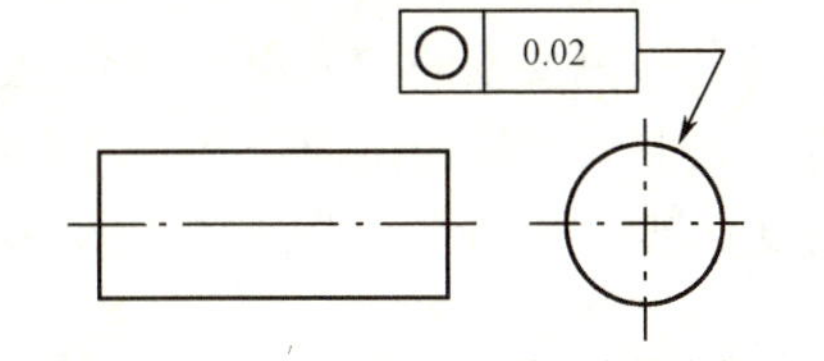 被测要素：圆柱（圆锥）正截面内的轮廓圆 读法：圆柱（圆锥）任一正截面的圆度公差为 0.02	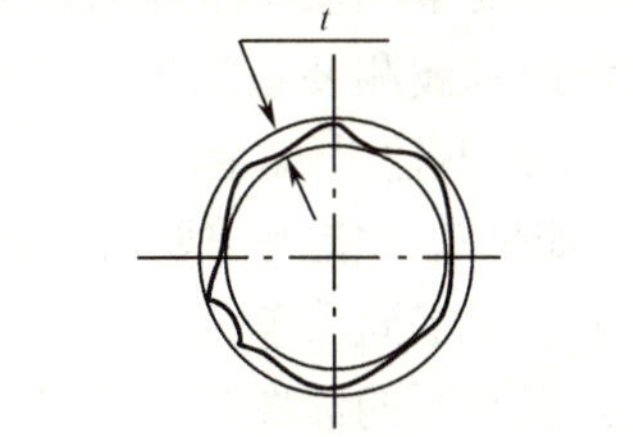 公差带是正截面内半径差为公差值 t 的两同心圆之间的区域	被测回转体的正截面内的轮廓圆必须位于半径差为公差值 0.02 的两同心圆之间的环形区域内
圆柱度	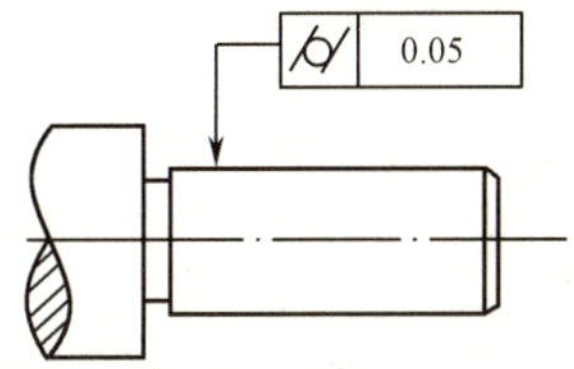 被测要素：圆柱面 读法：圆柱面的公差为 0.05	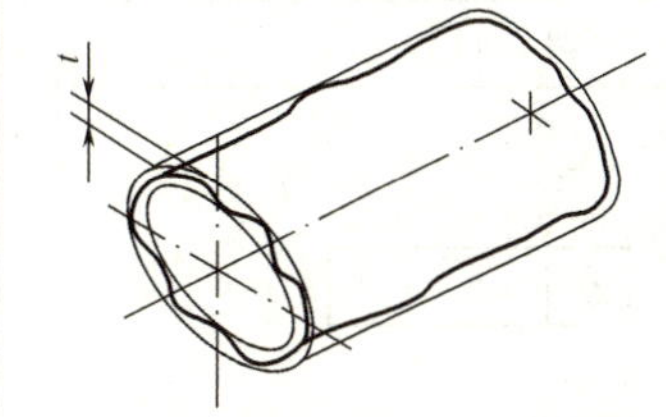 公差带是半径差为公差值 t 的两同轴圆柱面之间的区域	被测圆柱面必须位于半径差为公差值 0.05 的两同轴圆柱面之间的区域内
线轮廓度	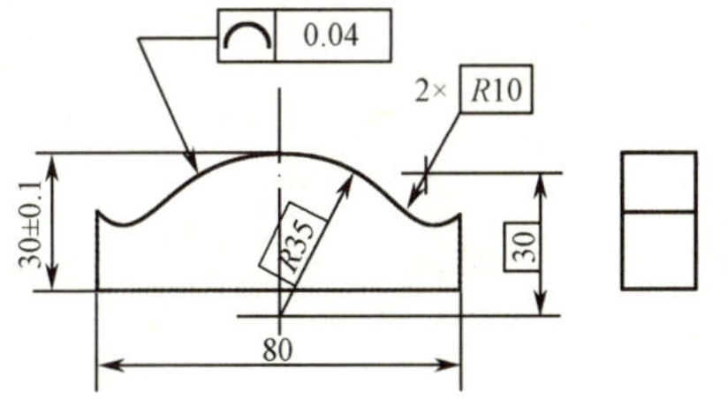 被测要素：轮廓曲线 基准要素：无（形状公差） 读法：曲线的线轮廓度公差为 0.04	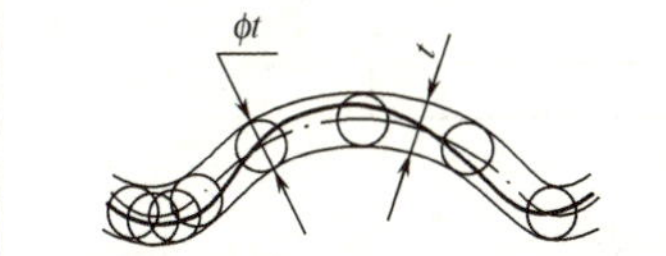 公差带是包络一系列直径为公差值 t 的小圆的两包络线之间的区域，诸圆的圆心应位于理想轮廓线上 （注：带方框的尺寸称为“理论正确尺寸”，用来测定被测要素的理想形状、方向和位置，该尺寸不附带公差）	在平行于图样所示投影面的任一截面上，被测轮廓曲线必须位于包络一系列直径为公差值 0.04，且圆心位于具有理论正确几何形状的线上的圆的两包络线之间的区域内
面轮廓度	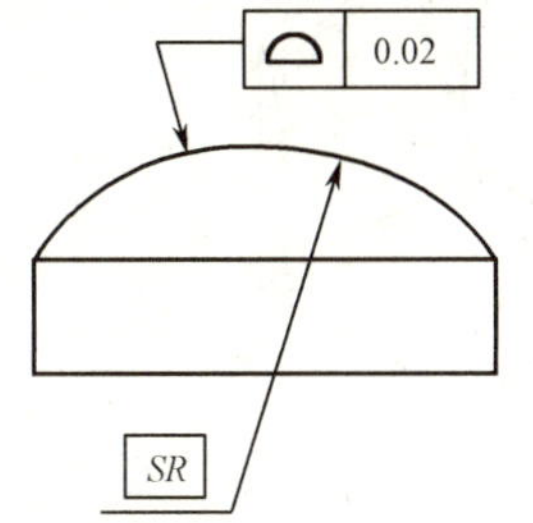 被测要素：轮廓曲面 基准要素：无（形状公差） 读法：所指轮廓曲面的面轮廓度公差为 0.02	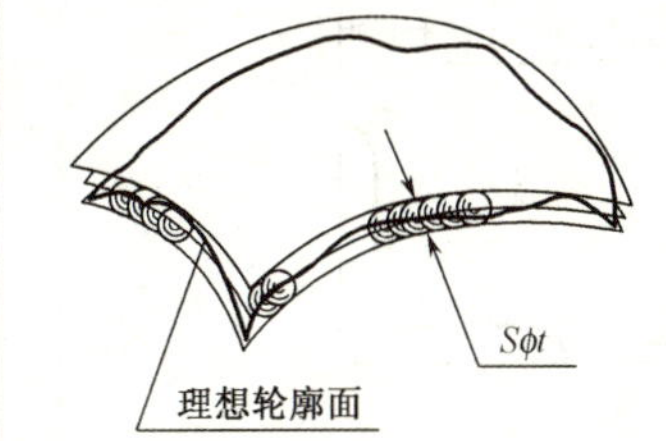 公差带是包络一系列直径为公差值 t 的小球的两包络面之间的区域，诸球的球心应位于理想轮廓面上	被测轮廓曲面必须位于包络一系列直径为公差值 0.02，且球心位于具有理论正确几何形状的面上的球的两包络面之间的区域内

2.1.4 位置公差

位置公差是指关联实际要素的位置相对基准所允许的变动量。根据关联要素对基准功能要求的不同，位置公差可分为定向公差、定位公差和跳动公差。

1. 定向公差及公差带

定向公差是关联实际要素相对基准在方向上所允许的变动量。

定向公差带能综合控制被测要素的形状误差，即若被测要素的定向误差 f 不超过定向公差 t，其自身的形状误差也不超过 t。因此，当对某一被测要素给出定向公差后，通常不再对该要素给出形状公差。如果在功能上需要对形状精度有进一步要求，则可同时给出形状公差，当然，形状公差值一定小于定向公差值。

定向公差的若干典型类型的读图说明及其意义见表 2-3。

表 2-3　典型定向公差的读图说明和意义（单位：mm）

项目	标注示例及读图说明	公差带定义	公 差 意 义
平行度	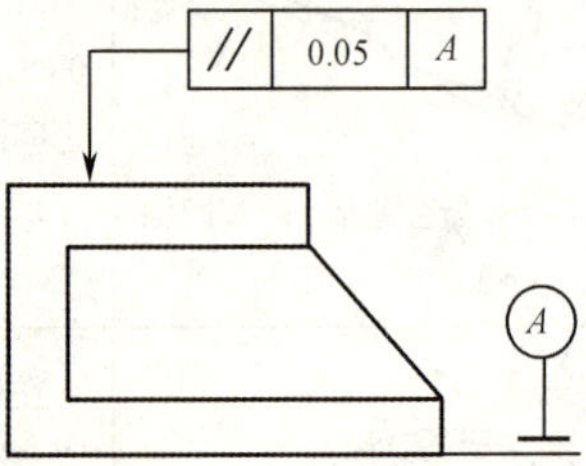 被测要素：上表面 基准要素：底平面 读法：上表面相对于底平面的平行度公差为 0.05	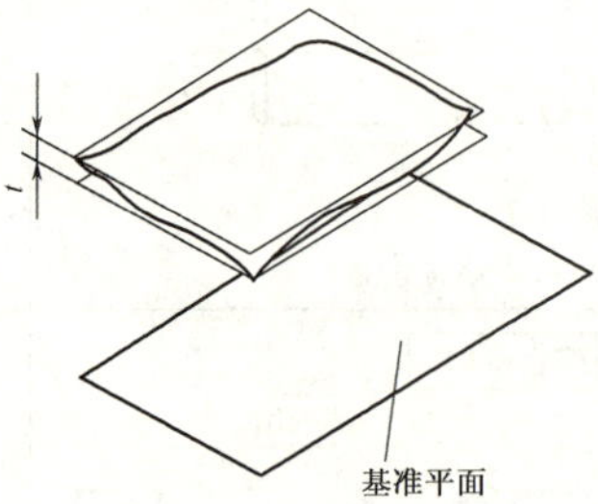 公差带是距离为公差值 t 且平行于基准面的两平行平面之间的区域	被测表面必须位于距离为公差值 0.05，且平行于基准面 A 的两平行平面之间
垂直度	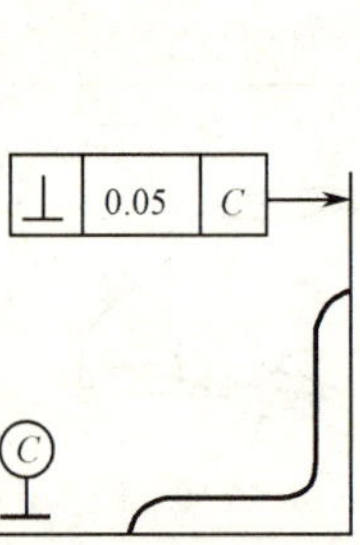 被测要素：右侧平面 基准要素：底面 读法：右侧平面相对于底面的垂直度公差为 0.05	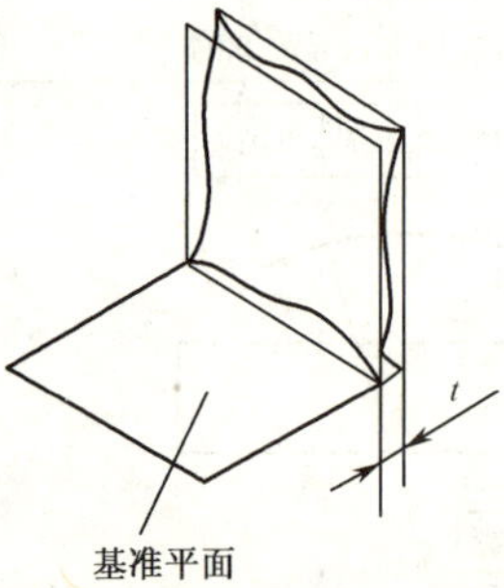 公差带是距离为公差值 t 且垂直于基准平面的两平行平面之间的区域	右侧平面必须位于距离为公差值 0.05，且垂直于基准平面 A 的两平行平面之间

续表

项目	标注示例及读图说明	公差带定义	公 差 意 义
倾斜度	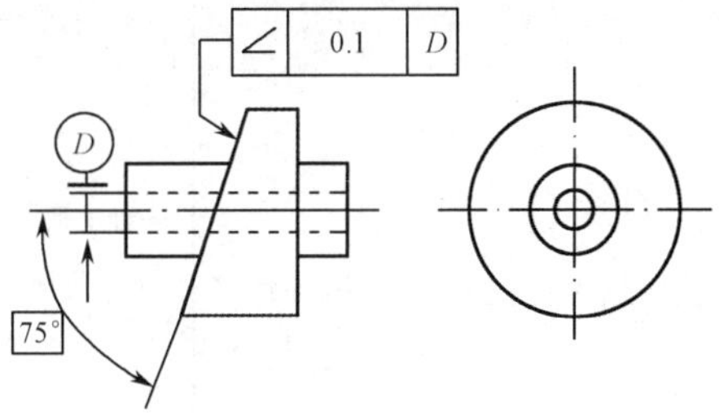 被测要素：斜面 基准要素：轴线 读法：被测斜面相对于ϕd轴线的倾斜度公差为 0.1	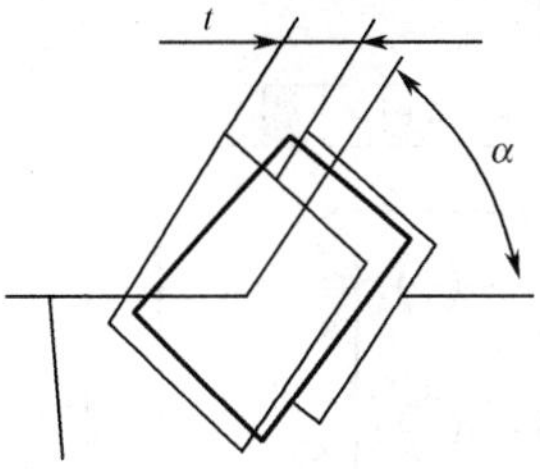 基准线 公差带是距离为公差值 t 且与基准轴线成给定的理论正确角度的两平行平面之间的区域	被测斜面必须位于距离为公差值 0.1，且与基准轴线 D 成理论正确角度 75°的两平行平面之间的区域

2．定位公差及公差带

定位公差是关联实际要素相对基准在位置上所允许的变动量。

定位公差带能综合控制被测要素的方向和形状误差，当对某一被测要素给出定位公差后，通常不再对该要素给出定向和形状公差。如果在功能上对方向和形状有进一步要求，则可同时给出定向或形状公差。

定位公差的若干典型类型的读图说明及其意义见表 2-4。

表 2-4　典型定位公差的读图说明和意义（单位：mm）

项目	标注示例及读图说明	公差带定义	公差意义
同轴度	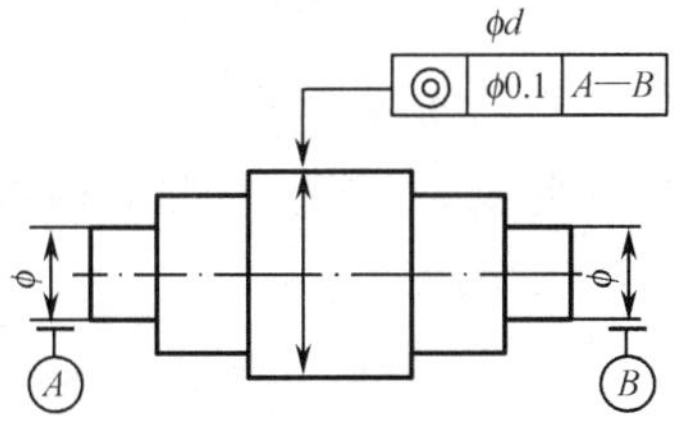 被测要素：ϕd 圆柱面的轴线 基准要素：公共轴线 $A—B$ 读法：被测轴线相对于基准轴线的同轴度公差为ϕ0.1	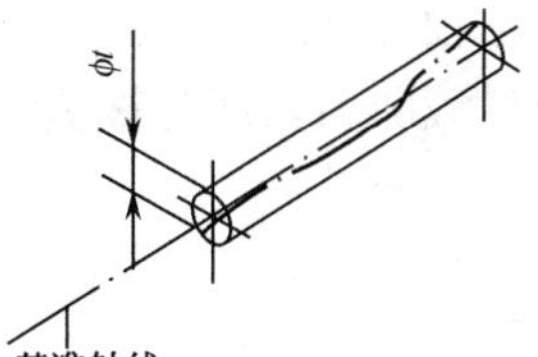 基准轴线 公差带是直径为公差值ϕt 的圆柱面内的区域，该圆柱面的轴线与基准轴线同轴	被测轴线必须位于直径为ϕ0.1，且与公共基准轴线 $A—B$ 同轴的圆柱面内
对称度	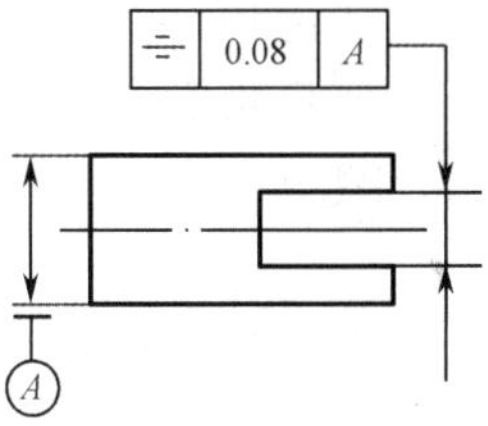 被测要素：槽的对称中心平面 基准要素：中心平面 A 读法：被测中心平面相对于基准中心平面的对称度公差为 0.08	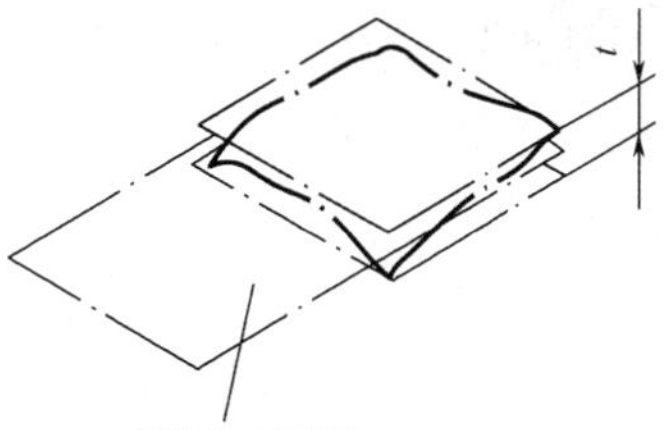 基准中心平面 公差带是距离为公差值 t，且相对基准中心平面对称配置的两平行平面之间的区域	被测中心平面必须位于距离为公差值 0.08，且相对基准中心平面 A 对称配置的两平行平面之间

续表

项目	标注示例及读图说明	公差带定义	公差意义
位置度	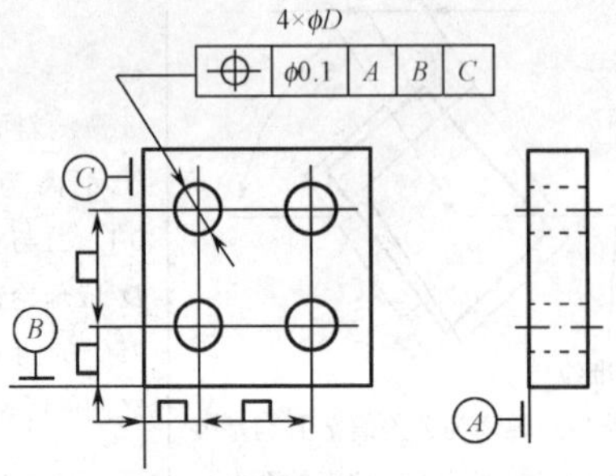 被测要素：φD 孔的轴线 基准要素：基准面 A、B、C 读法：被测轴线相对于基准面 A、B、C 的位置度公差为φ0.1	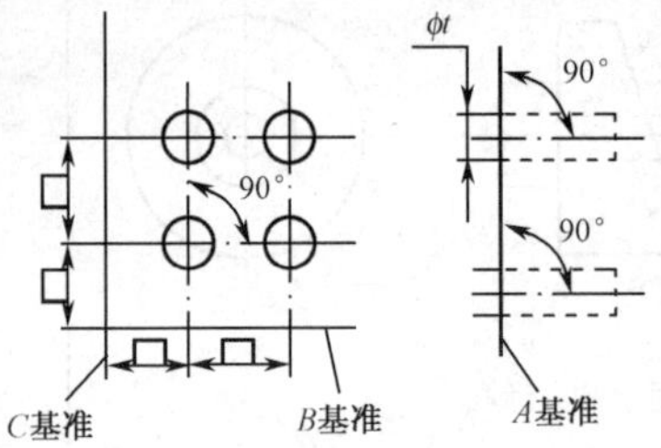 公差带是直径为公差值φt 的圆柱面内的区域，公差带轴线的位置由相对于三基面体系的理论正确尺寸确定	每个被测轴线必须位于直径为公差值0.1，且以相对于 A、B、C 基准表面所确定的理想位置为轴线的圆柱内

3．跳动公差及公差带

跳动公差是被测实际要素绕基准轴线回转一周或连续回转时所允许的最大跳动量。

跳动分为圆跳动和全跳动。

1）圆跳动

圆跳动公差是指被测实际要素在某种测量截面内相对于基准轴线的最大允许变动量。

根据测量截面的不同，圆跳动分为：

径向圆跳动——测量截面为垂直于轴线的正截面；

端面圆跳动——也称轴向圆跳动，测量截面为与基准同轴的圆柱面；

斜向圆跳动——测量截面为素线与被测锥面的素线垂直或成一指定角度，轴线与基准轴线重合的圆锥面。

2）全跳动

全跳动公差是指整个被测实际表面相对于基准轴线的最大允许变动量。

径向全跳动——被测表面为圆柱面的全跳动；

端面全跳动——被测表面为平面的全跳动。

3）跳动公差带的特点

跳动公差带相对于基准轴线有确定的位置，可以综合控制被测要素的位置、方向和形状。

跳动公差是按照测量方式而制定出的公差项目。跳动量的测量方法简便、易行，通常作为其他误差项目的替代指标。

圆跳动——要素绕基准轴线无轴向移动地回转一周时，由位置固定的指示器在给定方向上测得的最大与最小读数之差，称为该测量面上的圆跳动，取各测量面上圆跳动的最大值作为被测表面的圆跳动。

全跳动——被测实际要素绕基准轴线作无轴向移动的回转，同时指示器沿理想素线连续移动（或被测实际要素每回转一周，指示器沿理想素线作间断移动），由指示器在给定方向上测得的最大与最小读数之差。

跳动公差的若干典型类型的读图说明及其意义见表 2-5。

表 2-5　典型跳动公差的读图说明及其意义（单位：mm）

项目		标注示例及读图说明	公差带定义	公 差 意 义
圆跳动	径向圆跳动	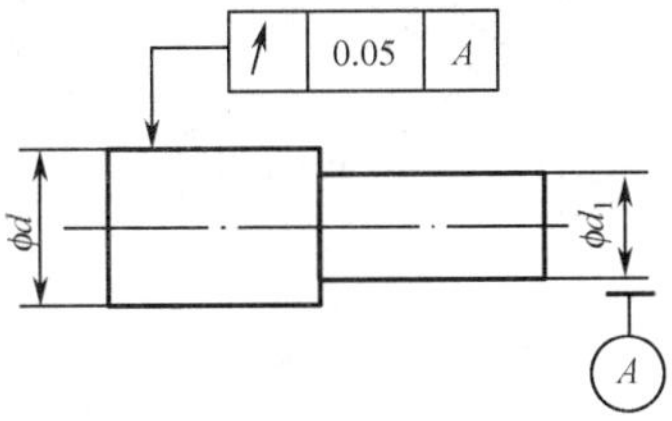 被测要素：圆柱面 基准要素：ϕd_1 轴线 读法：被测圆柱面相对于基准轴线的圆跳动公差为 0.05	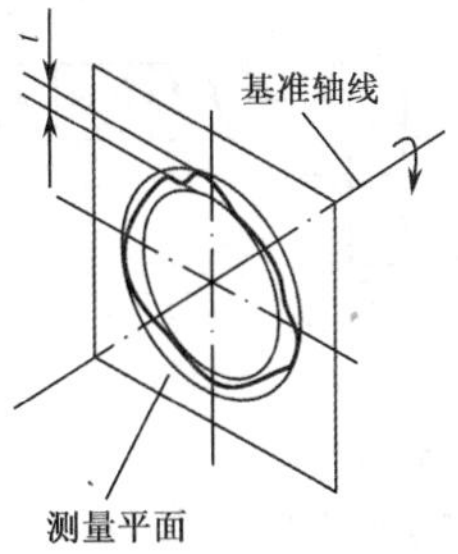 公差带是在垂直于基准轴线的任一测量平面内半径为公差值 t，且圆心在基准轴线上的两个同心圆之间的区域	当被测要素围绕基准线 A 作无轴向移动旋转一周时，在任一测量平面内的径向圆跳动量均不得大于 0.05
圆跳动	端面圆跳动	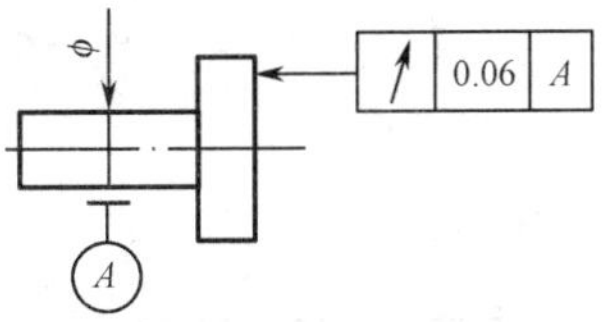 被测要素：端面 基准要素：轴线 读法：被测端面相对于基准轴线的圆跳动公差为 0.06	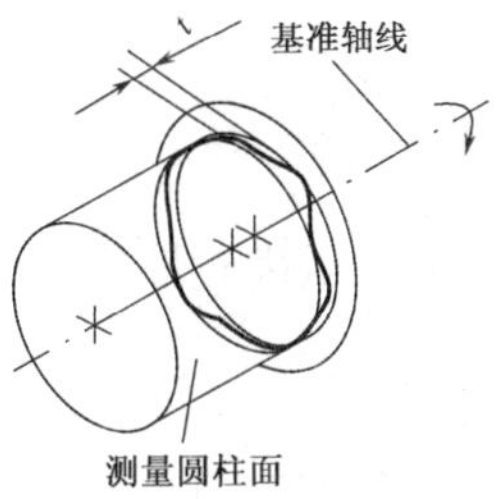 公差带是在与基准同轴的任一半径位置的测量圆柱面上距离为 t 的圆柱面区域	被测面绕基准线 A 作无轴向移动旋转一周时，在任一测量圆柱面内的轴向跳动量均不得大于 0.06
全跳动	径向全跳动	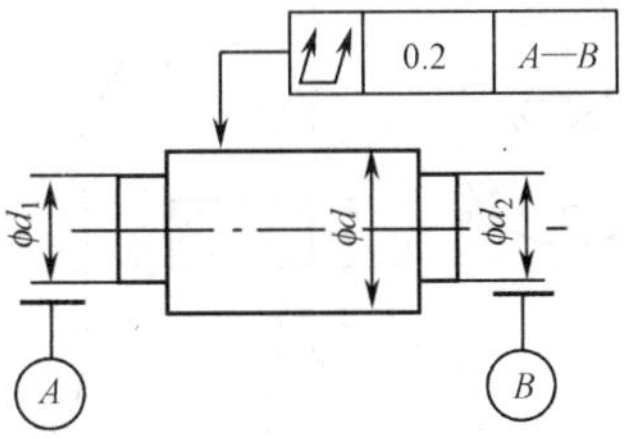 被测要素；圆柱面 基准要素：ϕd_1 与 ϕd_2 的公共轴线 读法：被测圆柱面相对于基准轴线的全跳动公差为 0.2	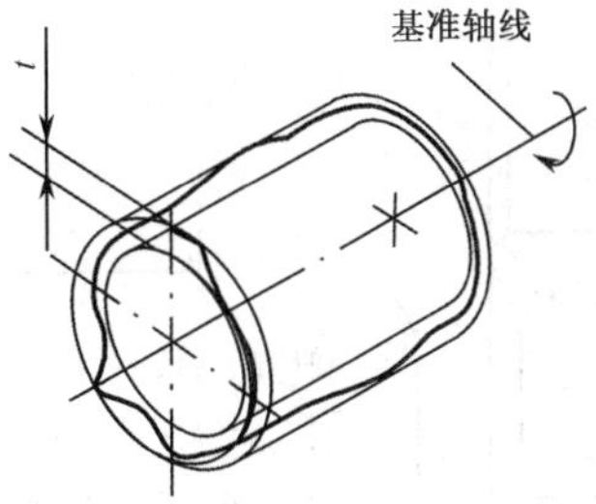 公差带是半径差为公差值 t，且与基准同轴的两圆柱面之间的区域	被测要素围绕基准线 $A—B$ 作若干次旋转，并在测量仪器与工件之间同时作轴向移动，此时在被测要素上各点间的示值差均不得大于 0.2，测量仪器或工件必须沿着基准轴线方向并相对于公共基准轴线 $A—B$ 移动

续表

项目		标注示例及读图说明	公差带定义	公 差 意 义
	端面全跳动	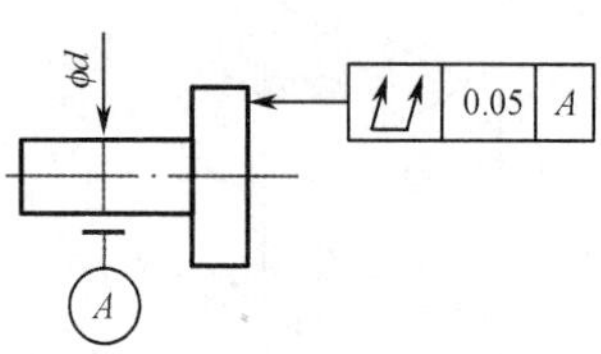 被测要素：端面 基准要素：ϕd 轴线 读法：被测端面相对于基准轴线的全跳动公差为 0.05	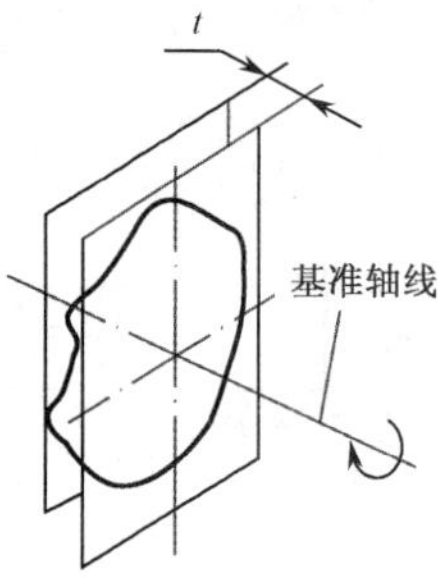 公差带是距离为公差值 t，且与基准垂直的两平行平面之间的区域	被测要素绕基准轴线 A 作若干次旋转，并在测量仪器与工件之间同时作径向移动，此时在被测要素上各点间的示值差均不得大于 0.05，测量仪器或工件必须沿着轮廓具有理想正确形状的线和相对于基准轴线 A 的正确方向移动

任务小结

图 2-4 所示为图 2-1 所示齿轮图上标注的形位公差的含义。

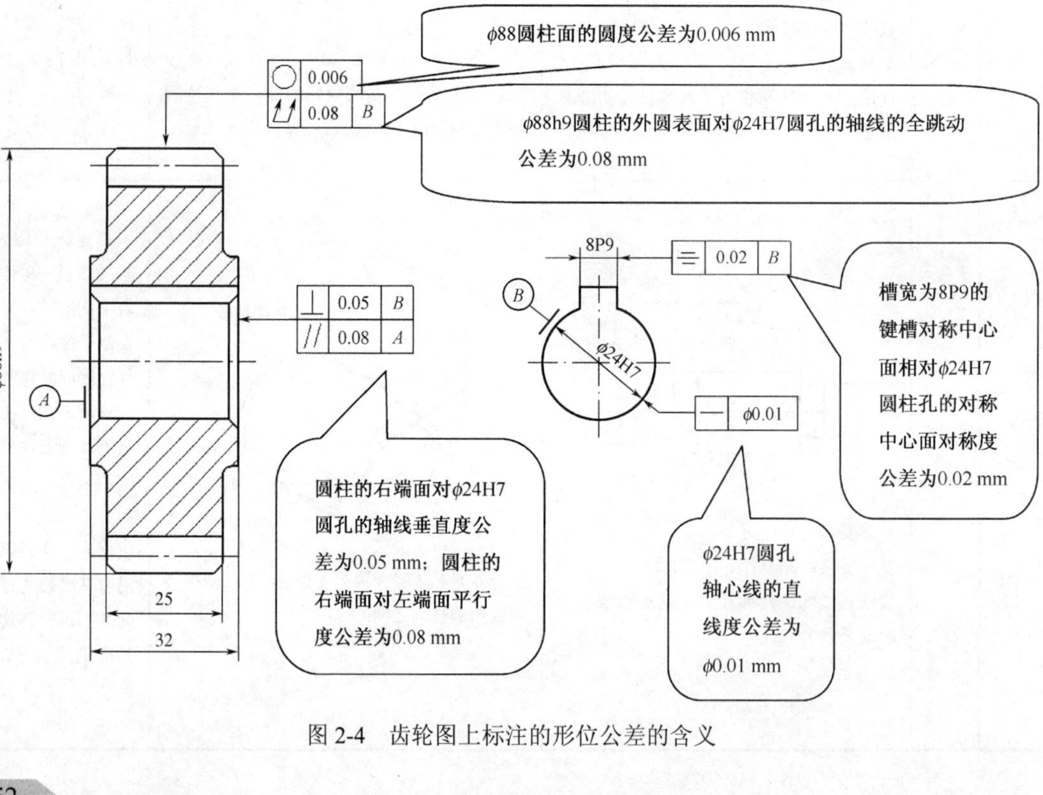

图 2-4　齿轮图上标注的形位公差的含义

技能训练

训练 4　阶梯轴形位精度标注识读

1．目的

通过训练，能够熟练准确地读懂图样的形位公差标注，并深刻理解其公差意义。

2．内容及要求

识读图 2-5 所示阶梯轴所注的形位公差的含义。

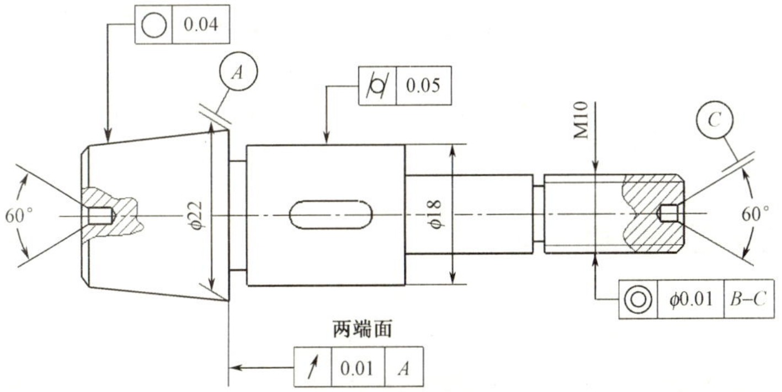

图 2-5　阶梯轴

训练 5　曲轴形位精度标注识读

识读图 2-6 所示曲轴所注的形位公差的意义，并填写在表中。

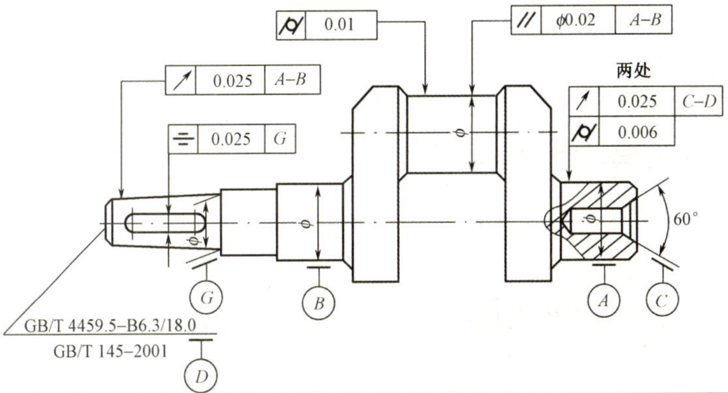

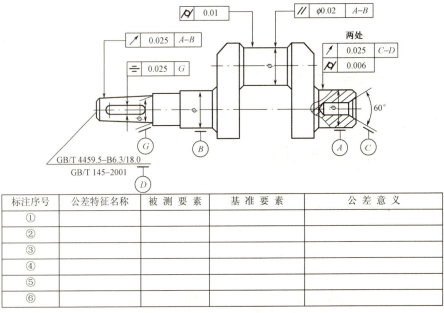

标注序号	公差特征名称	被 测 要 素	基 准 要 素	公 差 意 义
①				
②				
③				
④				
⑤				
⑥				

图 2-6　曲轴形位公差标注示例

2.2　尺寸公差与形位公差的关系

公差要求（原则）就是处理尺寸公差与形位公差之间关系的一项原则。

任务介绍

任务 4　识读顶尖套筒公差要求标注

图 1-2 所示的顶尖套筒的外圆柱面与尾座体上 $\phi60$ 孔的配合标注是 $\phi60h5$ Ⓔ，表示其配合采用了包容要求，用包容要求主要是为了保证配合性质，特别是配合公差较小的精密配合。

包容要求是公差原则（要求）中的一种，在不同情况下应采用不同的公差原则或要求。

相关知识

2.2.1　有关术语定义和符号

1．作用尺寸

作用尺寸是局部实际尺寸与形位误差综合作用的结构，存在于实际的孔、轴之上，表示其装配状态的尺寸，如图 2-7 所示。

> **提示：**对于关联实际要素，体内相接的理想孔（轴）的轴线必须与基准保持图样给出的几何关系。

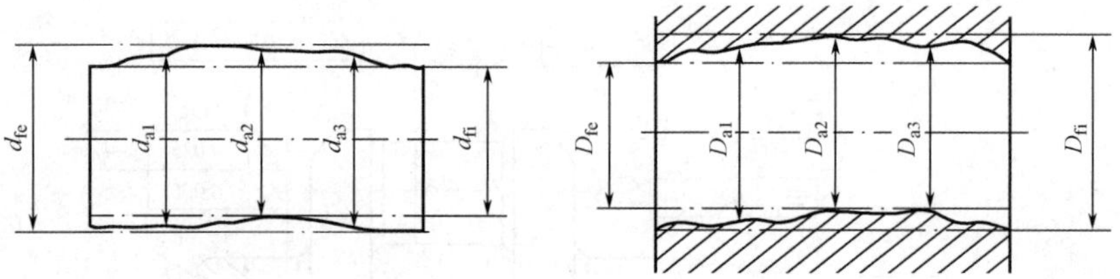

图 2-7　实际尺寸和作用尺寸

作用尺寸

- 体外作用尺寸
  - 轴的体外作用尺寸 d_{fe} ——在被测要素的给定长度上，与实际轴体外相接的最小理想孔的直径；
  - 孔的体外作用尺寸 D_{fe} ——在被测要素的给定长度上，与实际孔体外相接的最大理想轴的直径。
- 体内作用尺寸
  - 轴的体内作用尺寸 d_{fi} ——在被测要素的给定长度上，与实际轴体内相接的最大理想孔的直径；
  - 孔的体内作用尺寸 D_{fi} ——在被测要素的给定长度上，与实际孔体内相接的最小理想轴的直径。

2．极限实体状态

极限实体状态
- 最大实体状态 MMC——实际要素在给定长度上，处处位于尺寸公差带内并具有实体最大（材料量最多）的状态。
- 最小实体状态 LMC——实际要素在给定长度上,处处位于尺寸公差带内并具有实体最小（材料量最少）的状态。

3．极限实体尺寸

最大、最小实体实效尺寸及边界如图 2-8 所示。

极限实体尺寸
- 最大实体尺寸 MMS——实际要素在最大实体状态下的极限尺寸。
  - 轴的最大实体尺寸 $d_M = d_{max}$
  - 孔的最大实体尺寸 $D_M = D_{min}$
- 最小实体尺寸 LMS——实际要素在最小实体状态下的极限尺寸。
  - 轴的最小实体尺寸 $d_L = d_{min}$
  - 孔的最小实体尺寸 $D_L = D_{max}$

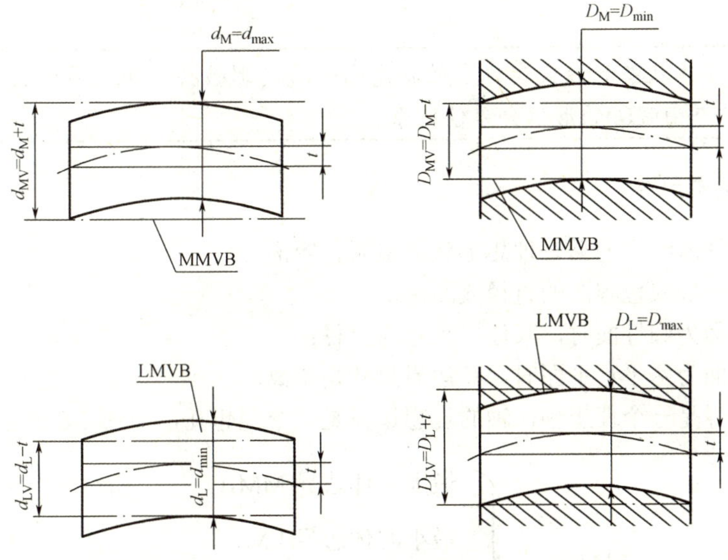

（a）外表面　　（b）内表面

图 2-8　最大、最小实体实效尺寸及边界

4．实体实效状态

实体实效状态
- 最大实体实效状态 MMVC——实际要素在给定长度上处于最大实体状态，且其对应中心要素的形状或位置误差等于图样上标注的形位公差时的综合极限状态。
- 最小实体实效状态 LMVC——实际要素在给定长度上处于最小实体状态，且其对应中心要素的形状或位置误差等于图样上标注的形位公差时的综合极限状态。

5．实体实效尺寸

实体实效尺寸如图 2-8 所示。

极限实体尺寸
- 最大实体实效尺寸 MMVS——最大实体实效状态对应的体外作用尺寸。
  - 轴的最大实体实效尺寸：$d_{MV} = d_M + t = d_{max} + t$
  - 孔的最大实体实效尺寸：$D_{MV} = D_M - t = D_{min} - t$
- 最小实体尺寸 LMVS——实际要素在最小实体状态下的极限尺寸。
  - 轴的最小实体尺寸 $d_{LV} = d_L - t = d_{min} - t$
  - 孔的最小实体尺寸 $D_{LV} = D_L + t = D_{max} + t$

提示： 最大实体状态和最大实体实效状态由带Ⓜ的形位公差值联系；最小实体状态和最小实体实效状态由带Ⓛ的形位公差值联系。

6．边界和边界尺寸

边界——设计所给定的具有理想形状的极限包容面。
边界尺寸——极限包容面的直径或距离。
当极限包容面为圆柱面时，其边界尺寸为直径；
当极限包容面为两平行平面时，其边界尺寸是距离。
孔的理想边界是一个理想轴，轴的理想边界是一个理想孔，如图 2-8 所示。

理想边界
- 最大实体边界 MMB
- 最小实体边界 LMB
- 最大实体实效边界 MMVB
- 最小实体实效边界 LMVB

2.2.2　公差要求（原则）

公差要求（原则）按形位公差是否与尺寸公差发生关系，分为独立原则和相关要求。

相关要求则按应用的要素和使用要求的不同，又分为包容要求、最大实体要求、最小实体要求和可逆要求。

1．独立原则

独立原则是指图样上给定的形位公差与尺寸公差相互独立无关，分别满足要求的原则。

实际要素的尺寸由尺寸公差控制，与形位公差无关；形位误差由形位公差控制，与尺寸公差无关。

1）图样标注

当被测要素的尺寸公差和形位公差采用独立原则时，图样上不做任何附加标记，即无Ⓔ、Ⓜ、Ⓛ和Ⓡ符号，如图 2-9 所示。

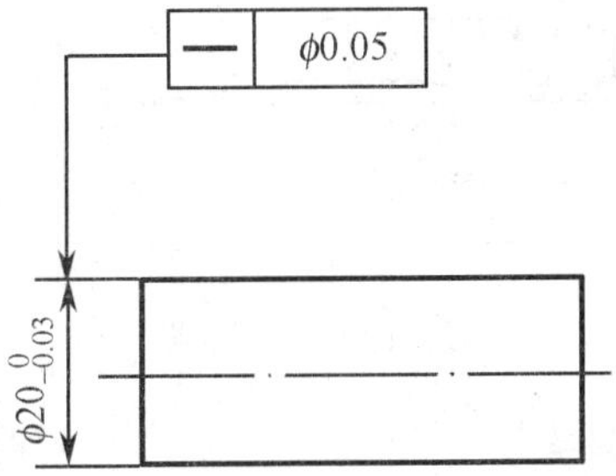

图 2-9　独立原则应用实例

2）被测要素的合格条件

当被测要素应用独立原则时，被测要素的合格条件是：被测要素的实际尺寸应在其两个极限尺寸之间；被测要素的形位误差应小于或等于形位公差。

图 2-9 所示实例中，该轴的局部实际尺寸必须位于$\phi 19.97 \sim 20$ mm 之间，而不论轴的局部实际尺寸为何值，其轴线的直线度误差都不允许大于$\phi 0.05$ mm。

3）被测要素的检测方法和计量器具

当被测要素应用独立原则时，采用的检测方法是：用通用计量器具测量被测要素的实际尺寸和形位误差。

如图 2-9 所示的轴，可用立式光学比较仪测量轴各部位直径的实际尺寸，再用计量器具测量该轴的轴线直线度误差。

4）应用场合

独立原则主要应用的场合，一是一般用于非配合的零件；二是应用于零件的形状公差或位置公差要求较高，而对尺寸公差要求又相对较低的场合。例如，传统印刷机械的滚筒，其尺寸公差要求不高，但对滚筒的圆柱度公差要求较高，以保证滚筒相对滚碾过程中，圆柱素线紧密贴合，使印刷清晰。因此，按独立原则给出形状公差，而其尺寸公差则按未注公差处理。又如，台钻工作台面的平面度公差、工作台面对其底面的平行度公差以及它们之间的尺寸公差采用独立原则。

2. 包容要求

包容要求是指被测实际要素处处位于具有理想形状的包容面内的一种公差要求。该理想形状的尺寸为最大实体尺寸。当被测要素偏离了最大实体状态时，可将尺寸公差的一部分或全部补偿给形状公差。因此，它属于相关要求，表明尺寸公差与形状公差有关系。

1）图样标注

在被测要素的尺寸公差后加注符号Ⓔ，如图 2-10（a）所示。

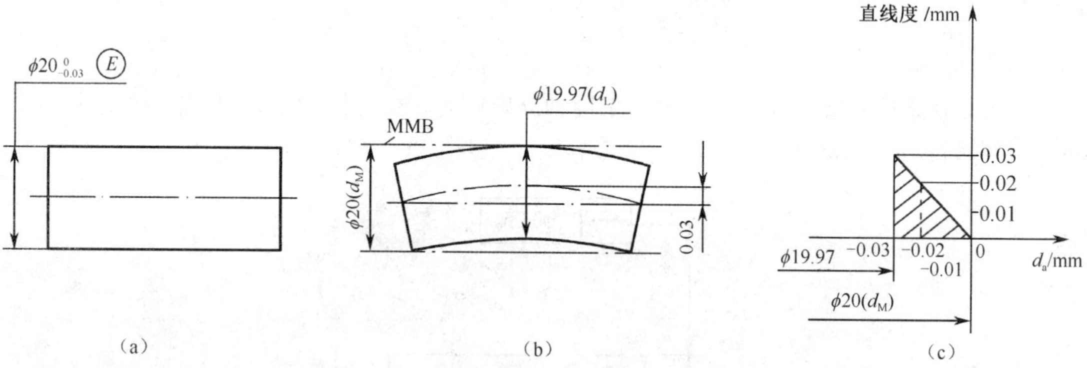

图 2-10　包容要求

2）被测实际轮廓遵守的理想边界

包容要求遵守的理想边界是最大实体边界。最大实体边界是由最大实体尺寸（MMS）构成的，具有理想形状的边界。例如，被测要素是轴或孔（圆柱面）时，则其最大实体边界是直径为最大实体尺寸，形状是理想的内或外圆柱面。

3）合格条件

被测要素应用包容要求的合格条件是：被测实际轮廓应处处不得超越最大实体边界，其局部实际尺寸不得超出最小实体尺寸。

轴　$d_{fe} \leqslant d_M(d_{max})$，$d_a \geqslant d_L(d_{min})$

孔　$D_{fe} \geqslant D_M(D_{min})$，$D_a \leqslant D_L(D_{max})$

4）尺寸公差与形状公差的关系

当被测要素的实体状态为最大实体状态时，被测要素的形位公差值为零；当被测要素的实体状态偏离了最大实体状态时，尺寸偏离量可以补偿给形状公差。即

$$t_{补}=|MMS-d_a(D_a)|$$

例如，图 2-10 所示的轴采用了包容要求，其含义为：该轴的最大实体边界为直径等于 ϕ20 mm 的理想圆柱面（孔），当轴的实际尺寸处处为最大实体尺寸 ϕ20 mm 时，轴的直线度应为零；当轴的实际尺寸偏离最大实体尺寸时，可以允许轴的直线度（形状误差）相应增加，增加量为最大实体尺寸与实际尺寸之差（绝对值），其最大增加量等于尺寸公差，此时轴的

实际尺寸应处处为最小实体尺寸，轴的直线度误差可增大到ϕ0.03 mm。

图 2-10（c）所示为反映其补偿关系的动态公差图，表达了轴为不同实际尺寸时所允许的形位误差值。

实际尺寸及允许的形位误差值如表 2-6 所示。

表 2-6 实际尺寸及允许的形位误差值 （mm）

被测要素实际尺寸	允许的直线度误差
ϕ20	ϕ0
ϕ19.99	ϕ0.01
ϕ19.98	ϕ0.02
ϕ19.97	ϕ0.03

5）计量器具和检测方法

根据被测要素应用包容要求的合格条件，设计和选用计量器具以及检测方法。

用光滑极限量规检验被测要素。光滑极限量规是一种无刻度的定值量具，它有塞规和卡规。塞规检验孔，卡规检验轴。光滑极限量规用于检验的工作量规有通规和止规。通规体现最大实体边界（其中卡规的通规体现最大实体尺寸），而止规体现最小实体尺寸。

当孔应用包容要求时，用塞规的通规检验被测孔的实际轮廓。通规通过，表明被测孔的实际轮廓未超越最大实体边界。用塞规的止规检验被测孔的实际尺寸。止规不通过，表明被测孔的局部实际尺寸未超过最小实体尺寸。因此，检验结果是被检的孔合格。

6）包容要求的应用

用包容要求主要是为了保证配合性质，特别是配合公差较小的精密配合。

用最大实体边界综合控制实际尺寸和形状误差来保证必要的最小间隙（保证能自由装配）。用最小实体尺寸控制最大间隙，从而达到所要求的配合性质，如回转轴的轴颈和滑动轴承，滑动套筒和孔，滑块和滑块槽的配合等。

3. 最大实体要求

最大实体要求是控制被测要素的实际轮廓处于其最大实体实效边界之内的一种公差要求。当被测要素的实际状态偏离了最大实体实效状态时，可将被测要素的尺寸公差的一部分或全部补偿给形状或位置公差。

1）图样标注

最大实体要求既可用于被测要素（包括单一要素和关联要素），又可用于基准中心要素。

当应用于被测要素时，应在形位公差框格中的形位公差值后面加注符号Ⓜ，如图 2-11（a）所示。当应用于基准时，应在形位公差框格中的基准字母后加注符号Ⓜ。

2）被测实际轮廓遵守的理想边界

最大实体要求遵守的理想边界是最大实体实效边界。最大实体实效边界指尺寸为最大实体实效尺寸，形状为理想的边界。

最大实体实效尺寸（MMVS）为：MMVS= MMS$\pm t$。

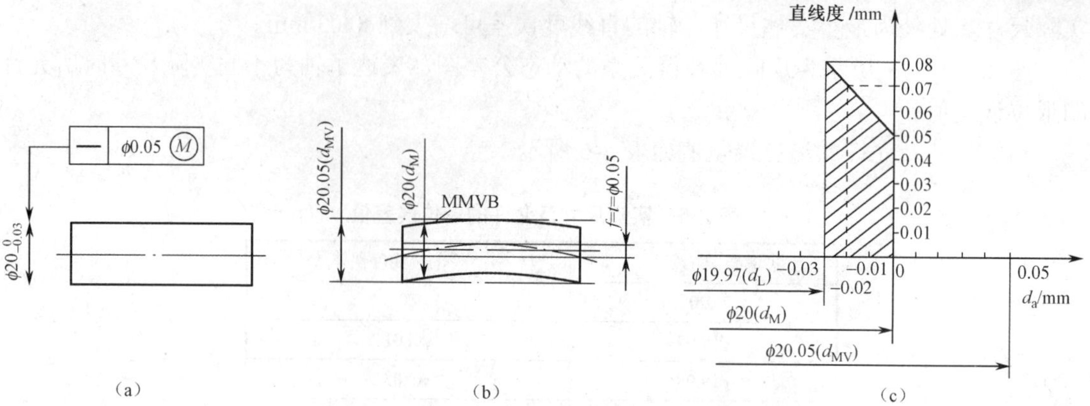

图 2-11　最大实体要求标注示例

3）合格条件

孔或轴的体外作用尺寸不允许超过最大实体实效尺寸，局部实际尺寸不超出极限尺寸。

轴 $d_{fe} \leqslant d_{MV} = d_{max} + t$，$d_L(d_{min}) \leqslant d_a \leqslant d_M(d_{max})$

孔 $D_{fe} \geqslant D_M = D_{min} - t$，$D_L(D_{max}) \geqslant D_a \geqslant D_M(D_{min})$

4）尺寸公差与形状公差的关系

最大实体要求用于被测要素时，被测要素的形位公差值是在该要素处于最大实体状态时给定的。如被测要素偏离最大实体状态，即其实际尺寸偏离最大实体尺寸时，尺寸偏离量可以补偿为形位公差，其最大增大量为该要素的尺寸公差。即

$$t_{补}=|MMS-d_a(D_a)|$$

最大实体要求用于基准要素而基准要素本身不采用最大实体要求时，被测要素的位置公差值是在该基准要素处于最大实体状态时给定的。如基准要素偏离最大实体状态，即基准要素的作用尺寸偏离最大实体尺寸时，被测要素的定向或定位公差值允许增大。

最大实体要求用于基准要素而基准要素本身也采用最大实体要求时，被测要素的位置公差值是在基准要素处于实效状态时给定的。如基准要素偏离实效状态，即基准要素的作用尺寸偏离实效尺寸时，被测要素的定向或定位公差值允许增大。此时，该基准要素的代号标注在使它遵守最大实体要求的形位公差框格的下面。

如图 2-11（a）所示实例为最大实体要求用于被测要素，轴 $\phi 20_{-00.3}^{\ 0}$ 的轴线直线度公差采用最大实体要求给出，即当被测要素处于最大实体状态时，轴线直线度公差值为 $\phi 0.05$，则轴的最大实体实效尺寸为

$$d_{MV} = d_{max} + t = \phi(20 + 0.05)\ \text{mm} = \phi 20.05\ \text{mm}$$

d_{MV} 可确定的最大实体实效边界是一个直径为 $\phi 20.05$ mm 的理想圆柱面（孔），如图 2-11（b）所示。

若轴的实际尺寸为 $\phi 19.9$ mm，则尺寸偏离量转换为增加的形位公差值，即

$$t_{补}=|MMS-d_a(D_a)|=|20-19.9|\ \text{mm}=0.1\ \text{mm}$$

所以被测要素允许的形位公差为

$$t=（0.05+0.1）\text{mm}=0.15\ \text{mm}$$

表 2-7 列出了轴为不同实际尺寸所允许的形位误差值。

表 2-7 实际尺寸及允许的形位误差值 （mm）

被测要素实际尺寸	允许的直线度误差
ϕ20	ϕ0.05 (0.05+0)
ϕ19.9	ϕ0.15 (0.05+0.1)
ϕ19.8	ϕ0.25 (0.05+0.2)
ϕ19.7	ϕ0.35 (0.05+0.3)

5）最大实体要求的应用

最大实体要求通常用于对机械零件配合性质要求不高，但要求顺利装配，即保证零件可装配性的场合，如轴承盖上用于穿过螺钉的通孔等。

4. 最小实体要求

最小实体要求是控制被测要素的实际轮廓处于其最小实体实效边界之内的一种公差要求。当被测要素实际状态偏离了最小实体状态时，可将被测要素的尺寸公差的一部分或全部补偿给形位公差。

1）图样标注

在被测要素的形位公差框格中的公差数值后加注符号Ⓛ，如图 2-12（a）所示。

2）实际轮廓遵守的理想边界

最小实体要求遵守的理想边界是最小实体实效边界。最小实体实效边界的尺寸是最小实体实效尺寸，形状为理想的边界。

最小实体实效尺寸为：LMVS=LMS$\pm t$。

3）合格条件

应用最小实体要求的合格条件是被测实际轮廓应处处不得超越最小实体实效边界（被测实际要素所拥有的实体量不得少于最小实体量），其局部实际尺寸不得超出最大、最小极限尺寸。即

轴 $d_{fi} \geqslant d_{LV} = d_{min} - t$，$d_L(d_{min}) \leqslant d_a \leqslant d_M(d_{max})$

孔 $D_{fi} \leqslant D_{LV} = D_{max} + t$，$D_L(D_{max}) \geqslant D_a \geqslant D_M(D_{min})$

4）尺寸公差与形状公差的关系

最小实体要求用于被测要素时，被测要素的形位公差值是在该要素处于最小实体状态时给定的。如被测要素偏离最小实体状态，即其实际尺寸偏离最小实体尺寸时，尺寸偏离量可以补偿为形位公差，其最大增大量为该要素的尺寸公差。即

$$t_{补}=|\text{LMS}-d_a(D_a)|$$

如图 2-12 所示的轴采用了最小实体要求，当轴的实际尺寸为最小实体尺寸时，轴线的直线度公差为给定值 0.1，轴的最小实体实效尺寸为

$$d_{LV} = d_{min} - t = \phi(19.7 - 0.1)\ \text{mm} = \phi 19.6\ \text{mm}$$

当轴的实际尺寸偏离最小实体尺寸时，直线度误差允许增大，即尺寸公差补偿给形位公差。当轴的实际尺寸为 $\phi 20$ mm 时，直线度误差允许达到最大值 $\phi 0.1\ \text{mm} + \phi 0.3\ \text{mm} = \phi 0.4\ \text{mm}$。

图 2-12（c）所示为其补偿的动态公差图。

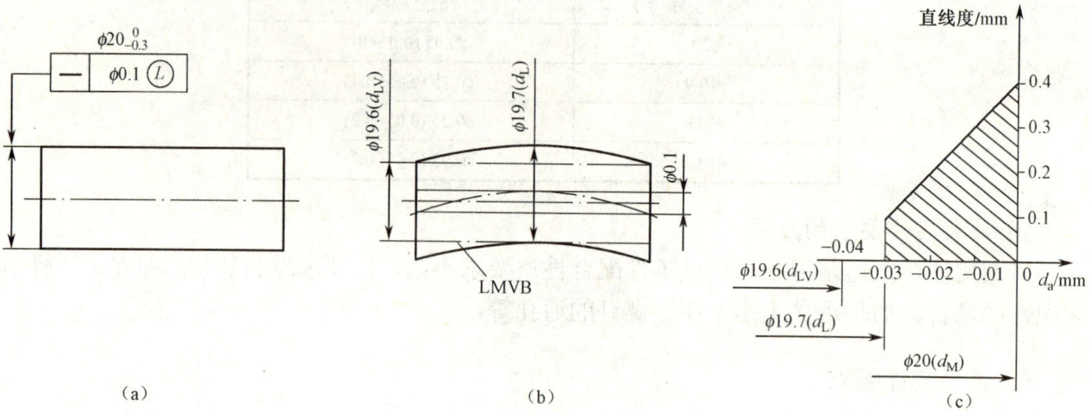

图 2-12　最小实体要求标注示例

5）应用场合

最小实体要求常用于保证机械零件必要的强度和最小壁厚的场合。

5. 可逆要求

可逆要求的含义是：当中心要素的形位误差值小于给出的形位公差值时，允许在满足零件功能要求的前提下扩大该中心要素的轮廓要素的尺寸公差。

可逆要求不存在单独使用可逆要求的情况。当它叠用于最大实体要求时，保留了最大实体要求时由于实际尺寸对最大实体尺寸的偏离而对形位公差的补偿，增加了由于形位误差值小于形位公差值而对尺寸公差的补偿（俗称反补偿），允许实际尺寸有条件地超出最大实体尺寸（以实效尺寸为限）。

1）图样标注

在被测要素的形位公差框格中的公差数值后加注Ⓜ、Ⓛ和Ⓡ符号，以下列出两种标注形式，如图 2-13 和图 2-14 所示。

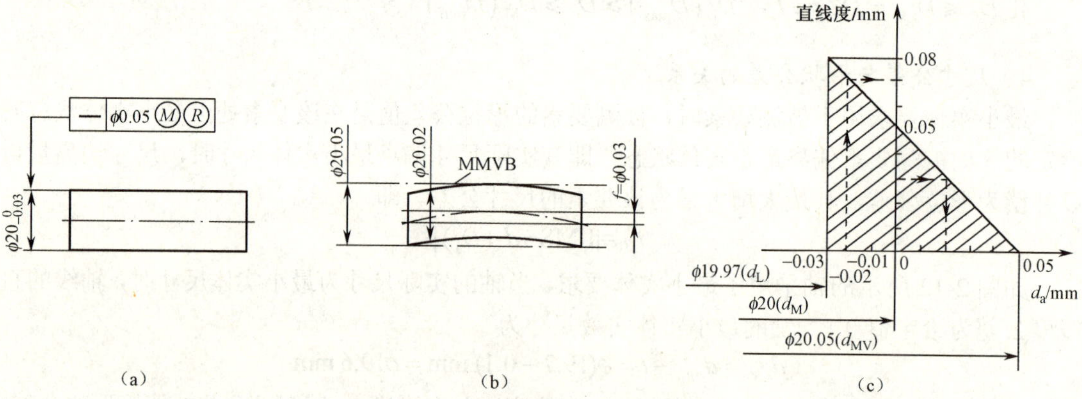

图 2-13　可逆要求用于最大实体要求

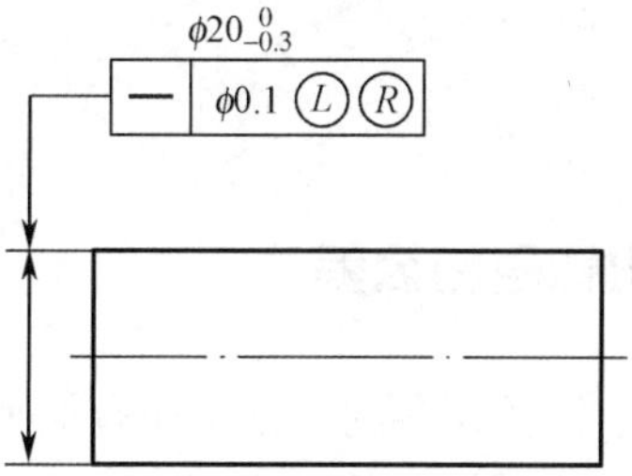

图 2-14　可逆要求用于最小实体要求

2）被测实际轮廓遵守的理想边界

当被测要素同时应用最大实体要求和可逆要求时，被测要素遵守的边界仍是最大实体实效边界，与被测要素只应用最大实体要求时所遵守的边界相同。

同理，当被测要素同时应用最小实体要求和可逆要求时，被测要素遵守的理想边界是最小实体实效边界。

3）尺寸公差与形状公差的关系

最大（小）实体要求应用于被测要素时，其尺寸公差与形位公差的关系反映了当被测要素的实体状态偏离了最大（小）实体状态时，可将尺寸公差的一部分或全部补偿给形状公差的关系。

可逆要求与最大（小）实体要求同时应用时，不仅具有上述的尺寸公差补偿给形位公差的关系，还具有当被测轴线或中心面的形位误差值小于给出的形位公差值时，允许相应的尺寸公差增大的关系。

2.3　形位公差的选择

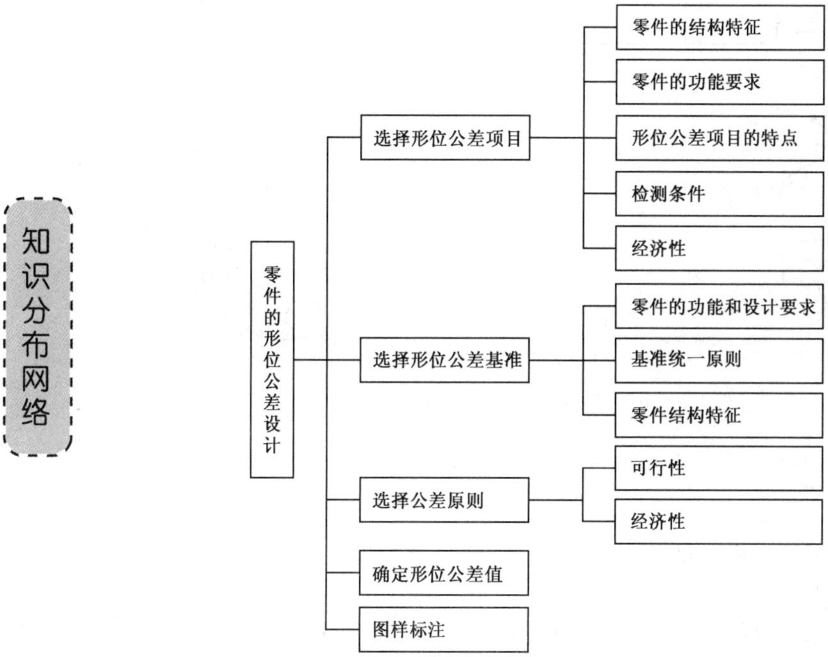

任务介绍

任务 5　设计减速器输出轴形位公差

零件的形位误差对机械产品、机械设备的正常工作有很大影响，因此，正确合理地设计零件的形位精度，对保证机械产品、机械设备的功能要求，提高经济效益有着十分重要的意义。

图 2-15 所示为某减速器的输出轴，为保证其功能要求，应对零件提出合理的形位公差要求。

零件的形位精度设计的主要内容包括：

（1）选择形位公差项目。

（2）选择形位公差基准。

（3）选择公差原则和确定形位公差值。

（4）按标准规定进行图样标注。

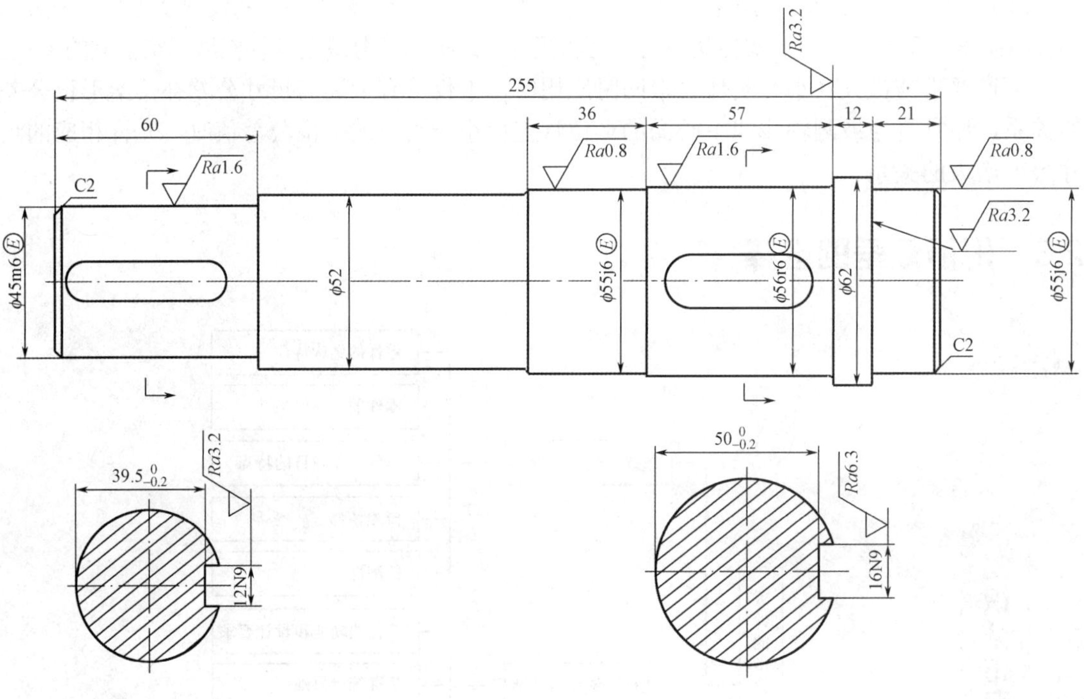

图 2-15　减速器输出轴

相关知识

2.3.1　形位公差项目的选择

形位公差项目的选择应根据零件的结构特征、功能关系、检测条件、有关标准件的要求以及经济性等多方面的因素，经综合分析后确定。

1．零件的结构特征

分析加工后零件可能存在的各种形位误差。例如，圆柱形零件会有圆柱度误差；圆锥形零件会有圆度和素线直线度误差；阶梯轴、孔类零件会有同轴度误差；零件上的孔、槽会有位置度或对称度误差等。

2．零件的功能要求

根据零件各部位要实现的功能来确定恰当的公差项目。例如：

（1）圆柱形零件，当仅需要顺利装配，或仅保证轴、孔之间的相对运动以避免磨损时，可选择轴线的直线度；当既要求孔、轴间有相对运动，又要求密封性能好，以保证在整个配合表面维持均匀小间隙时，应该选择圆柱度来综合控制要素的圆度、素线直线度、轴线直线度等（如柱塞与柱塞套、阀芯与阀体等）。

（2）箱体类零件（如齿轮箱），为保证传动轴正确安装及其上零件的正常传动，应对同轴孔、轴线选择同轴度，对平行孔、轴线选择平行度。

（3）为保证机床工作台或刀架运动轨迹的精度，需要对导轨提出直线度或平面度要求。

（4）零件间的连接孔、安装孔等，孔与孔之间，孔与基准之间距离误差的控制，一般不用尺寸公差而用位置度公差，以避免尺寸误差的积累等。

3．各形位公差项目的特点

在形位公差的 14 个项目中，有单项控制的公差项目，如直线度、平面度、圆度等；还有综合控制的公差项目，如圆柱度、位置公差的各个项目。应该充分发挥综合控制公差项目的功能，这样可以减少图样上给出的形位公差项目，从而减少需检测的形位误差项目。

4．检测条件

检测条件应包括有无相应的测量设备，测量的难易程度，测量效率是否与生产批量相适应等。在满足功能要求的前提下，应选用简便易行的检测项目代替测量难度较大的项目。

5．经济性

在满足功能要求的前提下，选择项目应尽量少，以获得较好的经济效益。

2.3.2　形位公差基准的选择

选择形位公差项目的基准时，主要根据零件的功能和设计要求，并兼顾基准统一原则和零件结构特征等几方面来考虑。

（1）遵守基准统一原则，即设计基准、定位基准和装配基准是同一要素。遵守基准统一原则既可以减小因基准不重合而产生的误差，又可以简化工夹量具的设计、制造和检测过程。

（2）选用三基面体系时，应选择对被测要素的功能要求影响最大或定位最稳的平面（可以定位三点）作为第一基准；影响次之或窄而长的表面（可以定位二点）作为第二基准；影响小或短小的表面（定位一点）作为第三基准。

（3）任选基准只适合于表面形状完全对称，装配时无论正反、上下颠倒均能互换的零件。任选基准比指定基准要求严，故不经济。

2.3.3 公差原则的选择

选择公差原则时，应根据被测要素的功能要求，并考虑采用该种公差原则的可行性与经济性。

（1）独立原则是处理形位公差与尺寸公差关系的基本原则，主要应用在以下场合。

① 尺寸精度和形位精度要求都较严，并需分别满足要求。如齿轮箱体上的孔，为保证与轴承的配合和齿轮的正确啮合，要分别保证孔的尺寸精度和孔心线的平行度要求。

② 尺寸精度与形位精度要求相差较大。如印刷机的滚筒、轧钢机的轧辊等零件，尺寸精度要求低，圆柱度要求高；平板的尺寸精度要求低，平面度要求高，应分别满足要求。

③ 为保证运动精度、密封性等特殊要求，单独提出与尺寸精度无关的形位公差要求。如机床导轨为保证运动精度，提出直线度要求，与尺寸精度无关；汽缸套内孔与活塞配合，为了内、外圆柱面均匀接触，并有良好的密封性能，在保证尺寸精度的同时，还要单独保证很高的圆度、圆柱度要求。

④ 零件上的未注形位公差一律遵循独立原则。

（2）包容要求主要用于需保证配合性质，特别是要求精密配合的场合，用最大实体边界来控制零件的尺寸和形位误差的综合结果，以保证配合要求的最小间隙或最大过盈。

（3）最大实体要求主要用于保证可装配性的场合，例如用于穿过螺栓的通孔的位置度公差。

（4）最小实体要求主要用于需要保证零件的强度和最小壁厚等场合。

（5）可逆要求与最大（或最小）实体要求联用，能充分利用公差带，扩大被测要素实际尺寸的范围，使实际尺寸超过了最大（或最小）实体尺寸而体外（或体内）作用尺寸未超过最大（或最小）实体实效边界的废品变为合格品，提高了经济效益。在不影响使用要求的情况下可以选用。

2.3.4 形位公差等级（或公差值）的选择

1. 形位公差等级和公差值

按国家标准 GB/T 1184—1996《形状和位置公差 未注公差值》中的规定，在形位公差的 14 个项目中，除了线轮廓度和面轮廓度两个项目未规定公差值以外，其余 12 个项目都规定了公差值。其中，除位置度一项外，其余 11 个项目还划分了 12 个公差等级（1～12 级），圆度和圆柱度公差划分为 13 个等级，即 0 级、1 级～12 级，等级依次降低。各形位公差等级的公差值见表 2-8～表 2-11。位置度公差值只规定了数系，见表 2-12。

表 2-8　直线度、平面度公差值（摘自 GB/T 1184—1996）　（μm）

主参数 L（mm）	公差等级											
	1	2	3	4	5	6	7	8	9	10	11	12
≤10	0.2	0.4	0.8	1.2	2	3	5	8	12	20	30	60
＞10～16	0.25	0.5	1	1.5	2.5	4	6	10	15	25	40	80
＞16～25	0.3	0.6	1.2	2	3	5	8	12	20	30	50	100
＞25～40	0.4	0.8	1.5	2.5	4	6	10	15	25	40	60	120
＞40～63	0.5	1	2	3	5	8	12	20	30	50	80	150
＞63～100	0.6	1.2	2.5	4	6	10	15	25	40	60	100	200
＞100～160	0.8	1.5	3	5	8	12	20	30	50	80	120	250
＞160～250	1	2	4	6	10	15	25	40	60	100	150	300
＞250～400	1.2	2.5	5	8	12	20	30	50	80	120	200	400
＞400～630	1.5	3	6	10	15	25	40	60	100	150	250	500
＞630～1 000	2	4	8	12	20	30	50	80	120	200	300	600

注：主参数 *L* 为轴、直线、平面的长度。

表 2-9　圆度、圆柱度公差值（摘自 GB/T 1184—1996）　（μm）

主参数 d(D)（mm）	公差等级												
	0	1	2	3	4	5	6	7	8	9	10	11	12
≤3	0.1	0.2	0.3	0.5	0.8	1.2	2	3	4	6	10	14	25
＞3～6	0.1	0.2	0.4	0.6	1	1.5	2.5	4	5	8	12	18	30
＞6～10	0.12	0.25	0.4	0.6	1	1.5	2.5	4	6	9	15	22	36
＞10～18	0.15	0.25	0.5	0.8	1.2	2	3	5	8	11	18	27	43
＞18～30	0.2	0.3	0.6	1	1.5	2.5	4	6	9	13	21	33	52
＞30～50	0.25	0.4	0.6	1	1.5	2.5	4	7	11	16	25	39	62
＞50～80	0.3	0.5	0.8	1.2	2	3	5	8	13	19	30	46	74
＞80～120	0.4	0.6	1	1.5	2.5	4	6	10	15	22	35	54	87
＞120～180	0.6	1	1.2	2	3.5	5	8	12	18	25	40	63	100
＞180～250	0.8	1.2	2	3	4.5	7	10	14	20	29	46	72	115
＞250～315	1.0	1.6	2.5	4	6	8	12	16	23	32	52	81	130
＞315～400	1.2	2	3	5	7	9	13	18	25	36	57	89	140
＞400～500	1.5	2.5	4	6	8	10	15	20	27	40	63	97	155

注：主参数 *d*(*D*)为轴（孔）的直径。

表 2-10　平行度、垂直度、倾斜度公差值（摘自 GB/T 1184—1996）　（μm）

主参数 L、d(D)（mm）	公差等级											
	1	2	3	4	5	6	7	8	9	10	11	12
≤10	0.4	0.8	1.5	3	5	8	12	20	30	50	80	120
＞10～16	0.5	1	2	4	6	10	15	25	40	60	100	150
＞16～25	0.6	1.2	2.5	5	8	12	20	30	50	80	120	200
＞25～40	0.8	1.5	3	6	10	15	25	40	60	100	150	250
＞40～63	1	2	4	8	12	20	30	50	80	120	200	300
＞63～100	1.2	2.5	5	10	15	25	40	60	100	150	250	400
＞100～160	1.5	3	6	12	20	30	50	80	120	200	300	500
＞160～250	2	4	8	15	25	40	60	100	150	250	400	600

续表

主参数 L、$d(D)$（mm）	公差等级											
	1	2	3	4	5	6	7	8	9	10	11	12
>250～400	2.5	5	10	20	30	50	80	120	200	300	500	800
>400～630	3	6	12	25	40	60	100	150	250	400	600	1 000
>630～1 000	4	8	15	30	50	80	120	200	300	500	800	1 200

注：① 主参数 L 为给定平行度时轴线或平面的长度，或给定垂直度、倾斜度时被测要素的长度。
② 主参数 $d(D)$为给定面对线垂直度时，被测要素的轴（孔）直径。

表 2-11　同轴度、对称度、圆跳动、全跳动公差值（摘自 GB/T 1184—1996）　（μm）

主参数 $d(D)$ B、L（mm）	公差等级											
	1	2	3	4	5	6	7	8	9	10	11	12
≤1	0.4	0.6	1.0	1.5	2.5	4	6	10	15	25	40	60
>1～3	0.4	0.6	1.0	1.5	2.5	4	6	10	20	40	60	120
>3～6	0.5	0.8	1.2	2	3	5	8	12	25	50	80	150
>6～10	0.6	1	1.5	2.5	4	6	10	15	30	60	100	200
>10～18	0.8	1.2	2	3	5	8	12	20	40	80	120	250
>18～30	1	1.5	2.5	4	6	10	15	25	50	100	150	300
>30～50	1.2	2	3	5	8	12	20	30	60	120	200	400
>50～120	1.5	2.5	4	6	10	15	25	40	80	150	250	500
>120～250	2	3	5	8	12	20	30	50	100	200	300	600
>250～500	2.5	4	6	10	15	25	40	60	120	250	400	800

注：① 主参数 $d(D)$为给定同轴度时轴直径，或给定圆跳动、全跳动时轴（孔）直径。
② 圆锥体斜向圆跳动公差的主参数为平均直径。
③ 主参数 B 为给定对称度时槽的宽度。
④ 主参数 L 为给定两孔对称度时的孔心距。

表 2-12　位置度公差值数系表

1	1.2	1.5	2	2.5	3	4	5	6	8
1×10^n	1.2×10^n	1.5×10^n	2×10^n	2.5×10^n	3×10^n	4×10^n	5×10^n	6×10^n	8×10^n

2. 形位公差等级（或公差值）的选择方法

形位公差等级的选择原则是：在满足零件功能要求的前提下，尽量选取较低的公差等级。

确定形位公差值的方法有计算法和类比法。在有些情况下，可利用尺寸链来计算位置公差值，如平行度、垂直度、倾斜度、位置度、同轴度、对称度公差值等。

（1）形状、位置、尺寸公差间的关系应相互协调，其一般原则是：形状公差小于位置公差，小于尺寸公差。

（2）定位公差大于定向公差。一般情况下，定位公差可包含定向公差的要求。

（3）综合公差大于单项公差。如圆柱度公差大于圆度公差、素线和轴线直线度公差。

（4）形状公差与表面粗糙度之间的关系也应协调。通常，中等尺寸和中等精度的零件，表面粗糙度参数值可占形状公差的 20%～25%。

表 2-13～表 2-16 列出了一些形位公差等级的应用场合，供选择形位公差等级时参考。

表 2-13　直线度、平面度公差等级应用

公差等级	应 用 举 例
5	1 级平板，2 级宽平尺，平面磨床的纵导轨、垂直导轨、立柱导轨及工作台，液压龙门刨床和转塔车床床身导轨，柴油机进气、排气阀门导杆
6	普通机床导轨面，如卧式车床、龙门刨床、滚齿机、自动车床等的床身导轨、立柱导轨，柴油机壳体
7	2 级平板，机床主轴箱，摇臂钻床底座和工作台，镗床工作台，液压泵盖，减速器壳体结合面
8	机床传动箱体，交换齿轮箱体，车床溜板箱体，柴油机汽缸体，连杆分离面，缸盖结合面，汽车发动机缸盖，曲轴箱结合面，液压管件和法兰连接面
9	3 级平板，自动车床床身底面，摩托车曲轴箱体，汽车变速器壳体，手动机械的支承面

表 2-14　圆度、圆柱度公差等级应用

公差等级	应 用 举 例
5	一般计量仪器主轴、测杆外圆柱面，陀螺仪轴颈，一般机床主轴轴颈及主轴轴承孔，柴油机、汽油机活塞、活塞销，与 E 级滚动轴承配合的轴颈
6	仪表端盖外圆柱面，一般机床主轴及前轴承孔，泵，压缩机的活塞，汽缸，汽油发动机凸轮轴，纺机锭子，减速传动轴轴颈，高速船用柴油机、拖拉机曲轴主轴颈，与 E 级滚动轴承配合的外壳孔，与 G 级滚动轴承配合的轴颈
7	大功率低速柴油机曲轴轴颈、活塞、活塞销、连杆、汽缸，高速柴油机箱体轴承孔、千斤顶或压力油缸活塞，机车传动轴，水泵及通用减速器转轴轴颈，与 G 级滚动轴承配合的外壳孔
8	低速发动机、大功率曲柄轴轴颈，压气机连杆盖体，拖拉机汽缸、活塞，炼胶机冷铸轴辊，印刷机传墨辊，内燃机曲轴轴颈，柴油机凸轮轴承孔，凸轮轴，拖拉机、小型船用柴油机汽缸套
9	空气压缩机缸体，液压传动筒，通用机械杠杆与拉杆用套筒销子，拖拉机活塞环、套筒孔

表 2-15　平行度、垂直度、倾斜度公差等级应用

公差等级	应 用 举 例
4，5	卧式车床导轨，重要支承面，机床主轴孔对基准的平行度，精密机床重要零件，计量仪器、量具、模具的基准面和工作面，主轴箱体重要孔，通用减速器壳体孔，齿轮泵的油孔端面，发动机轴和离合器的凸缘，汽缸支承端面，安装精密滚动轴承的壳体孔的凸肩
6，7，8	一般机床的基准面和工作面，压力机和锻锤的工作面，中等精度钻模的工作面，机床一般轴承孔对基准面的平行度，变速箱箱体孔，主轴花键对定心直径部位轴线的平行度，重型机械轴承盖端面，卷扬机、手动传动装置中的传动轴，一般导轨，主轴箱体孔，刀架，砂轮架，汽缸配合面对基准轴线，活塞销孔对活塞中心线的垂直度，滚动轴承内、外圈端面对轴线的垂直度
9，10	低精度零件，重型机械滚动轴承端盖，柴油机、煤气发动机箱体曲轴孔、曲轴颈，花键轴和轴肩端面，皮带运输机法兰盘等端面对轴线的垂直度，手动卷扬机及传动装置中的轴承端面、减速器壳体平面

表 2-16　同轴度、对称度、跳动公差等级应用

公差等级	应 用 举 例
5，6，7	这是应用范围较广的公差等级，用于形位精度要求较高，尺寸公差等级为 IT8 及高于 IT8 的零件。5 级常用于机床轴颈，计量仪器的测量杆，汽轮机主轴，柱塞油泵转子，高精度滚动轴承外圈，一般精度滚动轴承内圈，回转工作台端面圆跳动。7 级用于内燃机曲轴、凸轮轴、齿轮轴、水泵轴，汽车后轮输出轴，电动机转子，印刷机传墨辊的轴颈，键槽
8，9	常用于形位精度要求一般，尺寸公差等级为 IT9 及高于 IT11 的零件。8 级用于拖拉机发动机分配轴轴颈，与 9 级精度以下齿轮相配的轴，水泵叶轮，离心泵体，棉花精梳机前、后滚子，键槽等。9 级用于内燃机汽缸套配合面，自行车中轴

提示：

（1）在同一要素上给出的形状公差值应小于位置公差值。

（2）圆柱形零件的形状公差（轴线直线度除外）一般应小于其尺寸公差值。

（3）平行度公差值应小于其相应的距离公差值。

（4）考虑到加工的难易程度和除主参数外其他因素的影响，对于下列情况，在满足功能要求下，可适当降低1～2级选用。

孔相对于轴；

细长的孔或轴；

距离较大的孔或轴；

宽度较大（一般大于1/2长度）的零件表面；

线对线、线对面相对于面对面的平行度、垂直度。

（5）凡有关标准已对形位公差作出规定的，如与滚动轴承相配合的轴和壳体孔的圆柱度公差、机床导轨的直线度公差等，都应按相应的标准确定。

3．未注形位公差的规定

图样上的要素都应有形位精度要求，对高于9级的形位公差应在图样上进行标注，低于9级的也可以不在图样上标注，称为未注公差。

未注公差的应用对象是精度较低，用车间一般机加工和常见的工艺方法就可以保证精度的零件，因而无须在图样上注出。

国家标准将未注形位公差分为H、K、L三个公差等级，精度依次降低。表2-17所示为直线度和平面度的未注公差值；表2-18所示为垂直度的未注公差值；表2-19所示为对称度的未注公差值；表2-20所示为圆跳动的未注公差值。

表2-17　直线度和平面度的未注公差值（摘自GB/T 1184—1996）　（mm）

公差等级	基本长度范围					
	≤10	>10～30	>30～100	>100～300	>300～1 000	>1 000～3 000
H	0.02	0.05	0.1	0.2	0.3	0.4
K	0.05	0.1	0.2	0.4	0.6	0.8
L	0.1	0.2	0.4	0.8	1.2	1.6

表2-18　垂直度的未注公差值（摘自GB/T 1184—1996）　（mm）

公差等级	基本长度范围			
	≤100	>100～300	>300～1 000	>1 000～3 000
H	0.2	0.3	0.4	0.5
K	0.4	0.6	0.8	1
L	0.6	1	1.5	2

注：取形成直角的两边中较长的一边作为基准要素，较短的一边作为被测要素；若两边的长度相等，则可取其中的任意一边作为基准要素。

表 2-19　对称度的未注公差值（摘自 GB/T 1184—1996）　　（mm）

公差等级	基本长度范围			
	≤100	>100～300	>300～1 000	>1 000～3 000
H	0.5			
K	0.6		0.8	1
L	0.6	1	1.5	2

注：取两要素中较长者作为基准要素，较短者作为被测要素；若两要素的长度相等，则可取其中的任一要素作为基准要素。

表 2-20　圆跳动的未注公差值（摘自 GB/T 1184—1996）　　（mm）

公 差 等 级	圆跳动公差值
H	0.1
K	0.2
L	0.5

注：本表也可用于同轴度的未注公差值。应以设计或工艺给出的支承面作为基准要素，否则取两要素中较长者作为基准要素。若两要素的长度相等，则可取其中的任一要素作为基准要素。

任务小结

依据图 2-15 所示轴的结构特征和功能要求等来考虑，减速器输出轴形位公差选用如下，标注如图 2-16 所示。

1）ϕ55j6 圆柱面

从使用要求分析，两处 ϕ55j6 圆柱面是该轴的支承轴颈，用以安装滚动轴承，其轴线是该轴的装配基准，故应以该轴安装时两个 ϕ55j6 圆柱面的公共轴线作为设计基准。为使轴及轴承工作时运转灵活，两处 ϕ55j6 圆柱面轴线之间应有同轴度要求，但从检测的可能性与经济性分析，可用径向圆跳动公差代替同轴度公差，参照表 2-16 确定公差等级为 7 级，查表 2-11，其公差值为 0.025 mm。两处 ϕ55j6 圆柱面是与滚动轴承内圈配合的重要表面，为保证配合性质和轴承的几何精度，在采用包容要求的前提下，又进一步提出圆柱度公差的要求。查表 2-14 和表 2-9 确定圆柱度公差等级为 6 级，公差值为 0.005 mm。

2）ϕ56r6 和 ϕ45m6 圆柱面

ϕ56r6 和 ϕ45m6 圆柱面分别用于安装齿轮和带轮，为保证配合性质，均采用了包容要求。

ϕ56r6 和 ϕ45m6 圆柱面的轴线分别是齿轮和带轮的装配基础，为保证齿轮的正确啮合和运转平稳，均规定了对两处 ϕ55j6 圆柱面公共轴线的径向圆跳动公差，公差等级为 7 级，公差值分别为 0.025 mm 和 0.020 mm。

3）轴肩

ϕ62 mm 处的两轴肩分别是齿轮和轴承的轴向定位基准，为保证轴向定位正确，规定了端面圆跳动公差，公差等级取为 6 级，查表 2-11，公差值为 0.015 mm。端面圆跳动的基准原则上为各自的轴线，但为了便于检测，采用了统一的基准，即两处 ϕ55j6 圆柱面的公共轴线。

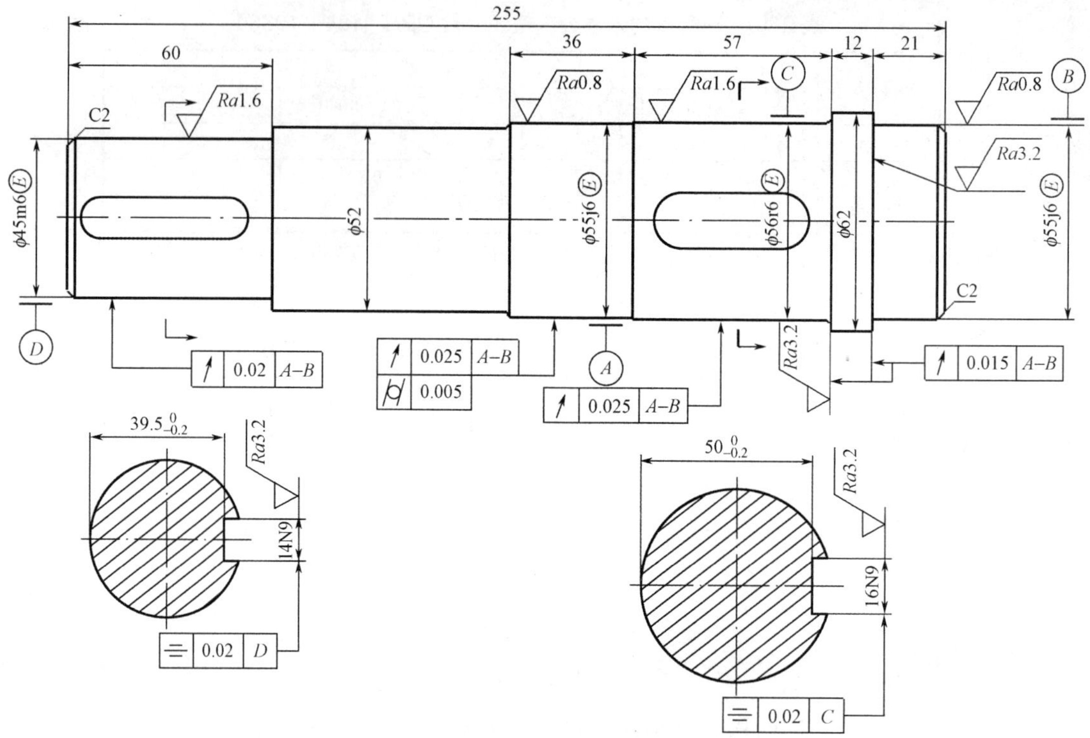

图 2-16　减速器输出轴形位公差设计

4）其他要素

图样上没有具体注明形位公差的要素，由未注形位公差来控制。这部分公差，一般机床加工容易保证，不必在图样上注出。

技能训练

训练 6　台虎钳形位精度设计

1. 训练目的

（1）掌握根据常见零件的使用功能要求，正确、合理地选择基准、形位公差项目、形位公差等级以及公差原则应用的基本思路。

（2）能够在零件图样上将形位公差进行正确的标注。

2. 训练内容及要求

图 2-17 所示为台虎钳立体图，图 2-18 为台虎钳零件装配关系图，图 2-19 为台虎钳装配主体剖面图，图 2-20 和图 2-21 所示分别为固定钳身和活动钳身的零件图。

根据零件的结构特征、功能关系、检测条件以及经济性等多方面的因素，经综合分析后进行形位精度设计，即确定几何要素的形位公差项目和形位公差等级以及基准，并在图上进行正确的标注。

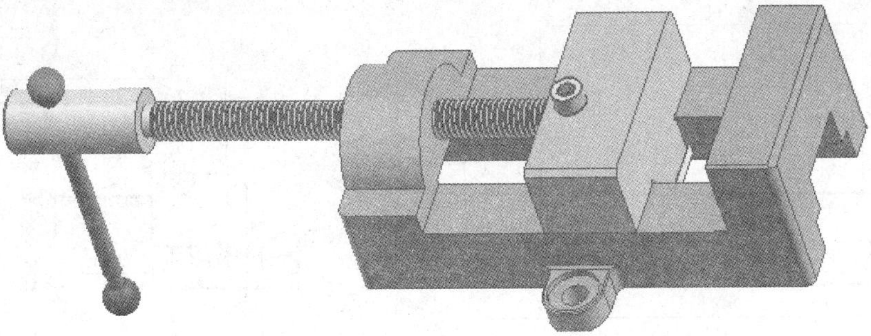

图 2-17　台虎钳立体图

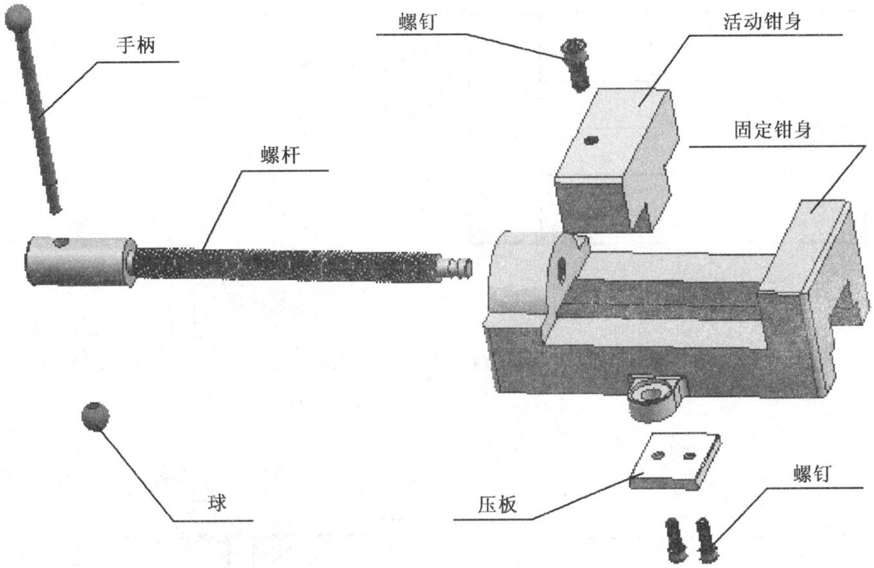

图 2-18　台虎钳零件装配关系图

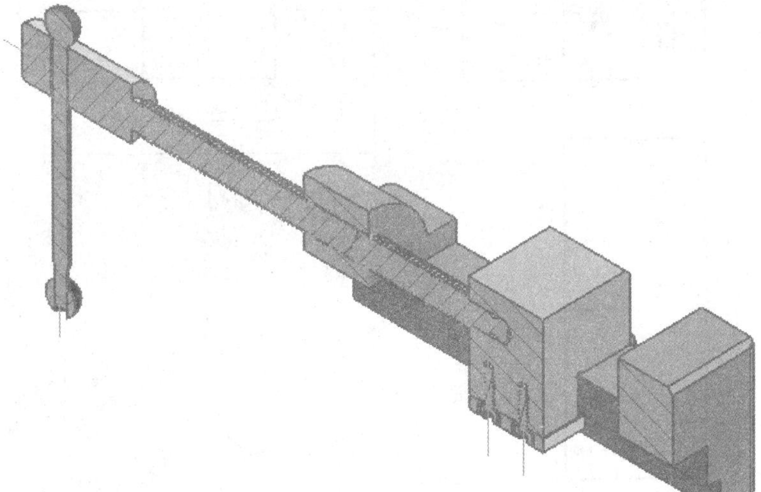

图 2-19　台虎钳装配立体剖面图

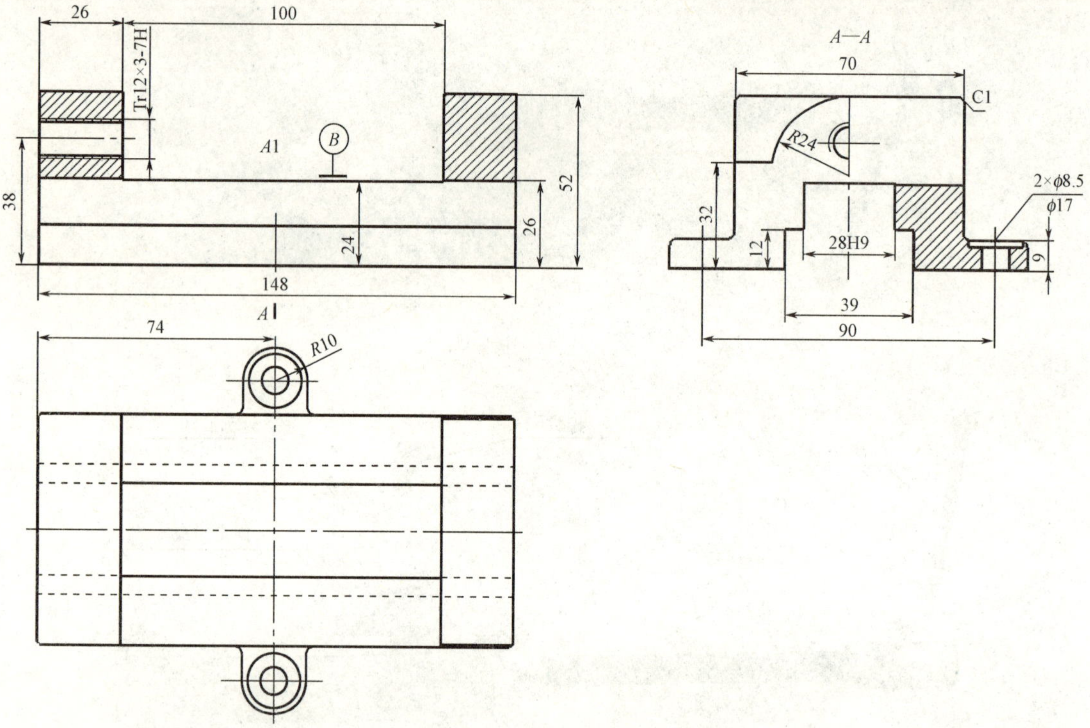

图 2-20　固定钳身零件图

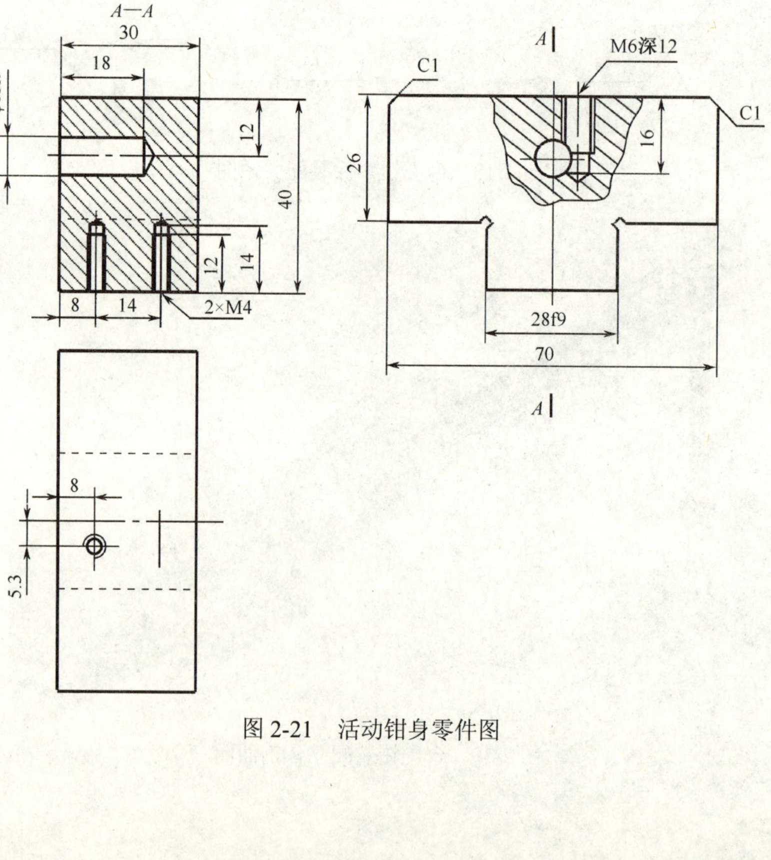

图 2-21　活动钳身零件图

训练7 顶尖套筒形位精度设计

对如图 1-2 所示的顶尖套筒上的各几何要素进行形位精度设计，选择形位公差项目、形位公差等级和基准；确定尺寸公差与形位公差之间的关系——公差原则应用，并在如图 1-2 所示的零件示意图上进行正确的标注。

知识梳理与总结

(1) 形位误差的研究对象是几何要素，根据几何要素特征的不同可分为：理想要素与实际要素、轮廓要素与中心要素、被测要素与基准要素，以及单一要素与关联要素等。国家标准规定的形位公差特征共有 14 项，熟悉各项目的符号，有无基准要求等。

(2) 形位公差是形状公差和位置公差的简称。形状公差是指实际单一要素的形状所允许变动量；位置公差是指实际关联要素相对于基准的位置所允许的变动量；形位公差带具有形状、大小、方向和位置四个特征。应熟悉常用形位公差特征的公差带定义和特征，并能正确标注。

(3) 公差原则是处理形位公差与尺寸公差关系的基本原则，它分为独立原则和相关要求两大类。应了解有关公差原则的术语及定义，公差原则的特点和适用场合，能熟练运用独立原则和包容要求。

(4) 正确选择形位公差对保证零件的功能要求及提高经济效益都十分重要。应了解形位公差的选择依据，初步具备选择形位公差特征、基准要素、公差等级（公差值）和公差原则的能力。

(5) 建立某些定向和定位公差具有综合控制功能的概念。例如，平面的平行度公差带，可以控制该平面的平面度和直线度误差；径向全跳动公差可综合控制同轴度和圆柱度误差；端面全跳动公差带可综合控制端面对基准轴线的垂直度公差和平面度误差等。

思考与练习题 2

2-1 形位公差研究的对象是什么?什么叫理想要素、实际要素、被测要素和基准要素?

2-2 试述形位误差和形位公差的含义。尺寸公差带和形位公差带有什么区别?

2-3 图样上的形位公差值在什么情况下应该标注？在什么情况下可以不必标注?

2-4 将下列形位公差要求分别标注在图 2-22（a）和（b）上。

（1）标注在图 2-22（a）上的形位公差要求如下。

① $\phi 40^{\ 0}_{-0.03}$ mm 圆柱面对两 $\phi 25^{\ 0}_{-0.021}$ mm 公共轴线的圆跳动公差为 0.015 mm;

② 两 $\phi 25^{\ 0}_{-0.021}$ mm 轴颈的圆度公差为 0.01 mm;

③ $\phi 40^{\ 0}_{-0.03}$ mm 圆柱左、右两端面对两 $\phi 25^{\ 0}_{-0.021}$ mm 公共轴线的端面圆跳动公差为 0.02 mm;

④ 键槽 $10^{\ 0}_{-0.036}$ mm 中心平面对 $\phi 40^{\ 0}_{-0.03}$ mm 轴线的对称度公差为 0.015 mm。

（2）标注在图 2-20（b）上的形位公差要求如下。

① 底面的平面度公差为 0.012 mm;

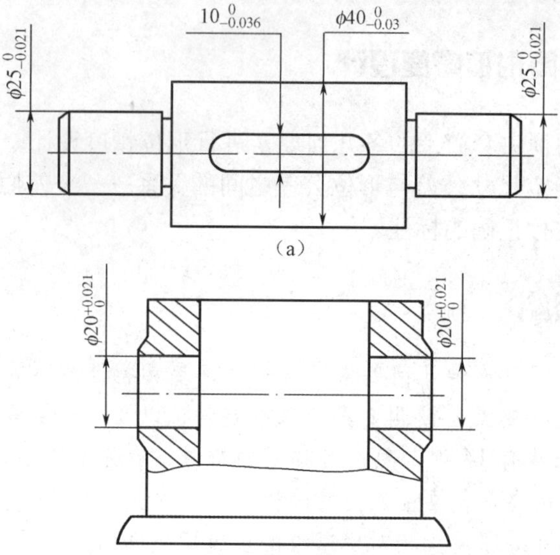

图 2-22　题 2-4 用图

② $\phi20_{\ 0}^{+0.021}$ mm 两孔的轴线分别对它们的公共轴线的同轴度公差为 0.015 mm；

③ 两 $\phi20_{\ 0}^{+0.021}$ mm 孔的轴线对底面的平行度公差为 0.01 mm。

2-5　指出图 2-23 中形位公差标注上的错误，并加以改正（不变更形位公差项目）。

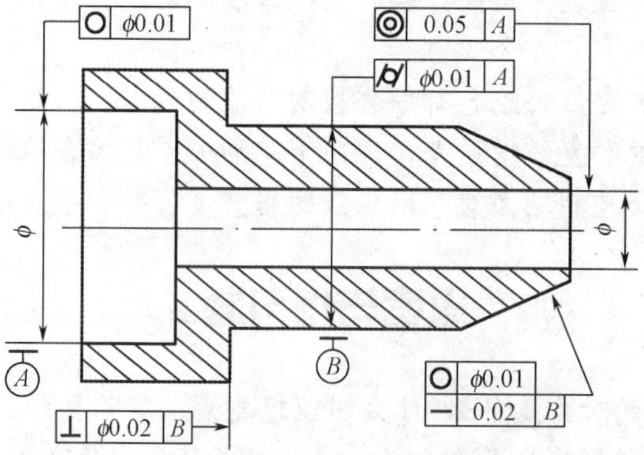

图 2-23　题 2-5 用图

2-6　按图 2-24（a）~（c）上所标注的尺寸公差和形位公差填表。

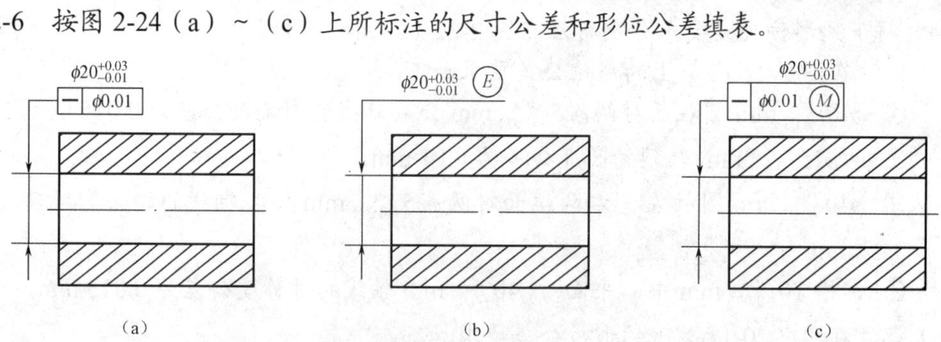

图 2-24　题 2-6 用图

图样序号	采用的公差要求（原则）的名称	最大实体尺寸（mm）	最小实体尺寸（mm）	最大实体状态下允许的形状误差值（mm）	允许的最大形状误差值（mm）	边界名称及边界尺寸（mm）
（a）						
（b）						
（c）						

图 2-24　题 2-6 用图（续）

项目3 表面粗糙度设计

教学导航

教	知识重点	表面粗糙度的有关术语和标准规定
	知识难点	设计零件表面粗糙度
	推荐教学方式	任务驱动教学法
	推荐考核方式	口试或笔试（识读图样表面粗糙度标注）、小型设计（零件表面精度设计）
学	推荐学习方法	课堂：听课+讨论+互动 课外：通过实践，了解齿轮减速器基本构造和工作原理
	必须掌握的理论知识	表面粗糙度的基本概念、评定参数、选用及标注
	需要掌握的工作技能	能够正确设计典型零件的表面粗糙度

3.1　表面粗糙度标注识读

知识分布网络

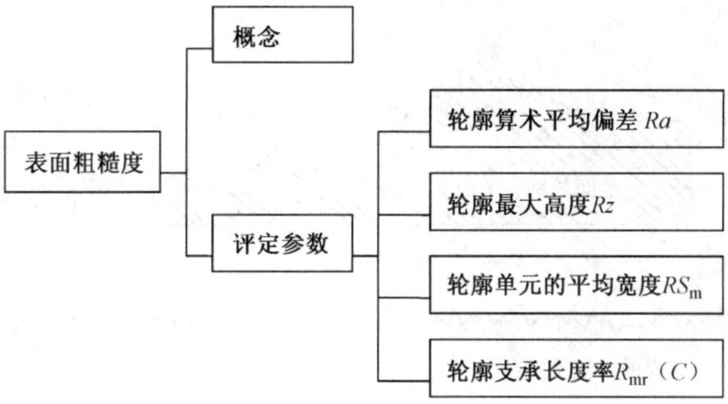

任务介绍

任务6　识读齿轮表面粗糙度标注

表面粗糙度是一种微观几何形状误差，是零件的几何参数的精度指标之一。

以如图 3-1 所示的零件图为例，识读表面粗糙度的标注。

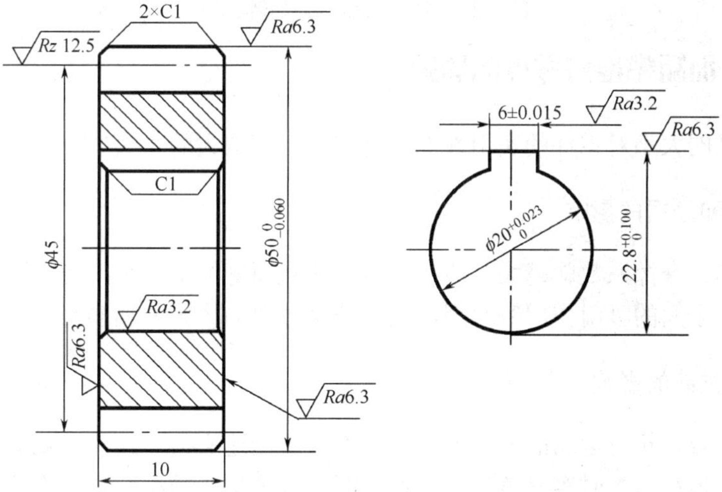

图 3-1　表面粗糙度标注实例

相关知识

3.1.1　表面粗糙度概念

任何零件的表面都不是绝对光滑的，零件表面总会存在着由较小间距的峰和谷组成的微观高低不平的痕迹，表面粗糙度是一种微观几何形状误差，也称为微观不平度。

表面误差通常按波距的大小划分为三类误差：表面粗糙度、表面波度和表面上宏观形状误差。波距小于 1 mm 的属于表面粗糙度（微观几何形状误差），波距在 1～10 mm 的属于表面波度（中间几何形状误差），波距大于 10 mm 的属于形状误差（宏观几何形状误差），如图 3-2 所示。

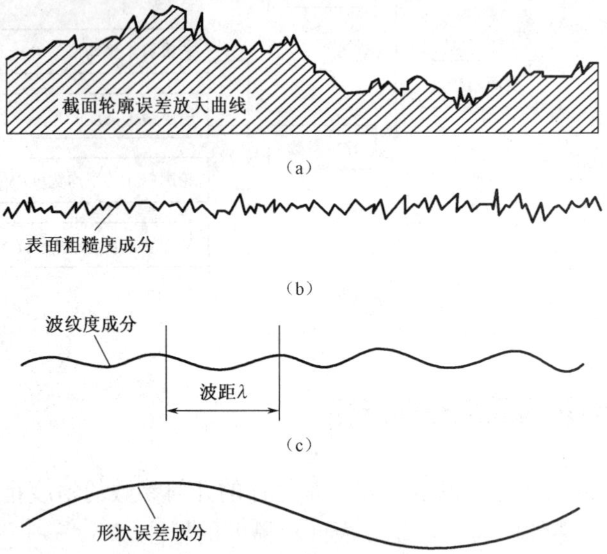

图 3-2　零件表面的几何形状误差

3.1.2　表面粗糙度对零件的影响

表面粗糙度的大小对零件的实用性能和使用寿命有很大的影响。

1．对摩擦和磨损的影响

表面越粗糙，摩擦系数就越大，两相对运动的表面磨损也越快；表面过于光滑，由于润滑油被挤出和分子间的吸附作用等原因，也会使摩擦阻力增大和加剧磨损。

2．对配合性能的影响

对于间隙配合，相对运动的表面因其粗糙不平而迅速磨损，致使间隙增大；对于过盈配合，表面轮廓峰顶在装配时容易被挤平，使实际有效过盈量减小，致使连接强度降低。

3．对抗腐蚀性的影响

粗糙的表面，易使腐蚀性物质存积在表面的微观凹谷处，并渗入到金属内部，致使腐蚀加剧。

4．对疲劳强度的影响

零件表面越粗糙，凹痕就越深，当零件承受交变荷载时，对应力集中很敏感，使疲劳强度降低，导致零件表面产生裂纹而损坏。

5．对接触刚度的影响

接触刚度影响零件的工作精度和抗振性。这是由于表面粗糙度使表面间只有一部分面积接触。一般情况下，实际接触面积只有公称接触面积的百分之几。因此，表面越粗糙，受力后局部变形越大，接触刚度也越低。

6．对结合面密封性的影响

粗糙的表面结合时，两表面只在局部点上接触，中间有缝隙，影响密封性。因此，降低表面粗糙度，可提高其密封性。

7．对零件其他性能的影响

表面粗糙度对零件其他性能，如对测量精度、流体流动的阻力及零件外形的美观等都有很大的影响。

3.1.3　表面粗糙度基本术语

（1）取样长度 l_r——评定表面粗糙度所规定的一段基准线长度。它应与表面粗糙度的大小相适应。规定取样长度是为了限制和减弱表面波纹度对表面粗糙度测量结果的影响，一般在一个取样长度内应包含 5 个以上的波峰和波谷。

（2）评定长度 l_n——为了全面、充分地反映被测表面的特性，在评定或测量表面轮廓时所必需的一段长度。评定长度可包括一个或多个取样长度。表面不均匀的表面，宜选用较长的评定长度。

评定长度一般按 5 个取样长度来确定。

（3）评定表面粗糙度的基准线——评定表面粗糙度的一段参考线，有以下两种。

轮廓的最小二乘中线——在取样长度内，使轮廓上各点至该线的距离平方和为最小。

轮廓算术平均中线——在取样长度内，将实际轮廓划分为上下两部分，且使上下面积相等的直线。

3.1.4　表面粗糙度评定参数

表面结构参数有三种：基于轮廓法定义的参数叫轮廓参数（GB/T 3505—2000），包括 *R* 轮廓参数（粗糙度参数）、*W* 轮廓参数（波纹度参数）和 *P* 轮廓参数（原始轮廓参数）；基于图形法定义的参数叫图形参数（GB/T 18618—2002）；基于支承率曲线的参数叫支承率曲线参数。

表面粗糙度常用的参数有以下几个。

1．轮廓算术平均偏差 *Ra*

如图 3-3 所示，轮廓算术平均偏差 *Ra* 为在一个取样长度内纵坐标值 $Z(x)$绝对值的算术平均值，用公式表示为

$$Ra = \frac{1}{l_r}\int_0^{l_r} |Z(x)|\,dx$$

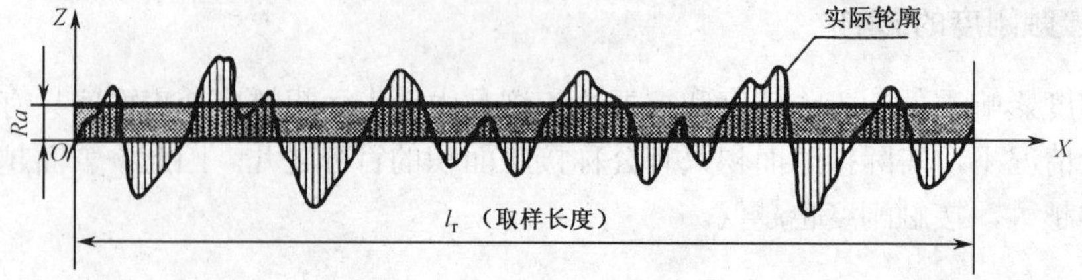

图 3-3　轮廓算术平均偏差 *Ra*

Ra 值越大，表面越粗糙。它能客观、全面地反映表面微观几何形状特征。

2．轮廓最大高度 *Rz*

如图 3-4 所示，在一个取样长度内，最大轮廓峰高 Z_p 和最大轮廓谷深 Z_v 之和为轮廓最大高度。

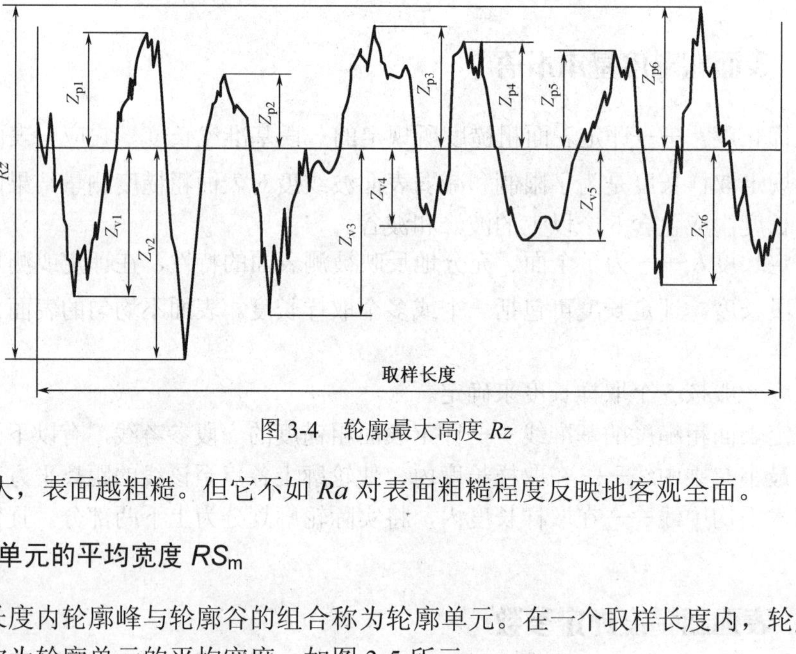

图 3-4　轮廓最大高度 *Rz*

Rz 值越大，表面越粗糙。但它不如 *Ra* 对表面粗糙程度反映地客观全面。

3．轮廓单元的平均宽度 RS_m

在取样长度内轮廓峰与轮廓谷的组合称为轮廓单元。在一个取样长度内，轮廓单元宽度的平均值，称为轮廓单元的平均宽度，如图 3-5 所示。

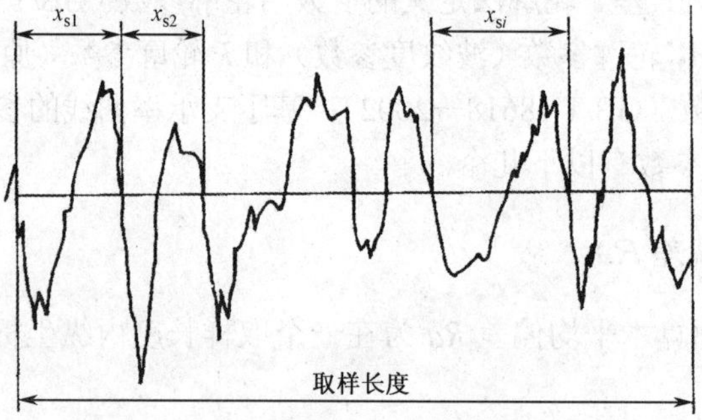

图 3-5　轮廓单元的平均宽度

RS_m 是评定轮廓的间距参数，它的大小反映了轮廓表面峰谷的疏密程度，RS_m 越大，峰谷越稀，密闭性越差，如图 3-6 所示。

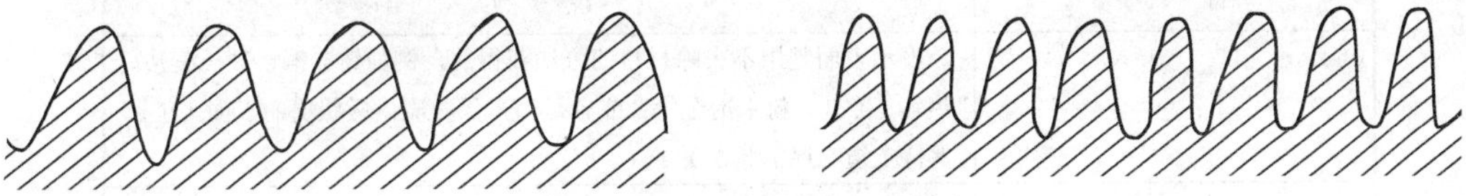

图 3-6 RS_m 与密闭性的关系

4．轮廓支承长度率 $R_{mr}(C)$

它为在给定水平位置 C 上的轮廓实体材料长度 $Ml(C)$ 与评定长度的比率，如图 3-7 所示。

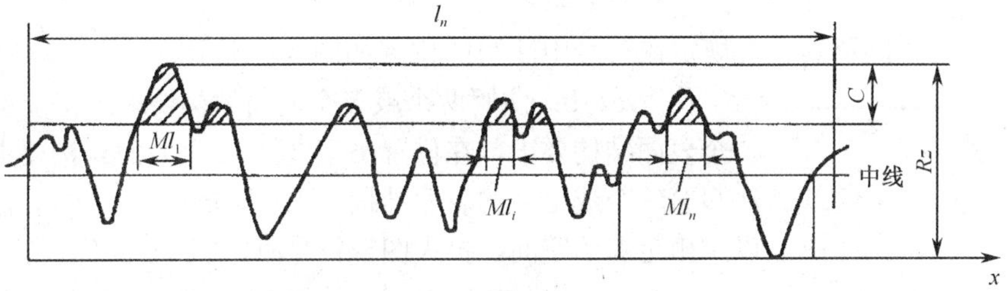

图 3-7 轮廓支承长度率

$R_{mr}(C)$的值是对应于不同的 C 值给出的，$R_{mr}(C)$的大小反映了轮廓表面峰谷的形状。$R_{mr}(C)$值越大，表示表面实体材料越长，接触刚度和耐磨性越好，如图 3-8 所示。

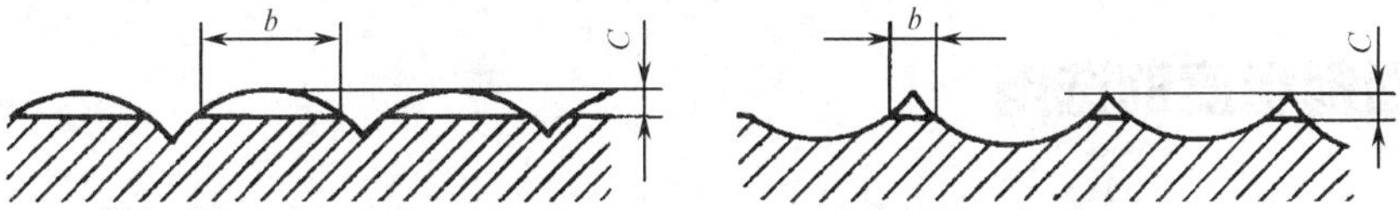

图 3-8 $R_{mr}(C)$与接触刚度的关系

3.1.5 表面粗糙度符号及代号

表面粗糙度的评定参数及其数值确定后，须在零件图上正确地标出（图样上所标注的表面粗糙度符号、代号是该表面完工后的要求）。

1．表面粗糙度的符号

在国标 GB/T 131—2006 中规定了表面粗糙度的符号，见表 3-1。

表 3-1 表面粗糙度的符号

符 号	说 明
√	表示表面可用任何方法获得。当不加注粗糙度参数值或有关说明（例如表面处理、局部热处理状况等）时，仅适用于简化代号标注
	表示表面是用去除材料的方法获得的，例如车、铣、钻、磨、剪切、抛光、腐蚀、电火花加工、气割等

续表

符　号	说　明
	表示表面是用不去除材料的方法获得的，例如铸、锻、冲压变形、热轧、冷轧、粉末冶金等；或者是用于保持原供应状况的表面（包括保持上道工序的状况）
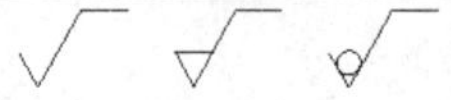	在上述三个符号的长边上均加一横线，用于标注有关参数和说明
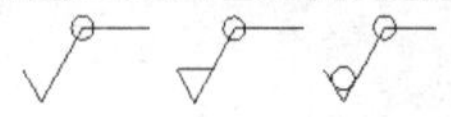	在上述三个符号上均加一小圆，表示所有表面具有相同的表面粗糙度要求

2. 表面粗糙度的代号

表面粗糙度数值及其有关规定在符号中注写的位置如图 3-9 所示。

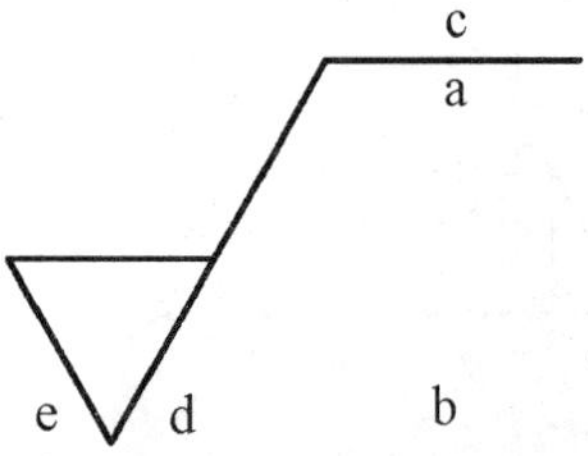

图 3-9　表面粗糙度代号注法

位置 a、b：注写两个或多个表面结构要求。在位置 a 注写第一个表面结构要求，在位置 b 注写第二个表面结构要求。如果要注写第三个或更多的表面结构要求，图形符号应在垂直方向扩大，以空出足够的空间。扩大图形符号时，a 和 b 的位置随之上移。

位置 c：注写加工方法。注写加工方法、表面处理、涂层或其他加工工艺要求等，如车、磨、镀等加工表面。

位置 d：注写表面纹理及其方向。

位置 e：注写加工余量。注写所要求的加工余量，以毫米（mm）为单位给出数值。

3.2　表面粗糙度的选用

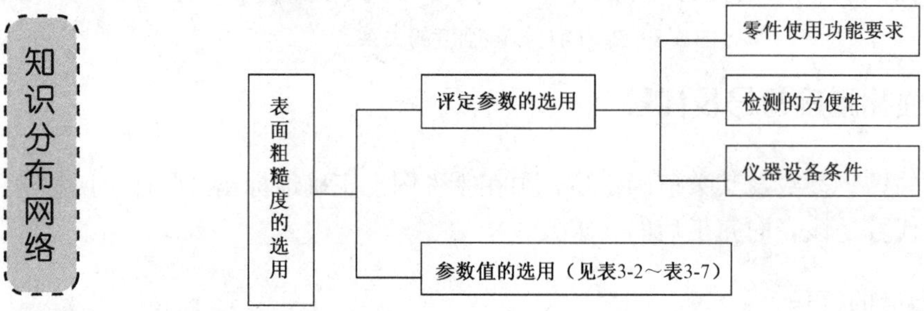

任务介绍

任务 7　设计顶尖套筒表面粗糙度

正确地选择零件表面的粗糙度参数及其数值，对改善机器和仪表的工作性能及提高使用寿命有着重要的意义。

图 1-2 所示的顶尖套筒，ϕ60h5 外圆柱面表面粗糙度选用参数 *Ra*，参数值为 0.8 μm；装顶尖的 4 号莫氏锥孔表面粗糙度选用 *Ra*，参数值为 0.8 μm；安装螺母的 ϕ32H7 孔的表面粗糙度值选用 *Ra*，参数值为 1.6 μm。要求说明该零件表面粗糙度选用的合理性。

相关知识

3.2.1 选用评定参数

评定参数的选择首先考虑零件的使用功能要求，同时要考虑检测的方便性及仪器设备条件等因素。

一般情况下，选用参数 Ra（或 Rz）控制表面粗糙度即可满足要求。Ra 参数最常用，它能比较全面、客观地反映零件表面微观几何特征，通常在常用数值（Ra=0.025～6.3 μm）内，优先使用 Ra。当表面不允许出现较深加工痕迹，防止出现应力集中，或表面段长度很小，不宜采用 Ra 时，可选用 Rz，但它不如 Ra 全面，可与 Ra 联合使用。

对于有特殊要求的零件表面，如要使喷涂均匀，涂层有极好的附着性和光泽，或要求有良好的密封性，就要控制 RS_{m}；对于要求有较高支承刚度和耐磨性的表面，应规定 $R_{\mathrm{mr}}(C)$ 参数。

3.2.2 选用评定参数值

表面粗糙度评定参数选定后，应规定其允许值。一般说来，表面粗糙度参数值越小，零件的工作性能越好。表面粗糙度参数值选用得适当与否，不仅影响零件的使用性能，还关系到制造成本。

表面粗糙度的参数值已经标准化，设计时应按国家标准规定的参数系列选取。一般只规定上限值，必要时还要给出下限值。

根据类比法初步确定表面粗糙度后，再对比工作条件作适当调整，调整时应遵循下述一些原则。

（1）在满足功能要求的前提下，尽量选用较大的表面粗糙度参数值，以降低加工成本。

（2）在同一零件上，工作表面的粗糙度参数值应小于非工作表面的粗糙度参数值。

（3）摩擦表面比非摩擦表面的粗糙度参数值要小，滚动摩擦表面比滑动摩擦表面的粗糙度参数值要小。

（4）运动速度高，单位面积压力大的表面，受交变应力作用的重要零件上的圆角、沟槽的表面粗糙度参数值都应小些。

（5）配合零件的表面粗糙度应与尺寸及形状公差相协调，一般尺寸与形状公差要求越严，粗糙度值也就越小。

（6）配合精度要求高的配合表面（如小间隙配合的配合表面），受重荷载作用的过盈配合表面的粗糙度参数值也应小些。

（7）同一公差等级的零件，小尺寸比大尺寸、轴比孔的粗糙度参数值要小。

（8）凡有关标准已对表面粗糙度要求作出规定的，如与滚动轴承配合的轴颈和外壳孔的表面等，则应按相应的标准确定表面粗糙度参数值。

表 3-2 和表 3-3 分别列出了表面粗糙度的表面特征、经济加工方法及应用举例，轴和孔的表面粗糙度参数推荐值，表 3-4～表 3-7 列出了表面粗糙度评定参数的允许值，供选用时参考。

表3-2　表面粗糙度的表面特征、经济加工方法及应用举例

表面微观特性		*Ra*/μm	加工方法	应用举例
粗糙表面	微见刀痕	≤20	粗车、粗铣、粗刨、钻孔、毛锉、锯断、粗砂轮等加工	半成品粗加工过的表面、非配合的加工表面，如轴端面、倒角、钻孔、齿轮和带轮侧面、键槽底面、垫圈接触面
半光表面	微见加工痕迹	≤10	车、铣、刨、镗、钻、粗铰	轴上不安装轴承、齿轮处的非配合表面，紧固件的自由装配表面，轴和孔的退刀槽
		≤5	车、铣、刨、镗、磨、拉、粗刮、滚压	半精加工表面，箱体、支架、盖面、套筒等和其他零件结合而无配合要求的表面，需要发蓝的表面等
	看不清加工痕迹	≤2.5	车、铣、刨、镗、磨、拉、刮、压、铣齿	接近于精加工表面，箱体上安装轴承的镗孔表面，齿轮的工作面
光表面	可辨加工痕迹方向	≤1.25	车、镗、磨、拉、刮、精铰、磨齿、滚压	圆柱销、圆锥销、与滚动轴承配合的表面，卧式车床导轨面，内、外花键定心表面
	微辨加工痕迹方向	≤0.63	精铰、精镗、磨、刮、滚压	要求配合性质稳定的配合表面，工作时受交变应力的重要零件，较高精度车床的导轨面
	不可辨加工痕迹方向	≤0.32	精磨、珩磨、研磨、超精加工	精密机床主轴锥孔、顶尖圆锥面，发动机曲轴、凸轮轴工作表面，高精度齿轮齿面
极光表面	暗光表面	≤0.16	精磨、研磨、普通抛光	精密机床主轴轴颈表面，一般量规工作表面，汽缸套内表面，活塞销表面
	亮光泽面	≤0.08	超精磨、精抛光、镜面磨削	精密机床主轴轴颈表面，滚动轴承的滚珠，高压油泵中柱塞和柱塞套配合表面
	镜状光泽面	≤0.04		
	镜面	≤0.01	镜面磨削、超精研	高精度量仪、量块的工作表面，光学仪器中的金属镜面

表3-3　轴和孔的表面粗糙度参数推荐值

表面特征			*Ra*/μm 不大于		
轻度装卸零件的配合表面（如挂轮、滚刀等）	公差等级	表面	公称尺寸/mm		
			～50	＞50～500	
	5	轴	0.2	0.4	
		孔	0.4	0.8	
	6	轴	0.4	0.8	
		孔	0.4～0.8	0.8～1.6	
	7	轴	0.4～0.8	0.8～1.6	
		孔	0.8	1.6	
	8	轴	0.8	1.6	
		孔	0.8～1.6	1.6～3.2	
过盈配合的配合表面 ①装配按机械压入法 ②装配按热处理法	公差等级	表面	公称尺寸/mm		
			～50	＞50～120	＞120～500
	5	轴	0.1～0.2	0.4	0.4
		孔	0.2～0.4	0.8	0.8
	6～7	轴	0.4	0.8	1.6
		孔	0.8	1.6	1.6
	8	轴	0.8	0.8～1.6	1.6～3.2
		孔	1.6	1.6～3.2	1.6～3.2
	—	轴	1.6		
		孔	1.6～3.2		

续表

<table>
<tr><th colspan="2">表 面 特 征</th><th colspan="6">Ra/μm 不大于</th></tr>
<tr><td rowspan="4">精密定心用配合的零件表面</td><td rowspan="2">表面</td><td colspan="6">径向圆跳动公差/μm</td></tr>
<tr><td>2.5</td><td>4</td><td>6</td><td>10</td><td>16</td><td>25</td></tr>
<tr><td></td><td colspan="6">Ra/μm 不大于</td></tr>
<tr><td>轴</td><td>0.05</td><td>0.1</td><td>0.1</td><td>0.2</td><td>0.4</td><td>0.8</td></tr>
<tr><td></td><td>孔</td><td>0.1</td><td>0.2</td><td>0.2</td><td>0.4</td><td>0.8</td><td>1.6</td></tr>
<tr><td rowspan="5">滑动轴承的配合表面</td><td rowspan="3">表面</td><td colspan="4">公差等级</td><td colspan="2" rowspan="2">液体湿摩擦条件</td></tr>
<tr><td colspan="2">6～9</td><td colspan="2">10～12</td></tr>
<tr><td colspan="6">Ra/μm 不大于</td></tr>
<tr><td>轴</td><td colspan="2">0.4～0.8</td><td colspan="2">0.8～3.2</td><td colspan="2">0.1～0.4</td></tr>
<tr><td>孔</td><td colspan="2">0.8～1.6</td><td colspan="2">1.6～3.2</td><td colspan="2">0.2～0.8</td></tr>
</table>

表 3-4　*Ra* 的数值

（μm）

基本系列	补充系列	基本系列	补充系列	基本系列	补充系列	基本系列	补充系列
	0.008						
	0.010						
0.012			0.125		1.25	12.5	
	0.016		0.160	1.60			16.0
	0.020	0.20			2.0		20
0.025			0.25		2.5	25	
	0.032		0.32	3.2			32
	0.040	0.40			4.0		40
0.050			0.50		5.0	50	
	0.063		0.63	6.3			63
	0.080	0.80			8.0		80
0.100			1.00		10.0	100	

表 3-5　*Rz* 的数值

（μm）

基本系列	补充系列	基本系列	补充系列	基本系列	补充系列	基本系列	补充系列	基本系列	补充系列	基本系列	补充系列
			0.125		1.25	12.5			125		1250
			0.160	1.60			16.0		160	1600	
		0.20			2.0		20	200			
0.025			0.25		2.5	25			250		
	0.032		0.32	3.2			32		320		
	0.040	0.40			4.0		40	400			
0.050			0.50		5.0	50			500		
	0.063		0.63	6.3			63		630		
	0.080	0.80			8.0		80	800			
0.100			1.0		10.0	100			1000		

表 3-6　RS_m 的数值

（mm）

0.006	0.100	1.60
0.012 5	0.20	3.2
0.025	0.40	6.3
0.050	0.80	1.25

表 3-7　$R_{mr}(C)$的数值　（%）

10	15	20	25	30	40	50	60	70	80	90

任务小结

图 1-2 所示顶尖套筒，ϕ60h5 外圆柱面及装顶尖的 4 号莫氏锥孔有很高的表面质量要求，但无其他特殊要求，故表面粗糙度选用参数 *Ra*，查表得参数值为 0.8 μm；ϕ32H7 孔是螺母的定位孔，其表面粗糙度参数也可选用 *Ra*，但配合要求次于其他两个表面，参数值选用 1.6 μm，表面粗糙度选用是合理的。

技能训练

训练 8　安全阀表面粗糙度设计

根据安全阀工作原理及阀门、阀盖的使用功能要求，说明图 1-19 所示阀门和图 1-20 所示阀盖各表面粗糙度选用的合理性。

知识梳理与总结

（1）表面粗糙度是一种波距小于 1 mm 的微观几何形状误差，它对零件的工作性能产生影响。

（2）表面粗糙度评定参数包括轮廓算术平均偏差 *Ra*、轮廓最大高度 *Rz*、轮廓单元的平均宽度 RS_m 和轮廓支承长度率 $R_{mr}(C)$。

（3）表面粗糙度轮廓的技术要求通常只给出轮廓算术平均偏差 *Ra* 及轮廓最大高度 *Rz* 值，必要时可规定轮廓的其他评定参数、表面加工纹理方向、加工方法或（和）加工余量等附加要求。

思考与练习题 3

3-1　简述表面粗糙度对零件的使用性能有何影响。

3-2　规定取样长度和评定长度的目的是什么？

3-3　ϕ60H7/f6 和ϕ60H7/h6 相比，何者应选用较小的表面粗糙度值？为什么？

项目4 光滑工件尺寸检测

教学导航

教	知识重点	光滑工件尺寸的验收原则、安全裕度和验收极限，通用计量器具的选择
	知识难点	光滑极限量规的设计原理和工作量规的设计
	推荐教学方式	任务驱动教学法
	推荐考核方式	小型设计（工作量规的设计）
学	推荐学习方法	课堂：听课+讨论+互动 课外：在加工车间环境下实践零件的一般检验方法
	必须掌握的理论知识	光滑工件尺寸的验收原则、安全裕度和验收极限，通用计量器具的选择，光滑极限量规的设计原理和工作量规的设计
	需要掌握的工作技能	能够正确选择计量器具检测光滑工件尺寸，并判断其合格性

4.1 用通用计量器具测量工件

知识分布网络

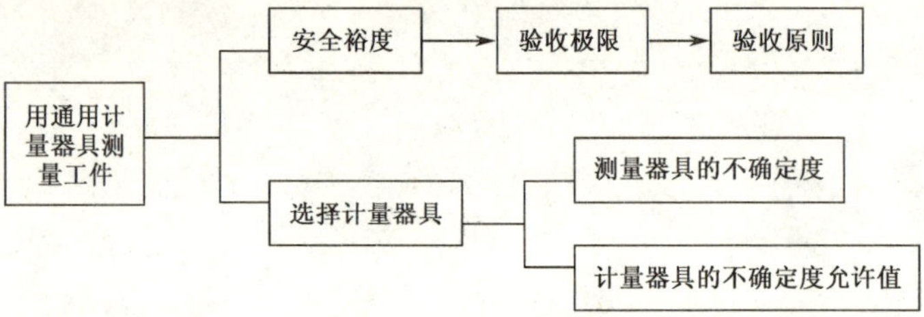

任务介绍

任务8 测量减速器输出轴ϕ45m6Ⓔ轴径（单件或小批量生产）

在各种几何量的测量中，尺寸检测是最基本的。由于被测零件的形状、大小、精度要求和使用场合的不同，采用的计量器具也不同。对于单件或小批量生产的零件，常采用通用计量器具来检测；对于大批量生产的零件，为提高检测效率，多采用量规来检验。

检验如图2-15所示的减速器输出轴ϕ45m6Ⓔ轴径(单件或小批量生产)，需要明确以下问题。

（1）光滑工件检验时的验收原则，标准规定的安全裕度和验收极限。

（2）根据被测工件尺寸精度要求，选择满足测量精度要求且测量方便易行、成本经济的通用计量器具。

相关知识

4.1.1 确定验收极限

在机械加工车间环境的条件下，使用通用计量器具测量零件尺寸时，通常采用两点法测量，测得的值为轴、孔的局部实际尺寸。由于计量器具存在测量误差、轴或孔的形状误差、测量条件偏离标准规定范围等原因，使测量结果偏离被测真值。因此，当测得值在工件最大、最小极限尺寸附近时，就有可能将本来处在公差带之内的合格品判为废品（误废），或将本来在公差带之外的废品判为合格品（误收）。

为了保证足够的测量精度，实现零件的互换性，必须按国家标准GB/T 3177—2009《产品几何技术规范（GPS）光滑工件尺寸的检验》规定的验收原则及要求验收工件，并正确、合理地选择计量器具。

国家标准通过安全裕度来防止因测量不确定度的影响而造成工件“误收”和“误废”，即设置验收极限，以执行标准规定的“验收原则”。

（1）验收原则——所用验收方法应只接收位于规定的极限尺寸之内的工件，即允许有误废而不允许有误收。

（2）安全裕度（A）——测量不确定度的允许值。它由被测工件的尺寸公差值确定，一般取工件尺寸公差值的 10%左右，其数值如表 4-2 所示。

（3）验收极限——检验工件尺寸时判断合格与否的尺寸界限。

验收极限的确定有两种方法，如表 4-1 所示。

表 4-1　光滑工件尺寸的验收极限

方法	验收极限	说　明	适用的场合
方法 1	上验收极限=最大极限尺寸－安全裕度 A 下验收极限=最小极限尺寸+安全裕度 A	由于验收极限向工件的公差之内移动，为了保证验收时合格，在生产时工件不能按原有的极限尺寸加工，应按由验收极限所确定的范围生产，这个范围称为“生产公差”，如图 4-1 所示	（1）符合包容要求，公差等级高的尺寸验收； （2）呈偏态分布的实际尺寸的验收，对“实际尺寸偏向边”的验收极限采用内缩一个安全裕度作为验收极限； （3）符合包容要求且工艺能力指数 $c_p \geqslant 1$ 的尺寸验收
方法 2	上验收极限=最大极限尺寸 下验收极限=最小极限尺寸	安全裕度 A 值等于零	（1）工艺能力指数≥1 的尺寸验收； （2）符合包容要求的尺寸验收，其最小实体尺寸一边的验收极限采用不内缩方式； （3）非配合尺寸和一般的尺寸验收； （4）呈偏态分布的实际尺寸验收，对“实际尺寸非偏向边”的验收极限采用不内缩方式

注：工艺能力指数 c_p 值是工件公差值 T 与加工设备工艺能力 $c\sigma$ 的比值。c 为常数，工件尺寸遵循正态分布时 c=6；σ 为加工设备的标准偏差，$c_p = T/6\sigma$ 。

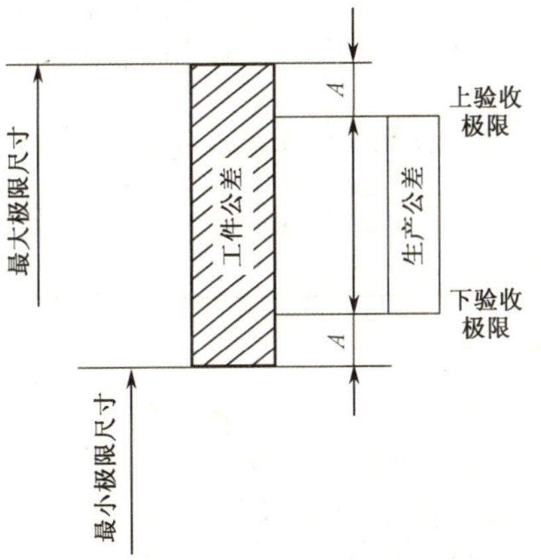

图 4-1　安全裕度和验收极限

表 4-2　安全裕度(A)与计量器具的测量不确定允许值（u_1）　（μm）

公称等级		IT 6					IT 7					IT 8					IT 9				
公称尺寸/mm		T	A	u_1			T	A	u_1			T	A	u_1			T	A	u_1		
大于	至			I	II	III			I	II	III			I	II	III			I	II	III
—	3	6	0.6	0.54	0.9	1.4	10	1.0	0.9	1.5.	2.3	14	1.4	1.3	2.1	3.2	25	2.5	2.3	3.8	5.6
3	6	8	0.8	0.72	1.2	1.8	12	1.2	1.1	1.8	2.7	18	1.8	1.6	2.7	4.1	30	3.0	2.7	4.5	6.8
6	10	9	0.9	0.81	1.4	2.0	15	1.5	1.4	2.3	3.4	22	2.2	2.0	3.3	5.0	36	3.6	3.3	5.4	8.1
10	18	11	1.1	1.0	1.7	2.5	18	1.8	1.7	2.7	4.1	27	2.7	2.4	4.1	6.1	43	4.3	3.9	6.5	9.7
18	30	13	1.3	1.2	2.0	2.9	21	2.1	1.9	3.2	4.7	33	3.3	3.0	5.0	7.4	52	5.2	4.7	7.8	12
30	50	16	1.6	1.4	2.4	3.6	25	2.5	2.3	3.8	5.6	39	3.9	3.5	5.9	8.8	62	6.2	5.6	9.3	14

续表

公称等级		IT 6					IT 7					IT 8					IT 9				
公称尺寸/mm		T	A	u_1			T	A	u_1			T	A	u_1			T	A	u_1		
大于	至			Ⅰ	Ⅱ	Ⅲ			Ⅰ	Ⅱ	Ⅲ			Ⅰ	Ⅱ	Ⅲ			Ⅰ	Ⅱ	Ⅲ
50	80	19	1.9	1.7	2.9	4.3	30	3.0	2.7	4.5	6.8	46	4.6	4.1	6.9	10	74	7.4	6.7	11	17
80	120	22	2.2	2.0	3.3	5.0	35	3.5	3.2	5.3	7.9	54	5.4	4.9	8.1	12	87	8.7	7.8	13	20
120	180	25	2.5	2.3	3.8	5.6	40	4.0	3.6	6.0	9.0	63	6.3	5.7	9.5	14	100	10	9.0	15	23
180	250	29	2.9	2.6	4.4	6.5	46	4.6	4.1	6.9	10	72	7.2	6.5	11	16	115	12	10	17	26
250	315	32	3.2	2.9	4.8	7.2	52	5.2	4.7	7.8	12	81	8.1	7.3	12	18	130	13	12	19	29
315	400	36	3.6	3.2	5.4	8.1	57	5.7	5.1	8.4	13	89	8.9	8.0	13	20	140	14	13	21	32
400	500	40	4.0	3.6	6.0	9.0	63	6.3	5.7	9.5	14	97	9.7	8.7	15	22	155	16	14	23	35

公称等级		IT 10					IT 11					IT 12				IT 13			
公称尺寸/mm		T	A	u_1			T	A	u_1			T	A	u_1		T	A	u_1	
大于	至			Ⅰ	Ⅱ	Ⅲ			Ⅰ	Ⅱ	Ⅲ			Ⅰ	Ⅱ			Ⅰ	Ⅱ
—	3	40	4.0	3.6	6.0	9.0	60	6.0	5.4	9.0	14	100	10	9.0	15	140	14	13	21
3	6	48	4.8	4.3	7.2	11	75	7.5	6.8	11	17	120	12	11	18	180	18	16	27
6	10	58	5.8	5.2	8.7	13	90	9.0	8.1	14	20	150	15	14	23	220	22	20	33
10	18	70	7.0	6.3	11	16	110	11	10	17	25	180	18	16	27	270	27	24	41
18	30	84	8.4	7.6	13	19	130	13	12	20	29	210	21	19	32	330	33	30	50
30	50	100	10	9.0	15	23	160	16	14	24	36	250	25	23	38	390	39	35	59
50	80	120	12	11	18	27	190	19	17	29	43	300	30	27	45	460	46	41	69
80	120	140	14	13	21	32	220	22	20	33	50	350	35	32	53	540	54	49	81
120	180	160	16	15	24	36	250	25	23	38	56	400	40	36	60	630	63	57	95
180	250	185	18	17	28	42	290	29	26	44	65	460	46	41	69	720	72	65	110
250	315	210	21	19	32	47	320	32	29	48	72	520	52	47	78	810	81	73	120
315	400	230	23	21	35	52	360	36	32	54	81	570	57	51	80	890	89	80	130
400	500	250	25	23	38	56	400	40	36	60	90	630	63	57	95	970	97	87	150

4.1.2 选择计量器具

计量器具的不确定度是产生“误收”、”误废“的主要因素，国家标准（GB/T 3177—2009）规定按照计量器具的不确定度允许值 u_1 选择计量器具，以保证测量结果的可靠性。

在选择计量器具时，所选择的计量器具的不确定度应小于或等于计量器具不确定度的允许值 u_1。u_1 值大小分为Ⅰ、Ⅱ、Ⅲ挡，一般情况下，优先选用Ⅰ挡，其次为Ⅱ挡、Ⅲ挡。

计量器具不确定度的允许值 u_1 见表 4-2。常用的游标卡尺、千分尺、比较仪和指示表的不确定度见表 4-3～表 4-5。

表 4-3　游标卡尺和千分尺的不确定度　　（mm）

尺寸范围		计量器具类型			
		分度值 0.01 外径千分尺	分度值 0.01 内径千分尺	分度值 0.02 游标卡尺	分度值 0.05 游标卡尺
大于	至	不确定度			
0	50	0.004	0.008	0.020	0.05
50	100	0.005			
100	150	0.006			
150	200	0.007	0.013		

续表

尺寸范围		计量器具类型			
		分度值 0.01 外径千分尺	分度值 0.01 内径千分尺	分度值 0.02 游标卡尺	分度值 0.05 游标卡尺
大于	至	不确定度			
200	250	0.008			
250	300	0.009			0.100
300	350	0.010			
350	400	0.011	0.020		
400	450	0.012			
450	500	0.013	0.025		
500	600				
600	700		0.030		0.150
700	1 000				

表 4-4　比较仪的不确定度

（mm）

尺 寸 范 围		所使用的计量器具			
		分度值为 0.000 5（相当于放大倍数 2 000 倍）的比较仪	分度值为 0.001（相当于放大倍数 1 000 倍）的比较仪	分度值为 0.002（相当于放大倍数 400 倍）的比较仪	分度值为 0.005（相当于放大倍数 250 倍）的比较仪
大于	至	不 确 定 度			
—	25	0.000 6	0.001 0	0.001 7	
25	40	0.000 7			
40	65	0.000 8	0.001 1	0.001 8	0.003 0
65	90	0.000 8			
90	115	0.000 9	0.001 2	0.001 9	
115	165	0.001 0	0.001 3		
165	215	0.001 2	0.001 4	0.002 0	
215	265	0.001 4	0.001 6	0.002 1	0.003 5
265	315	0.001 6	0.001 7	0.002 2	

表 4-5　指示表的不确定度

尺寸范围		所使用的计量器具			
		分度值为 0.01 mm 的千分表（0 级在全程范围内，1 级在 0.2 mm 内），分度值为 0.002 mm 的千分表（在 1 转范围内）	分度值为 0.001 mm、0.002 mm、0.005 mm 的千分表(1 级在全程范围内)，分度值为 0.01 mm 的百分表（0 级在任意 1 mm 内）	分度值为 0.01 mm 的百分表（0 级在全程范围内，1 级在任意 1 mm 内）	分度值为 0.01 mm 的百分表（1 级在全程范围内）
大于	至	不确定度/mm			
—	25				
25	40				
40	65	0.005			
65	90				
90	115		0.010	0.018	0.030
115	165				
165	215	0.006			
215	265				
265	315				

注意：如果没有所选的精度高的仪器，或是现场仪器的测量不确定度大于 u_1 值，可以采用比较测量法以提高现场器具的使用精度。

任务小结

检验减速器输出轴 ϕ45m6 Ⓔ轴径。

（1）此工件遵守包容要求，故应按方法 1 确定验收极限。

（2）由表 4-2 查得安全裕度 A=1.6 μm。

查表 1-1～表 1-3 知，es=0.025 mm，ei=0.009 mm。

（3）计算可得：上验收极限=45 mm+0.025 mm−0.001 6 mm=45.023 4 mm；

下验收极限=45 mm+0.009 mm+0.001 6 mm=45.010 6 mm。

（4）由表 4-2 查得测量器具不确定度的允许值 u_1=1.4 μm。

（5）由表 4-4 查得分度值为 0.001 mm 的比较仪不确定度为 0.001 1 mm，小于 0.001 4 mm，所以能满足要求。

技能训练

训练 9　测量顶尖套筒 ϕ32H7 孔（单件或小批量生产）

1．训练目的

通过训练，掌握根据零件各几何参数的公差要求及生产现场计量器具条件，正确、合理地选择通用计量器具的原则和方法。

2．训练内容

检验如图 1-2 所示的顶尖套筒 ϕ32H7 孔，确定验收极限并选择计量器具。

4.2　用光滑极限量规检验工件

知识分布网络

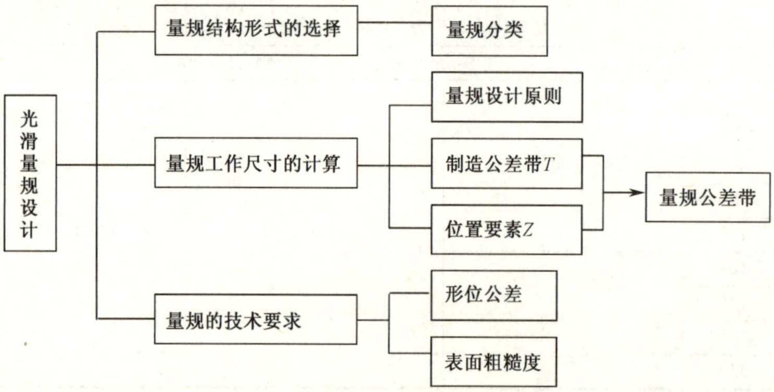

任务介绍

任务 9　测量减速器输出轴ϕ45m6Ⓔ轴径（大批量生产）

光滑极限量规是指被检验工件为光滑孔或光滑轴所用的极限量规的总称，是一种无刻度、成对使用的专用检验器具，它适用于大批量生产、遵守包容要求的轴、孔检验。

用光滑极限量规检验零件时，只能判断零件是否在规定的验收极限范围内，而不能测出零件实际尺寸和形位误差的数值。

量规结构设计简单，使用方便、可靠，检验零件的效率高。

检验如图 2-15 所示的减速器输出轴ϕ45m6Ⓔ轴径（大批量生产），需要设计与零件检验要求相适应的光滑极限量规（工作量规），要求画出量规的工作图，并标注尺寸及技术要求。

相关知识

4.2.1　光滑极限量规分类

1．按被检工件类型分类

（1）塞规——用以检验被测工件为孔的量规。

（2）卡规——用以检验被测工件为轴的量规。

量规有通规和止规，应成对使用，如图 4-2 所示。通规用来模拟最大实体边界，检验孔或轴的实际尺寸是否超越该理想边界；止规用来模拟最小实体边界，用来检验孔或轴是否超越该理想边界。

提示： 用光滑极限量规检验零件时，当通规通过被检轴或孔，同时止规不能通过被检轴或孔，则被检轴或孔合格。

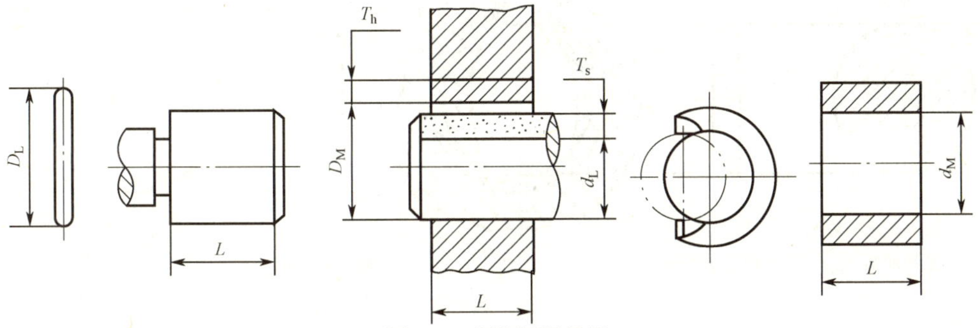

图 4-2　光滑极限量规

2．按量规用途分类

（1）工作量规——在加工工件的过程中用于检验工件的量规，由操作者使用。

（2）验收量规——验收者（检验员或购买机械产品的客户代表）用以验收工件的量规。

（3）校对量规——专门用于校对轴工件用的工作量规（卡规或环规的量规）。因为卡规和环规的工作尺寸属于孔尺寸，由于尺寸精度高，难以用一般计量器具测量，故标准规定了校对量规。校对量规又分为：

TT——在制造轴用通规时，用以校对的量规。当校对量规通过时，被校对的新的通规合格。

ZT——在制造轴用止规时，用以校对的量规。当校对量规通过时，被校对的新的止规合格。

TS——用以检验轴用旧的通规报废用的校对量规。当校对量规通过时，轴用旧的通规磨损达到或超过极限，应作报废处理。

4.2.2 光滑极限量规的设计原则——泰勒原则

泰勒原则：孔的作用尺寸应大于或等于孔的最小极限尺寸，并在任何位置上孔的最大实际尺寸应小于或等于孔的最大极限尺寸；轴的作用尺寸应小于或等于轴的最大极限尺寸，并在任何位置上轴的最小实际尺寸应大于或等于轴的最小极限尺寸。

符合泰勒原则的量规形式如下。

（1）通规用于控制零件的作用尺寸，它的测量面理论上应具有与孔或轴相对应的完整表面（即全形量规），其尺寸等于孔或轴的最大实体尺寸，且量规的长度等于配合长度。

（2）止规用于控制零件的实际尺寸，它的测量面理论上应为点状的（即不全形量规），其尺寸等于孔或轴的最小实体尺寸，如图 4-3 所示。

（3）由于量规在制造和使用方面某些原因的影响，要求量规形式完全符合泰勒原则会有困难，有时甚至不能实现，因而不得不允许量规形式在一定条件下偏离泰勒原则。例如，为采用标准量规，通规的长度可能短于工件的配合长度，检验曲轴轴颈的通规无法用全形的环规，而用卡规代替；点状止规，检验中点接触易于磨损，往往改用小平面或球面来代替。

（4）当量规形式不符合泰勒原则时，有可能将不合格品判为合格品。为此，应该在保证被检验的孔、轴的形状误差（尤其是轴线的直线度、圆度）不致影响配合性质条件下，才能允许使用偏离泰勒原则的量规。

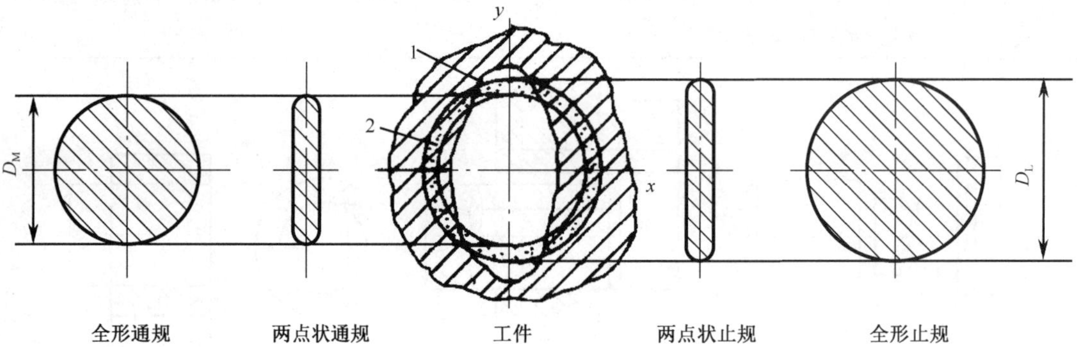

1—实际孔；2—孔公差带

图 4-3　量规形状对检验结果的影响

4.2.3 量规公差带

制造量规也会产生误差，需要规定制造公差。

工作量规“通规”通过工件会产生磨损，需要规定磨损极限；工作量规“止规”磨损少，不规定磨损极限。

1．工作量规的公差带

国家标准 GB/T 1957—2006 规定量规的公差带不得超越工件的公差带。

工作量规“止规”制造公差带从工件最小实体尺寸起，向工件的公差带内分布，如图 4-4 所示。其制造公差 T 与被检验工件的公差等级和公称尺寸有关，如表 4-6 所示。

表 4-6　光滑极限量规的制造公差 T 和通规尺寸公差带的中心到工件最大实体尺寸之间的距离 Z 值（摘自 GB/T 1957—2006）

工件公称尺寸/mm	IT6			IT7			IT8			IT9			IT10			IT11			IT12		
	IT6	T	Z	IT7	T	Z	IT8	T	Z	IT9	T	Z	IT10	T	Z	IT11	T	Z	IT12	T	Z
≤3	6	1	1	10	1.2	1.3	14	1.6	2	25	2	3	40	2.4	4	60	3	6	100	4	9
>3～6	8	1.2	1.4	12	1.4	2	18	2	2.6	30	2.4	4	48	3	5	75	4	8	120	5	11
>6～10	9	1.4	1.6	15	1.8	2.4	22	2.4	3.2	36	2.8	5	58	3.6	6	90	5	9	150	6	13
>10～18	11	1.6	2	18	2	2.8	27	2.8	4	43	3.4	6	70	4	8	110	6	11	180	7	15
>18～30	13	2	2.4	21	2.4	3.4	33	3.4	5	52	4	7	84	5	9	130	7	13	210	8	18
>30～50	16	2.4	2.8	25	3	4	39	4	6	62	5	8	100	6	11	160	8	16	250	10	22
>50～80	19	2.8	3.4	30	3.6	4.6	46	4.6	7	74	6	9	120	7	13	190	9	19	300	12	26
>80～120	22	3.2	3.8	35	4.2	5.4	54	5.4	8	87	7	10	140	8	8	220	10	22	350	14	30

工作量规“通规”制造公差带对称于 Z（位置要素，如表 4-6 所示）值，磨损极限与工件的最大实体尺寸重合。

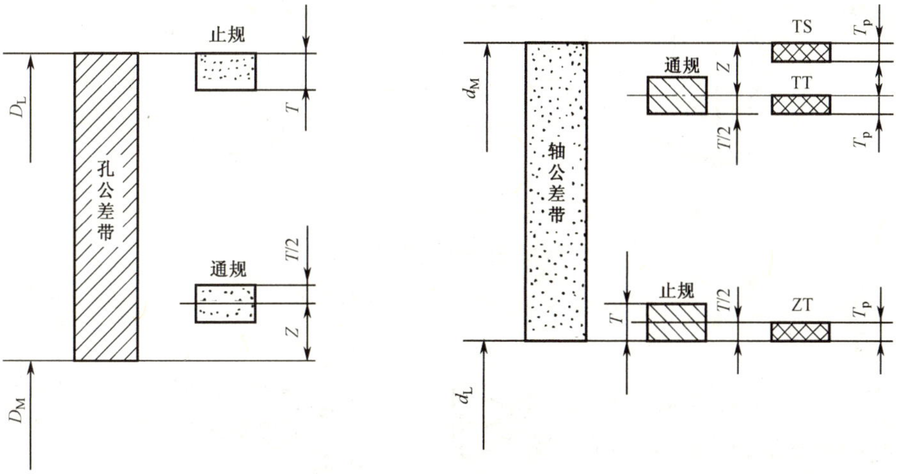

图 4-4　量规公差带分布

> **提示：** 量规的公差带全部位于被检验工件公差带内，能有效地保证产品的质量与互换性。但有时会把一些合格的工件检验成不合格品，实质上缩小了工件公差范围，提高了工件的制造精度。

2．校对量规的公差带

1）校对量规的分类

“较通-通”（TT）：检验轴用量规“通规”的校对量规。作用是防止通规尺寸过小，检验时应通过被校对的量规。

“较通-损”（TS）：检验轴用量规“通规”磨损极限的校对量规。作用是防止通规超出磨损极限尺寸，检验时若通过被校对的量规，说明已用到磨损极限。

“较止-通”（ZT）：检验轴用量规“止规” 的校对量规。作用是防止止规尺寸过小，检验时应通过被校对的量规。

2）校对量规公差带分布

TT 公差带是从通规的下偏差起向轴用量规通规公差带内分布；

TS 公差带是从通规的磨损极限起向轴用量规通规公差带内分布；

ZT 公差带是从止规的下偏差起向轴用量规止规公差带内分布。

4.2.4 工作量规设计内容

工作量规设计的主要内容如下。

1. 量规结构形式的选择

量规的结构形式可根据实际需要，选用适当的结构。常用结构形式如图 4-5 和图 4-6 所示，具体尺寸参见 GB/T 10920—2008《螺纹量规光滑极限量规 型式和尺寸》。

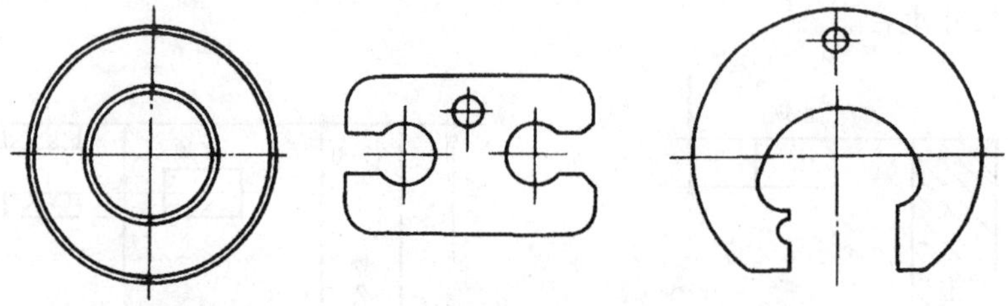

（a）环规　（b）双头卡规　（c）单头双极限卡规

图 4-5 常用轴用卡规的结构形式

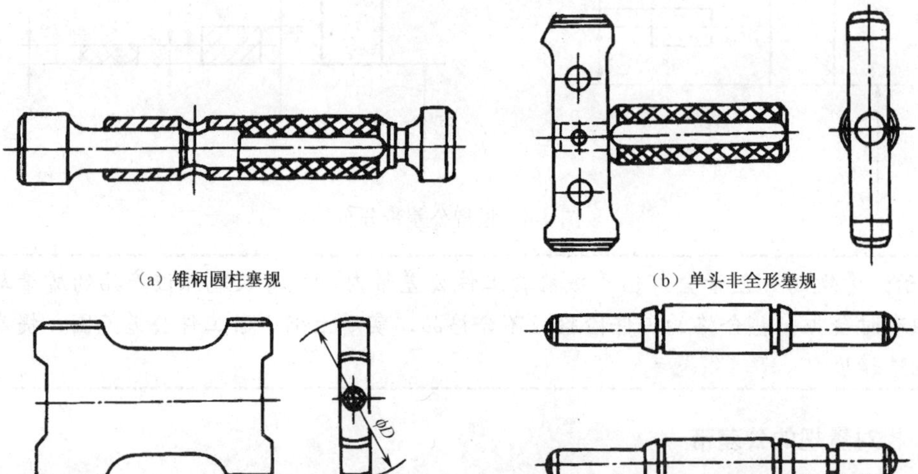

（a）锥柄圆柱塞规　（b）单头非全形塞规

（c）片形塞规　（d）球端杆规

图 4-6 常用孔用塞规的结构形式

2. 量规工作尺寸的计算

（1）从国家标准 GB/T 1800.1—2009《产品几何技术规范（GPS）极限与配合第 1 部分：公差、偏差与配合基础》中查出孔与轴的尺寸极限偏差。

（2）由表 4-6 查出量规制造公差 T 和位置要素 Z 值。按工作量规制造公差 T，确定工作量规的形状公差和校对量规的制造公差。

（3）计算各种量规的工作尺寸或极限偏差。

3. 量规的技术要求

（1）量规测量面的材料，可用渗碳钢、碳素工具钢、合金结构钢和合金工具钢等耐磨材料。量规测量面的硬度，取决于被检验零件的公称尺寸、公差等级和粗糙度，以及量规的制造工艺水平。

（2）量规的形位公差应控制在尺寸公差带内，形位公差值不大于尺寸公差的 50%，考虑到制造和测量的困难，当量规的尺寸公差小于或等于 0.002mm 时，其形位公差仍取 0.001mm。

（3）量规表面粗糙度值的大小，随上述因素和量规结构形式的变化而异，一般不低于光滑极限量规国标推荐的表面粗糙度数值。量规测量面的表面粗糙度参数 *Ra* 值按表 4-7 选取。

表 4-7 量规测量面的表面粗糙度参数 *Ra* 值

工 作 量 规	工件公称尺寸/mm		
	≤120	>120～315	>315～500
	Ra/μm		
IT6 级孔用量规	≤0.025	≤0.05	≤0.1
IT6～IT9 级轴用量规 IT7～IT9 级孔用量规	≤0.05	≤0.1	≤0.2
IT10～IT12 级孔、轴用量规	≤0.1	≤0.2	≤0.4
IT13～IT16 级孔、轴用量规	≤0.2	≤0.4	≤0.4

任务小结

检验如图 2-15 所示的减速器输出轴 ϕ45m6Ⓔ轴径（大批量生产），设计工作量规。

（1）选择量规的结构形式：单头双极限圆形片状卡规。

（2）量规工作尺寸的计算如下。

由表 4-6 查出卡规的制造公差 T=2.4 μm，位置公差 Z=2.8 μm，公差带如图 4-7 所示。

卡规通端：

$$\text{上偏差}=es-Z+\frac{T}{2}=(0.025-0.002\,8+\frac{0.002\,4}{2})\ \text{mm}=+0.023\,4\ \text{mm}$$

$$\text{下偏差}=es-Z-\frac{T}{2}=(0.025-0.002\,8-\frac{0.002\,4}{2})\ \text{mm}=+0.021\,0\ \text{mm}$$

所以，通端尺寸为 $\phi45^{+0.023\,4}_{+0.021\,0}$ mm，也可按工艺尺寸标注为 $\phi45.021\,0^{+0.002\,4}_{0}$ mm。

卡规止端：

上偏差$=ei+T=(0.009+0.002\,4)$ mm $=+0.011\,4$ mm

下偏差$=ei=+0.009$ mm

所以，止端尺寸为$\phi45^{+0.011\,4}_{+0.009}$ mm，也可按工艺尺寸标注为$\phi45.009^{+0.002\,4}_{0}$ mm。

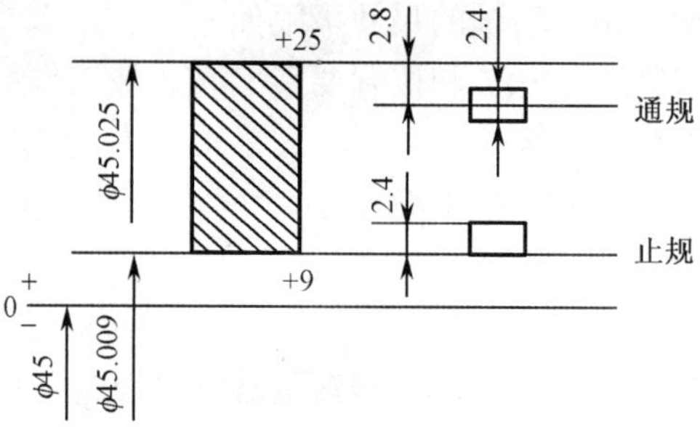

图 4-7　量规公差带图

（3）量规的技术要求如下。

- 量规应稳定处理；
- 测量面不应有任何缺陷；
- 硬度 58～65 HRC；
- 形状误差为尺寸误差的 1/2。
- 由表 4-7 查得测量面表面粗糙度参数 Ra≤0.05 μm。

技能训练

训练 10　工作量规设计

1. 目的

通过训练，掌握光滑极限量规的设计方法，学会绘制光滑极限量规工作图，并进行正确的标注。

2. 内容

对如图 1-2 所示的顶尖套筒ϕ32H7 孔进行检测，要求设计光滑极限量规（工作量规），并绘制量规工作图。

知识梳理与总结

1．用通用计量器具测量工件（GB/T 3177—2009）

通常车间使用的普通计量器具在选用时，应使所选择的计量器具不确定度不大于且接近于计量器具不确定度允许值 u_1；验收极限可采用内缩和不内缩两种方式来确定。

2．用光滑极限量规检验工件（GB/T 1957—2006）

光滑极限量规是指被检验工件为光滑孔或光滑轴所用的极限量规的总称，是一种无刻度、成对使用的专用检验器具，它适用于大批量生产、遵守包容要求的轴、孔检验。

按量规用途可分为：工作量规、验收量规和校对量规。

按被检工件类型可分为：塞规和卡规。

制造量规也会产生误差，需要规定制造公差。光滑极限量规的设计应遵循泰勒原则。

光滑极限量规的设计步骤如下。

(1) 应用公差数值表、孔轴极限偏差表查出被测工件的上下偏差。

(2) 查出工作量规的 T 和 Z 值，画出量规的公差带图。

(3) 标出所有量规的上下偏差值。

(4) 按“公差向实体内分布原则”写出量规的标注尺寸。

(5) 绘制光滑极限量规及其校对量规的工作图，标注各项技术要求。

思考与练习题 4

4-1　选择题

（1）在零件图样上标注轴为 ϕ60js7，该轴的尺寸公差为 0.030 mm，验收时安全裕度为 0.003 mm，按照内缩公差带方式确定验收极限，则该轴的上验收极限为（　　），下验收极限为（　　）。

A. 60.015 mm　　B. 60.012 mm　　C. 59.988 mm　　D. 59.985 mm

（2）光滑极限量规设计应符合（　　）。

A. 与理想要素比较原则　　B. 独立原则

C. 测量特征参数原则　　D. 包容要求

4-2　简答题

（1）为什么规定安全裕度和验收极限？

（2）对于尺寸呈现正态分布和偏态分布，其验收极限有何不同？

4-3　填表题

试计算遵守包容要求的 ϕ25H8/f7Ⓔ配合的孔、轴工作量规的极限尺寸，将计算的结果填入表 4-8 中，并画出公差带分布图。

表 4-8　题 4-3 用表

工　件	量规	量规公差 T（μm）	位置要素 Z（μm）	量规公称尺寸（mm）	量规极限尺寸（mm）	
					最大	最小
孔 ϕ25H8Ⓔ	通规					
	止规					
轴 ϕ25f7Ⓔ	通规					
	止规					

4-4　计算题

用普通计量器具测量下列孔和轴，试分别确定它们的安全裕度、验收极限以及使用的计量器具的名称和分度值。

（1）ϕ150h11　　（2）ϕ50H7　　（3）ϕ35e9　　（4）ϕ95p6

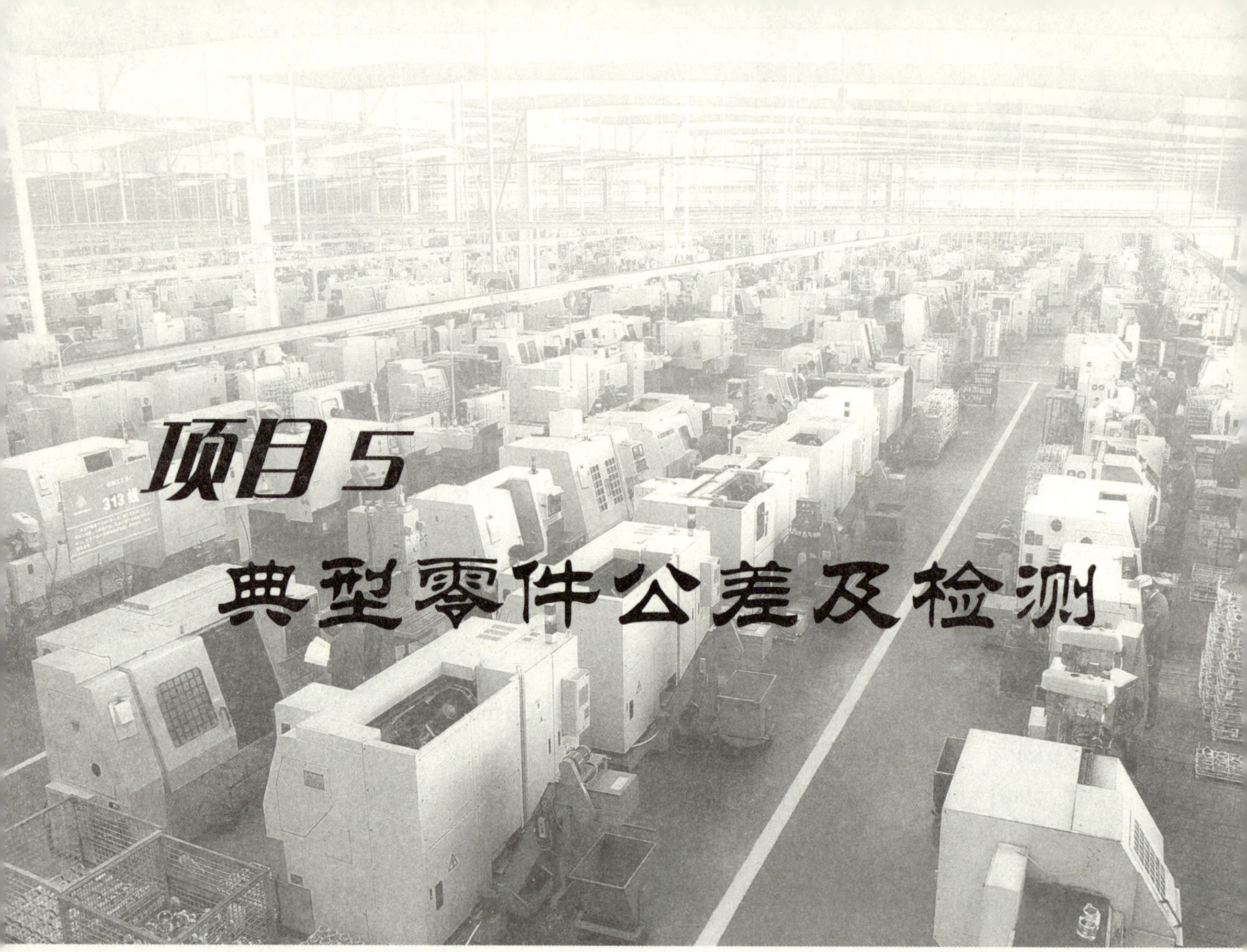

项目5 典型零件公差及检测

教学导航

教	知识重点	圆锥、螺纹、键连接、滚动轴承及直齿圆柱齿轮公差项目及术语，典型零件精度设计原则及方法
	知识难点	典型零件精度设计，包括选择配合类型、精度等级、公差项目
	推荐教学方式	任务驱动教学法
	推荐考核方式	零件精度设计
学	推荐学习方法	课堂：听课+讨论+互动 课外：通过实践，了解圆锥、螺纹、键连接、滚动轴承及直齿圆柱齿轮配合实例
	必须掌握的理论知识	圆锥、螺纹、键连接、滚动轴承及直齿圆柱齿轮公差项目及术语
	需要掌握的工作技能	能够设计典型零件的精度

5.1　圆锥公差及检测

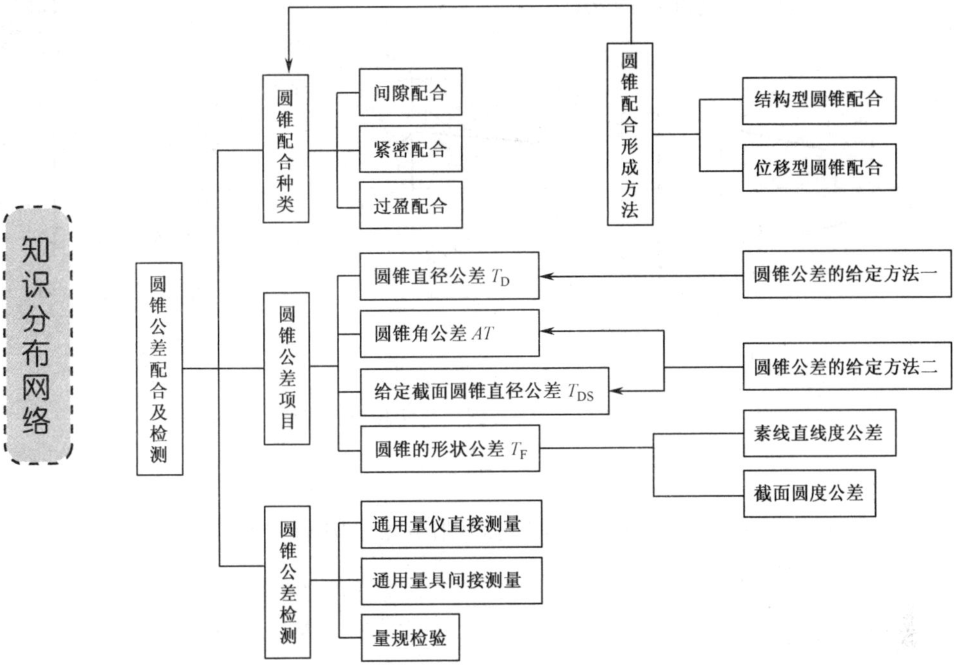

相关知识

内、外圆锥相互结合的配合结构在机械制造行业中应用很广泛。与圆柱配合相比，圆锥配合有如下优点：具有良好的对中性，拆装方便；配合的性质可以调整（间隙配合及过盈配合）；密封性和自锁性好。但圆锥结合也有缺点，即结构比较复杂，加工和检验较困难。

圆锥配合结构的标准化是保证零部件互换性不可缺少的环节。我国制定有《锥度与锥角系列》(GB/T 157—2001)、《圆锥公差》(GB/T 11334—2005)、《圆锥配合》(GB/T 12360—2005）等一系列国家标准。

5.1.1　圆锥及其配合的基本参数

1. 基本参数

圆锥分为内圆锥（圆锥孔）和外圆锥（圆锥轴）两种，其几何参数见图 5-1。

1）圆锥角

在通过圆锥轴线的截面内，两条素线之间的夹角，用符号 α 表示。

2）圆锥素线角

圆锥素线与其轴线之间的夹角，它等于圆锥角的一半，即 $\alpha/2$。

3）圆锥直径

与圆锥轴线垂直的截面内的直径，有内、外圆锥的最大直径 D_i、D_e，内、外圆锥的最小直径 d_i、d_e，给定截面 x 处圆锥直径 d_x。

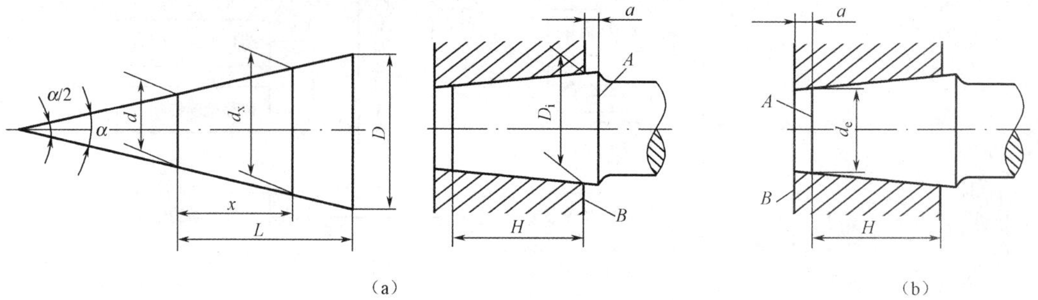

图 5-1　圆锥及配合几何参数

4）圆锥长度

圆锥的最大直径截面与最小直径截面之间的轴向距离为圆锥长度，用 L 表示，外圆锥长度为 L_e，内圆锥长度为 L_i。

5）圆锥配合长度

内、外圆锥配合面的轴向距离，用符号 H 表示。

6）锥度

锥度为两个垂直圆锥轴线截面的圆锥直径之差与该两截面之间的轴向距离之比，用符号 C 表示。如圆锥最大直径 D 和圆锥最小直经 d 之差与圆锥长度 L 之比即为锥度 C。

$$C = \frac{(D-d)}{L} = 2\tan\frac{\alpha}{2}$$

锥度常用比例或分数表示，如 C=1∶20 或 C=1/20。

7）基面距

基面距是指内、外圆锥基准平面之间的距离，用符号 a 表示。基面距用来确定内、外圆锥之间最终的轴向相对位置，基面距 a 的位置取决于所选的圆锥配合的基本直径。

圆锥配合的基本直径是指外圆锥小端直径 d_e 与内圆锥大端直径 D_i。若以外圆锥小端直径 d_e 为圆锥配合的基本直径，则基面距 a 在小端；若以内圆锥大端直径 D_i 为圆锥配合的基本直径，则基面距 a 在大端。

2．锥度与锥角

为减少加工圆锥工件所用的专用工具、量具种类和规格，满足生产需要，国家标准 GB/T 157—2001 规定了机械工程一般用途圆锥的锥度与锥角系列，适用于光滑圆锥，见表 5-1。选用时优先选用第一系列，当不能满足要求时可选用第二系列。

表 5-1　一般用途圆锥的锥度与锥角（摘自 GB/T 157—2001）

基本值		推算值			
		锥角			锥度 *C*
系列 1	系列 2	/(°)(′)(″)	/(°)	/rad	
120°		—	—	2.049 395 10	1∶0.288 675 1
90°		—	—	1.570 796 33	1∶0.500 000 0
	75°	—	—	1.308 996 94	1∶0.651 612 7
60°		—	—	1.047 197 55	1∶0.866 025 4
45°		—	—	0.785 398 16	1∶1.207 106 8
30°		—	—	0.523 598 78	1∶1.866 025 4
1∶3		18° 55′ 28.719 9″	18.924 644 42°	0.330 297 35	—
		14° 15′ 0.117 7″	14.250 032 70°	0.248 709 99	—
1∶5		11° 25′ 16.270 6″	11.421 186 27°	0.199 337 30	—
	1∶6	9° 31′ 38.220 2″	9.527 283 38°	0.166 282 46	—
	1∶7	8° 10′ 16.440 8″	8.171 233 56°	0.142 614 93	—
	1∶8	7° 9′ 9.607 5″	7.152 688 75°	0.124 837 62	—
1∶10		5° 43′ 29.317 6″	5.724 810 45°	0.099 916 79	—
	1∶12	4° 16′ 18.797 0″	4.771 888 06°	0.083 285 16	—
	1∶15	3° 49′ 5.897 5″	3.818 304 87°	0.066 641 99	—
1∶20		2° 51′ 51.092 5″	2.864 192 37°	0.049 989 59	—
1∶30		1° 54′ 34.857 0″	1.909 682 51°	0.033 330 25	—
1∶50		1° 8′ 45.158 6″	1.145 877 40°	0.019 999 33	—
1∶100		34′ 22.630 9″	0.572 953 02°	0.009 999 92	—
1∶200		17′ 11.321 9″	0.286 478 30°	0.004 999 99	—
1∶500		6′ 52.525 9″	0.144 591 52°	0.002 000 00	—

GB/T 157—2001 附录 A 中给出了特殊用途圆锥的锥度与锥角系列，摘录其中部分内容，见表 5-2。其中包括我国早已广泛使用的莫氏锥度，共有七种，从 0 号～6 号，其中，0 号尺寸最小，6 号尺寸最大。每个莫氏圆锥尺寸都不同，它们的锥度虽然都接近 1∶20，但也都不相同，所以，只有相同号的内、外莫氏圆锥才能配合。

表 5-2　部分特殊用途圆锥的锥度与锥角（摘自 GB/T 157—2001）

基本值	推算值			备注
	圆锥角 α		锥度 *C*	
11° 54′	—	—	1∶4.797 451 1	纺织工业
8° 40′	—	—	1∶6.598 441 5	纺织工业
7∶24	16° 35′ 39.444 3″	16.594 290 008°	1∶3.428 571 4	机床主轴，工具配合
6∶100	3° 26′ 12.177 6″	3.43 671 600°	—	医疗设备
1∶12.262	4° 40′ 12.151 4″	4.67 004 205°	—	贾各锥度 No2
1∶12.972	4° 24′ 52.903 9″	4.41 469 552°	—	No1
1∶15.748	3° 38′ 13.442 9″	3.63 706 747°	—	No33
1∶18.779	3° 3′ 1.207 0″	3.05 033 527°	—	No3
1∶19.264	2° 58′ 24.864 4″	2.97 357 343°	—	No6
1∶20.288	2° 49′ 24.780 2″	2.82 355 006°	—	No0
1∶19.002	3° 0′ 52.395 6″	3.01 455 434°	—	莫氏锥度 No5

续表

基本值	推算值			备注
	圆锥角 α		锥度 C	
1∶19.180	2° 59′ 11.725 8″	2.98 659 050°	—	No6
1∶19.212	2° 58′ 53.825 5″	2.98 161 820°	—	No0
1∶19.254	2° 58′ 30.421 7″	2.97 511 713°	—	No4
1∶19.922	2° 52′ 31.446 3″	2.87 540 176°	—	No3
1∶20.020	2° 51′ 40.796 0″	2.86 133 223°	—	No2
1∶20.047	2° 51′ 26.928 3″	2.85 748 008°	—	No1

提示： 图 1-2 所示顶尖套筒采用莫氏 4 号圆锥，基本圆锥角 α=2° 58′ 30.421 7″，顶尖的锥度 C=1∶19.254。

5.1.2 圆锥配合

1. 圆锥配合的种类

圆锥配合可分为三类：间隙配合、紧密配合和过盈配合。

1）间隙配合

间隙配合具有间隙，间隙大小可以调整，零件易拆开，相互配合的内、外圆锥能相对运动。例如机床顶尖、车床主轴的圆锥轴颈与滑动轴承配合等。

2）过渡配合（紧密配合）

过渡配合是指可能具有间隙，也可能具有过盈的配合。其中，要求内、外圆锥紧密接触，间隙为零或稍有过盈的配合称为紧密配合，此类配合具有良好的密封性，可以防止漏水和漏气。它用于对中定心或密封。为了保证良好的密封，对内、外圆锥的形状精度要求很高，通常将它们配对研磨，这类零件不具有互换性。

3）过盈配合

过盈配合具有自锁性，过盈量大小可调，用以传递扭矩，而且装卸方便。例如机床主轴锥孔与刀具（钻头、立铣刀等）锥柄的配合。

2. 圆锥配合的形成方法

圆锥配合的配合特征是通过相互结合的内、外圆锥规定的轴向位置来形成间隙或过盈。间隙或过盈是在垂直于圆锥表面方向起作用，但按照垂直于圆锥轴线方向给定并测量。

根据确定相互结合的内、外圆锥轴向位置方法的不同，圆锥配合有四种形成方式，可归纳为两种类型。

（1）由内、外圆锥的结构确定装配的最终位置而获得配合。这种方式可以得到间隙配合、过渡配合和过盈配合。如图 5-2 所示为由轴肩接触得到间隙配合的示例。

（2）由内、外圆锥基准平面之间的尺寸确定装配的最终位置而形成配合。这种方式可以得到间隙配合、过渡配合和过盈配合。如图 5-3 所示为由结构尺寸 a 得到过盈配合的示例。

提示： 方式（1）和（2）为结构型圆锥配合。

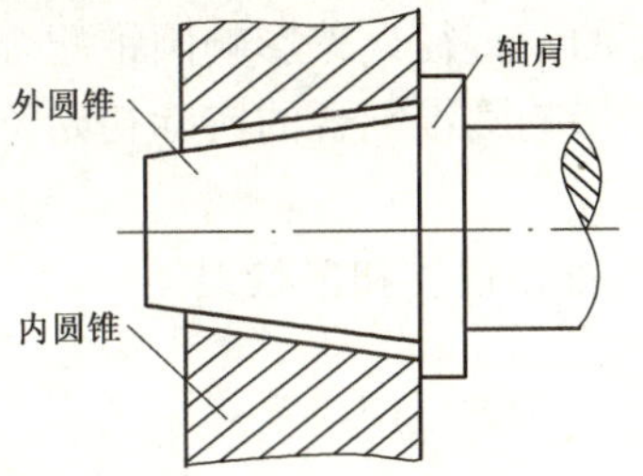

图 5-2　由轴肩接触形成间隙配合示例

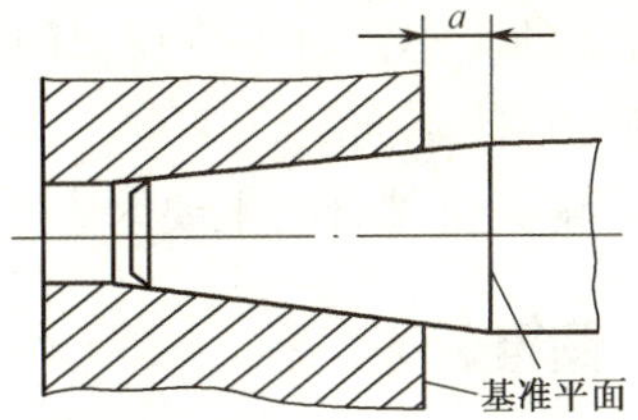

图 5-3　由结构尺寸 a 得到过盈配合示例

（3）由内、外圆锥实际初始位置 P_a 开始，作一定的相对轴向位移 E_a 而形成配合。这种方式可以得到间隙配合和过盈配合。如图 5-4 所示为间隙配合的示例。

（4）由内、外圆锥实际初始位置 P_a 开始，施加一定的装配力产生轴向位移而形成配合。这种方式只能得到过盈配合，如图 5-5 所示。

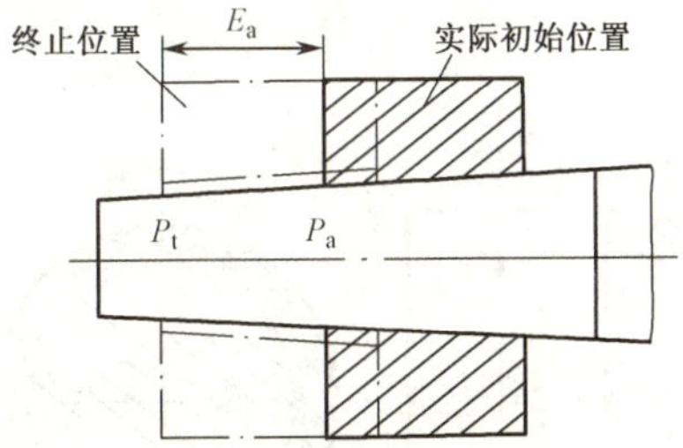

图 5-4　作一定的相对轴向位移形成配合示例

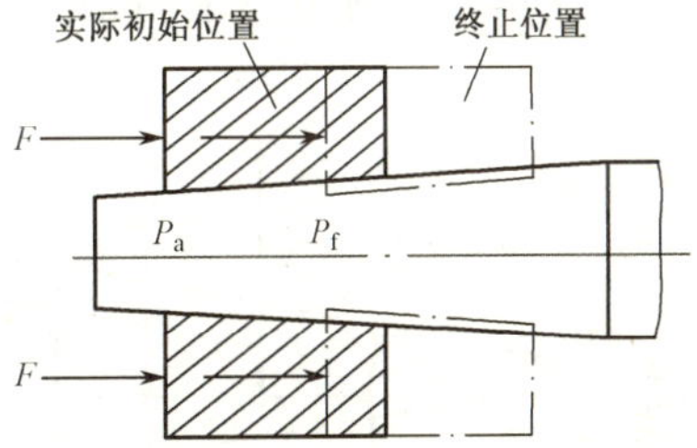

图 5-5　施加一定的装配力形成配合示例

提示：方式（3）和（4）为位移型圆锥配合。

3．圆锥配合的基本要求及误差分析

（1）圆锥配合应根据使用要求有适当的间隙或过盈。

间隙或过盈是在垂直于圆锥表面方向起作用，应按垂直于圆锥轴线方向给定并测量，但对于锥度小于或等于 1:3 的圆锥，两个方向的数值差异很小，可忽略不计。

（2）圆锥配合要求表面接触均匀。

如果表面接触不均匀，则影响圆锥结合的紧密性和配合性质。

影响圆锥配合表面接触均匀性的因素有：锥角误差和形状误差。

- 锥角误差：无论是哪种类型的圆锥配合，锥角误差都会使配合表面接触不均匀，对于位移型圆锥还影响其基面距。
- 形状误差：素线直线度误差和横截面的圆度误差，主要影响配合表面的接触精度。对于间隙配合，使其间隙大小不均匀，磨损加快，影响使用寿命；对于过盈配合，由于接触面积减小，使传递转矩减小，连接不可靠；对于紧密配合，影响其密封性。

（3）有些圆锥配合要求实际基面距在规定范围内变动。

基面距与配合长度是互补关系，若基面距过大，则配合长度减小，会使结合的稳定性和扭矩的传递受到影响；若基面距过大，则配合长度过长，会增加结合面间的磨损量。

影响基面距的因素有：直径误差和锥角误差。

➢ 直径误差：对于结构型圆锥，基面距是确定的，直径误差影响圆锥配合的实际间隙或过盈的大小。对于位移型圆锥，直径误差影响圆锥配合的实际初始位置，所以影响装配后的基面距。

总之，影响圆锥结合的主要因素是：直径误差、锥角误差和形状误差。

5.1.3 圆锥公差

国家标准给定了四项圆锥公差项目：圆锥直径公差 T_D、圆锥角公差 AT、圆锥的形状公差 T_F 以及给定截面圆锥直径公差 T_{DS}。

1．圆锥直径公差 T_D

圆锥直径公差 T_D 是指圆锥直径的允许变动量，即允许的最大极限圆锥直径 D_{max}（或 d_{max}）与最小极限圆锥直径 D_{min}（或 d_{min}）之差。圆锥直径公差带是在轴切面内最大、最小两个极限圆锥所限定的区域，如图 5-6 所示。

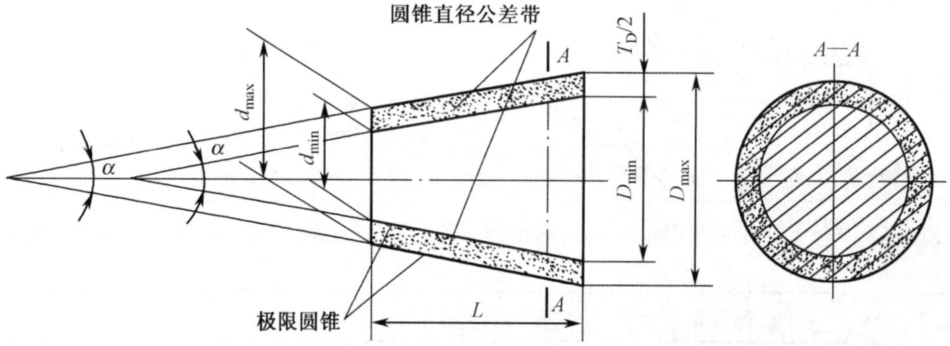

图 5-6 圆锥直径公差带

为了统一和简化公差标准，对圆锥直径公差带的标准公差和基本偏差没有专门制定标准，而是从 GB/T 1800.1—2009《产品几何技术规范（GPS）极限与配合 第 1 部分：公差、偏差和配合的基础》标准中选取，查表时以大端直径 D 为基本参数查取。

2．圆锥角公差 AT

圆锥角公差 AT 是指圆锥角允许的变动量，即最大圆锥角 α_{max} 与最小圆锥角 α_{min} 之差，其公差带如图 5-7 所示。

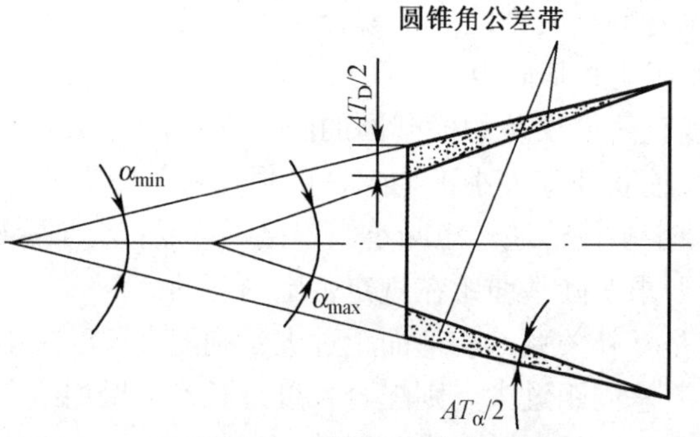

图 5-7 圆锥角公差带

1）圆锥角公差 *AT* 的表达形式

圆锥角公差 *AT* 可以用两种形式表达：当以弧度或角度为单位时用 AT_α表示，当以长度为单位时用 AT_D 表示。两者之间的关系为

$$AT_D = AT_\alpha \times L \times 10^{-3}$$

式中，AT_α单位为μrad，AT_D 单位为μm，*L* 单位为 mm。

2）圆锥角公差等级

国家标准规定，圆锥角公差 *AT* 共分 12 个公差等级，用符号 AT1,AT2,…,AT12 表示，其中 AT1 为最高公差等级，等级依次降低，ATl2 精度最低。GB/T 11334—2005《圆锥公差》规定的圆锥角公差的数值见表 5-3。常用的锥角公差等级 AT1～ATl2 的应用举例如下。

提示： 车床顶尖为中等精度锥体零件，圆锥角公差等级选用 AT8。

各级公差应用范围如下。

AT1～AT5 用于高精度的圆锥量规、角度样板等；

AT6～AT8 用于工具圆锥、传递大力矩的摩擦锥体、锥销等；

AT8～AT10 用于中等精度锥体零件；

AT11～AT12 用于低精度零件。

表 5-3　圆锥角公差数值（摘自 GB/T 11334—2005）

基本圆锥长度 *L*/mm		圆锥角公差等级								
		AT4			AT5			AT6		
		AT_α		AT_D	AT_α		AT_D	AT_α		AT_D
大于	至	(μrad)	(″)	(μm)	(μrad)	(″)	(μm)	(μrad)	(″)	(μm)
16	25	125	26	>2.0～3.2	200	41	>3.2～5.0	315	1′ 05″	>5.0～8.0
25	40	100	21	>2.5～4.0	160	33	>4.0～6.3	250	52	>6.3～10.0
40	63	80	16	>3.2～5.0	125	26	>5.0～8.0	200	41	>8.0～12.5
63	100	63	13	>4.0～6.3	100	21	>6.3～10.0	160	33	>10.0～16.0
100	160	50	10	>5.0～8.0	80	16	>8.0～12.5	125	26	>12.5～20.0

基本圆锥长度 *L*/mm		圆锥角公差等级								
		AT7			AT8			AT9		
		AT_α		AT_D	AT_α		AT_D	AT_α		AT_D
大于	至	(μrad)	(″)	(μm)	(μrad)	(″)	(μm)	(μrad)	(″)	(μm)
16	25	500	1′ 43″	>8.0～12.5	800	2′ 45″	>12.5～20.0	1250	4′ 18″	>20.0～32.0
25	40	400	1′ 22″	>10.0～16.0	630	2′ 10″	>16.0～20.5	1000	3′ 26″	>25.0～40.0
40	63	315	1′ 05″	>12.5～20.0	500	1′ 43″	>20.0～32.0	800	2′ 45″	>32.0～50.0
63	100	250	52	>16.0～25.0	400	1′ 22″	>25.0～40.0	630	2′ 10″	>40.0～63.0
100	160	200	41	>20.0～32.0	315	1′ 05″	>32.0～50.0	500	1′ 43″	>50.0～80.0

各个公差等级所对应的圆锥角公差值的大小与圆锥长度有关，由表 5-3 可以看出，圆锥角公差值随着圆锥长度的增加反而减小，这是因为圆锥长度越大，加工时其圆锥角精度越容

易保证。

为了加工和检测方便，圆锥角公差可用线性值 AT_D 或角度值 AT_α 给定，圆锥角的极限偏差可按单向取值（$\alpha^{+AT_\alpha}_{\ 0}$ 或 $\alpha^{\ 0}_{-AT_\alpha}$）或者双向对称取值（$\alpha \pm AT_D/2$）。为了保证内、外圆锥接触的均匀性，圆锥角公差带通常采用对称于基本圆锥角分布。

3）圆锥直径公差 T_D 与圆锥角公差 AT 的关系

一般情况下，当对圆锥角公差 AT 没有特殊要求时，可不必单独规定圆锥角公差，而是用圆锥直径公差 T_D 加以限制。GB/T 11334—2005 标准的附录 A 中列出了圆锥长度 L=100 mm 时圆锥直径公差 T_D 所能限制的最大圆锥角误差，实际圆锥角允许在此范围内变动。数值见表 5-4。当 $L \neq 100$ mm 时，应将表中数值×100/L，L 的单位是 mm。

表 5-4　L=100 mm 的圆锥直径公差 T_D 所限制的最大圆锥角误差 $\Delta\alpha_{max}$ (μrad)
（摘自 GB/T 11334—2005）

标准公差等级	圆锥直径/mm												
	≤3	>3~6	>6~10	>10~18	>18~30	>30~50	>50~80	>80~120	>120~180	>180~250	>250~315	>315~400	>400~500
IT4	30	40	40	50	60	70	80	100	120	140	160	180	200
IT5	40	50	60	80	90	110	130	150	180	200	230	250	270
IT6	60	80	80	110	130	160	190	220	250	290	320	360	400
IT7	100	120	150	180	210	250	300	350	400	460	520	570	630
IT8	140	180	220	270	330	390	460	540	630	720	810	890	970
IT9	250	300	360	430	520	620	740	870	1 000	1 150	1 300	1 400	1 550
IT10	400	480	580	700	840	1 000	1 200	1 400	1 300	1 850	2 100	2 300	2 500

当对圆锥角公差有更高的要求时（例如圆锥量规等），除规定其直径公差 T_D 外，还应给定圆锥角公差 AT。圆锥角的极限偏差可按单向或双向（对称或不对称）取值。

从加工角度考虑，圆锥角公差 AT 与尺寸公差 IT 相应等级的加工难度大体相当，即精度相当。

3．圆锥的形状公差 T_F

圆锥的形状公差包括圆锥素线直线度公差、倾斜度公差和圆度公差等。对于要求不高的圆锥工件，其形状误差一般也用直径公差 T_D 控制；对于要求较高的圆锥工件，应单独按要求给定形状公差 T_F，T_F 的数值按 GB/T 1184—1996《形状和位置公差》选取。

4．给定截面圆锥直径公差 T_{DS}

给定截面圆锥直径公差 T_{DS} 是指在垂直圆锥轴线的给定截面内，圆锥直径的允许变动量。其圆锥直径公差区为在给定的圆锥截面内，由两个同心圆所限定的区域，如图 5-8 所示。

一般情况不规定给定截面圆锥直径公差 T_{DS}，只有对圆锥工件有特殊要求时，才规定此项目。如阀类零件要求配合圆锥在给定截面上接触良好，以保证其密封性，这时必须同时规定圆锥直径公差 T_{DS} 以及圆锥角公差 AT。

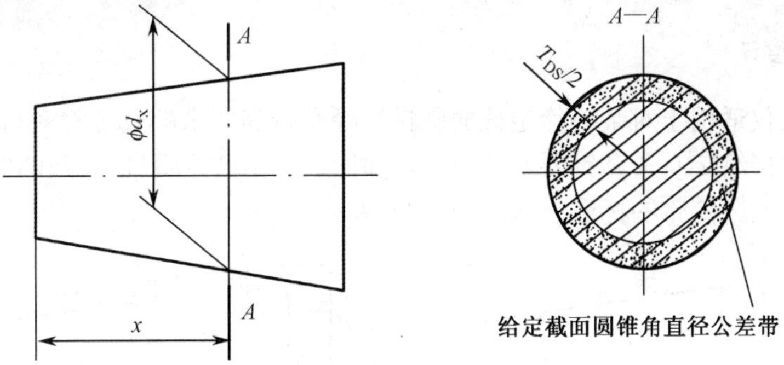

图 5-8　给定截面圆锥直径公差带

5.1.4　圆锥公差标注

国家标准 GB/T 15754—1995《技术制图　圆锥的尺寸和公差注法》规定了光滑正圆锥的尺寸和公差注法。生产中通常采用基本锥度法和公差锥度法进行标注。

1．基本锥度法

基本锥度法通常适用于有配合要求的结构型内、外圆锥。基本锥度法是表示圆锥要素尺寸与其几何特征具有相互从属关系的一种公差带的标注方法，即由两同轴圆锥面（圆锥要素的最大实体尺寸和最小实体尺寸）形成两个具有理想形状的包容面公差带。

标注方法：按面轮廓度方法标注。

如图 5-9 和图 5-10 所示，给出圆锥的理论正确圆锥角$\boxed{\alpha}$（见图 5-9）或锥度$\boxed{C}$（见图 5-10）、理论正确圆锥直径($\boxed{D}$或$\boxed{d}$)和圆锥长度 L，并标注面轮廓度公差值。

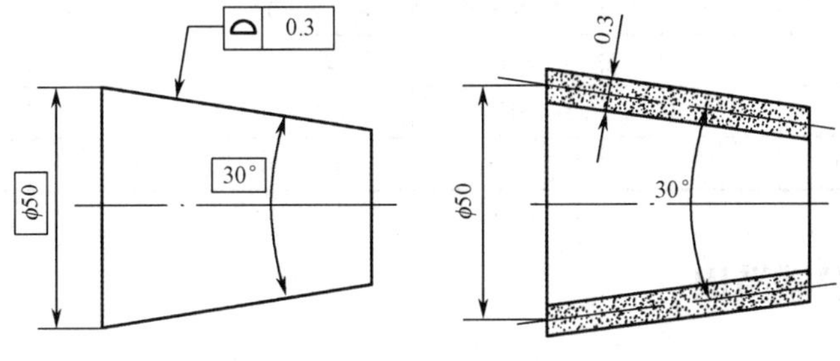

图 5-9　圆锥公差标注示例（1）

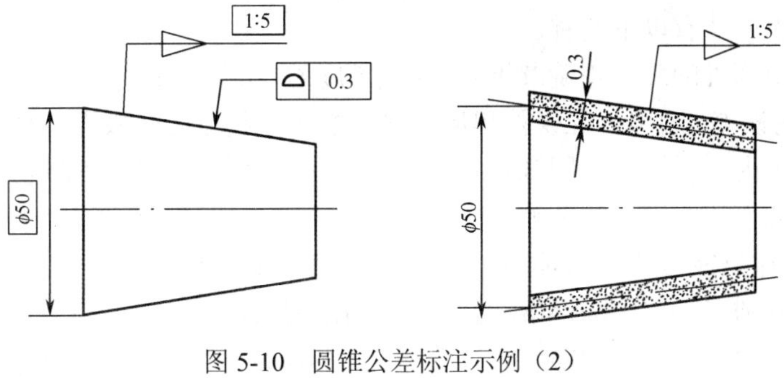

图 5-10　圆锥公差标注示例（2）

2．公差锥度法

公差锥度法仅适用于对某些给定截面圆锥直径有较高要求的圆锥和密封及非配合圆锥。公差锥度法是直接给定有关圆锥要素的公差，即同时给出圆锥直径公差和圆锥角公差，不构成两个同轴圆锥面公差带的标注方法。图 5-11 所示为其标注示例。

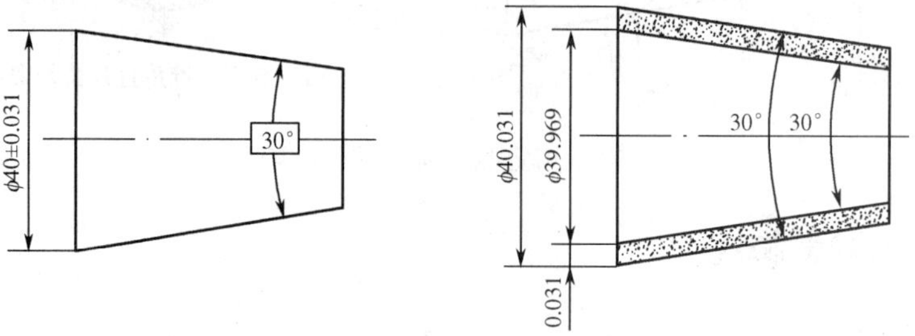

图 5-11　圆锥公差标注示例（3）

3．未注公差角度尺寸的极限偏差

国家标准 GB/T 1804—2005 对于金属切削加工件圆锥角的角度，包括在图样上标注的角度和通常不需标注的角度（如 90° 等），规定了未注公差角度的极限偏差，见表 5-5。该极限偏差值应为一般工艺方法可以保证达到的精度。未注公差角度的公差等级在图样或技术文件上用标准号和公差等级表示，例如选用粗糙级时，表示为：GB11335-c。

表 5-5　未注公差角度的极限偏差（摘自 GB/T 11335—2005）

公 差 等 级	长度分段/ mm				
	≤10	>10～50	>50～120	>120～400	>400
m（中等级）	±1°	±30′	±20′	±10′	±5′
c（粗糙级）	±1° 30′	±1°	±30′	±15′	±10′
v（最粗级）	±3°	±2°	±1°	±30′	±20′

5.1.5 圆锥公差选用

对于一个具体的圆锥工件，并不都需要给定四项公差，而是根据工件的不同要求来给公差项目。

圆锥公差给出方法有以下两种。

方法一　给出圆锥的理论正确圆锥角α（或锥度 C）和圆锥直径公差 T_D，由 T_D 确定两个极限圆锥。圆锥角误差、圆锥直径误差和形状误差都应控制在此两极限圆锥所限定的区域内，即圆锥直径公差带内。所给出的圆锥直径公差具有综合性，其实质就是包容要求。

当对圆锥角公差和圆锥形状公差有更高要求时，可再加注圆锥角公差 AT 和圆锥形状公差 T_F，但 AT 和 T_F 只能占 T_D 的一部分。这种给定方法是设计中常用的一种方法，适用于有配合要求的内、外圆锥，例如圆锥滑动轴承、钻头的锥柄等。

方法二　同时给出给定截面圆锥直径公差 T_{DS} 和圆锥角公差 AT。此时，T_{DS} 和 AT 是独立的，彼此无关，应分别满足要求，两者关系相当于独立原则。

当对形状公差有更高要求时，可再给出圆锥的形状公差。该法通常适用于对给定圆锥截面直径有较高要求的情况，如某些阀类零件中，两个相互结合的圆锥在规定截面上要求接触良好，以保证密封性。

根据圆锥使用要求的不同，选用圆锥公差。

1. 对有配合要求的内、外圆锥

按第一种公差给定方法进行圆锥精度设计，选用直径公差。

圆锥结合的精度设计，一般是在给出圆锥的基本参数后，根据圆锥结合的功能要求，通过计算、类比，选择确定直径公差带，再确定两个极限圆锥。

通常取基本圆锥的最大圆锥直径为基本尺寸，查取直径公差 T_D 的公差数值。

1）结构型圆锥

其直径误差主要影响实际配合间隙或过盈，为保证配合精度，直径公差一般不低于9级。

选用时，根据配合公差 T_{DP} 来确定内、外圆锥的直径公差 T_{Di}、T_{De}，三者存在如下关系。

$$T_{DP}=T_{Di}+T_{De}$$

对于结构型圆锥配合，推荐优先采用基孔制。

【实例 5-1】某结构型圆锥根据传递扭矩的需要，要求最大间隙 $X_{max}=0.045\text{ mm}$，最小过盈量 $X_{min}=0.010\text{ mm}$，基本直径（在大端）为25 mm，锥度 C=1∶30，试确定内、外圆锥的直径公差代号。

解：圆锥配合公差 $T_{DP}=|X_{max}-X_{min}|=|0.045-0.010|=0.035\text{ mm}$

查表1-1，得IT7=0.021 mm，IT6=0.013 mm，代入 T_{DP}=0.021+0.013=0.034<0.035，符合给定的配合公差要求。

一般孔比轴的精度低一级，且采用基孔制配合，故取内圆锥的直径公差代号为H7。

查表1-2，确定外圆锥的直径公差代号为g6。

2）位移型圆锥

主要根据对终止位置基面距的要求和对接触精度的要求来选取直径公差。如对基面有要求，公差等级一般在IT8～IT12之间选取，必要时，应通过计算来选取和校核内、外圆锥的公差带；若对基面距无严格要求，可选较低的直径公差等级；如对接触精度要求较高，可用给出圆锥角公差的办法来满足。为了计算和加工方便，GB/T 12360—2005《产品几何量技术规范（GPS）圆锥配合》推荐位移型圆锥的基本偏差用H、h或JS、js的组合。

2. 对配合面有较高接触精度要求的内、外圆锥

应按第二种给定方法进行圆锥精度设计，同时给出给定截面圆锥直径公差 T_{DS} 和圆锥角公差 AT。

3. 对非配合外圆锥

一般选用基本偏差js。

5.1.6 锥度与圆锥角的检测

锥度与圆锥角的检测方法很多，生产中常用的检测方法如下。

1．用通用量仪直接测量

对于精度要求不太高的圆锥零件，通常用万能量角器直接测量其斜角或锥角。万能量角器可测量 0°～320° 范围内的任意角度值，分度值有 2′、5′ 两种。

对于精度要求较高的圆锥零件，常用光学分度头或测角仪进行测量。光学分度头的测量范围为 0°～360°，分度值有 10″、5″、2″、1″ 等；测角仪的分度值可高达 0.1″，测量精度更高。

2．用通用量具间接测量

被测圆锥的某些线性尺寸与圆锥角具有一定的函数关系，通过测量线性尺寸的差值，然后计算出被测圆锥角的大小。如图 5-12 所示为用正弦规测量外圆锥锥角的示意图。

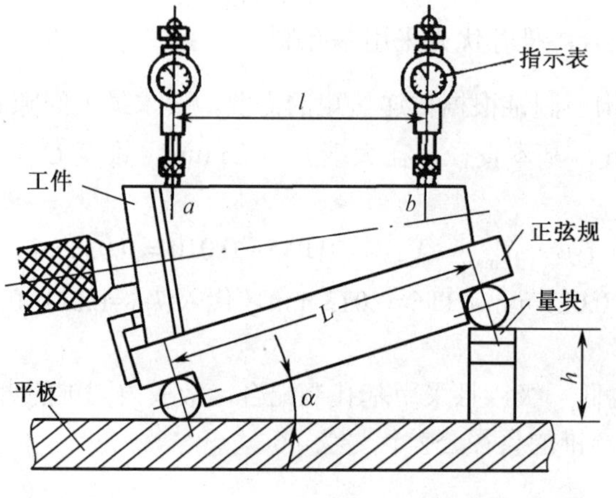

图 5-12　用正弦规测量外圆锥锥角示意图

3．用量规检验

测量圆锥还可用锥度塞规和锥度环规进行检验，检测内圆锥用锥度塞规检验，检测外圆锥用锥度环规检验，如图 5-13 所示。

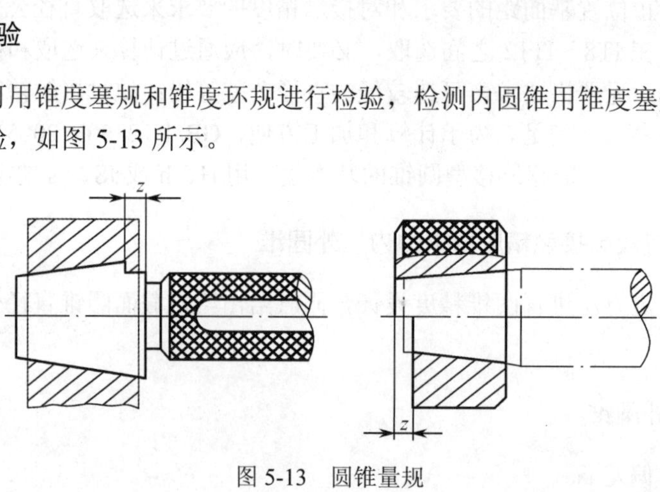

图 5-13　圆锥量规

5.1.7　角度与角度公差

1．基本概念

棱体是由两个相交平面与一定尺寸所限定的几何体。两个相交平面称为棱面，棱面的交线称为棱，如图 5-14 所示。

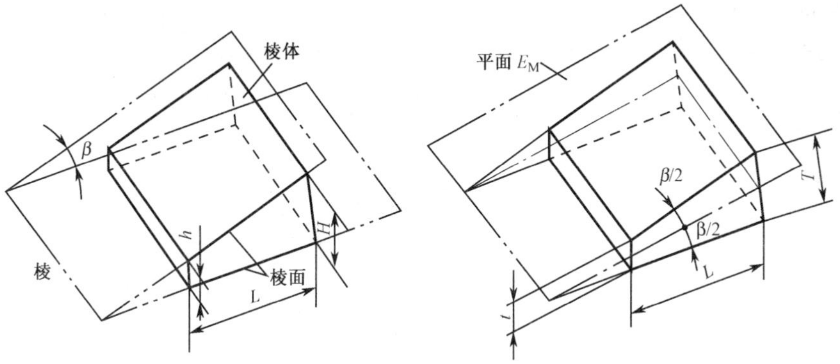

图 5-14　棱体及其几何参数

具有小角度的棱体可称为楔，具有大角度的棱体可称为 V 形体、榫或燕尾槽。

棱体的重要几何参数有：

（1）棱体角β——两相交棱面形成的二面角。

（2）棱体厚——平行于棱并垂直于棱体中心平面 E_M 的截面与两棱面交线之间的距离。常用的有最大棱体厚 T 和最小棱体厚 t。

（3）棱体高——平行于棱并垂直于一个棱面的截面与两棱面交线之间的距离。常用的有最大棱体高 H 和最小棱体高 h。

（4）斜度 S——棱体高之差与平行于棱并垂直于一个棱面的两截面之间的距离之比，即

$$S=\frac{H-h}{L}$$

斜度 S 与棱体角β的关系为

$$S=\tan\beta=1:\cot\beta$$

（5）比率 C_p——棱体厚之差与平行于棱并垂直于棱体中心平面的两截面之间的距离之比，即

$$C_p=\frac{T-t}{L}$$

比率 C_p 与棱体角 β 的关系为

$$C_p=2\tan\frac{\beta}{2}=1:\frac{1}{2}\cot\frac{\beta}{2}$$

2．棱体的角度与斜度系列

GB/T 4096—2001《产品几何量技术规范（GPS）棱体的角度与斜度系列》中规定了一般用途棱体角度与斜度（见表 5-6）和特殊用途的棱体角度与比率（见表 5-7）。

表 5-6　一般用途棱体的角度与斜度（摘自 GB/T 4096—2001）

基本值			推算值		
系列 1	系列 2	S	C_p	S	β
120°	—	—	1∶0.288 675	—	—
90°	—	—	1∶0.500 000	—	—
—	75°	—	1∶0.651 613	1∶0.267 949	—
60°	—	—	1∶0.866 025	1∶0.577 350	—
45°	—	—	1∶1.207 107	1∶1.00 000	—
—	40°	—	1∶1.373 739	1∶1.191 754	—
30°	—	—	1∶1.866 025	1∶1.732 051	—
20°	—	—	1∶2.835 461	1∶2.747 477	—
15°	—	—	1∶3.797 877	1∶3.732 051	—
—	10°	—	1∶5.715 026	1∶5.671 282	—
—	8°	—	1∶7.150 333	1∶7.115 370	—
—	7°	—	1∶8.174 928	1∶8.144 346	—
—	6°	—	1∶9.540 568	1∶9.514 364	—
—	—	1∶10	—	—	5° 42′ 8″
5°	—	—	1∶11.451 883	1∶11.430 052	—
—	4°	—	1∶14.318 127	1∶14.300 666	—
—	3°	—	1∶19.094 230	1∶19.081 137	—
—	—	1∶20	—	—	2° 51′ 44.7″
—	2°		1∶28.644 982	1∶28.636 253	—
—	—	1∶50	—	—	1° 8′ 44.7″
—	1°		1∶57.294 327	1∶57.289 962	—
—	—	1∶100	—	—	0° 34′ 25.5″
—	0° 30′		1∶114.590 832	1∶114.588 650	—
—	—	1∶200	—	—	0° 17′ 11.3″
—	—	1∶500	—	—	0° 6′ 52.5″

表 5-7　特殊用途棱体的棱体角与比率（摘自 GB/T 4096—2001）

基本值	推算值	用途
棱体角 β	比率 C_p	
108°	1∶0.363 271	V 形体
72°	1∶0.688 191	V 形体
55°	1∶0.960 491	导轨
50°	1∶1.072 253	榫

一般用途的棱体角度与斜度，优先选用第一系列，当不能满足需要时，选用第二系列。特殊用途棱体的棱体角与斜度，通常只适用于表中最后一栏所指的适用范围。

3．角度公差

GB/T 11334—2005 中规定的圆锥角的公差值同样适用于棱体角，棱体角β与圆锥角α相对应。角度公差应以角度短边的尺寸作为基本圆锥长度尺寸。

5.2　螺纹公差及检测

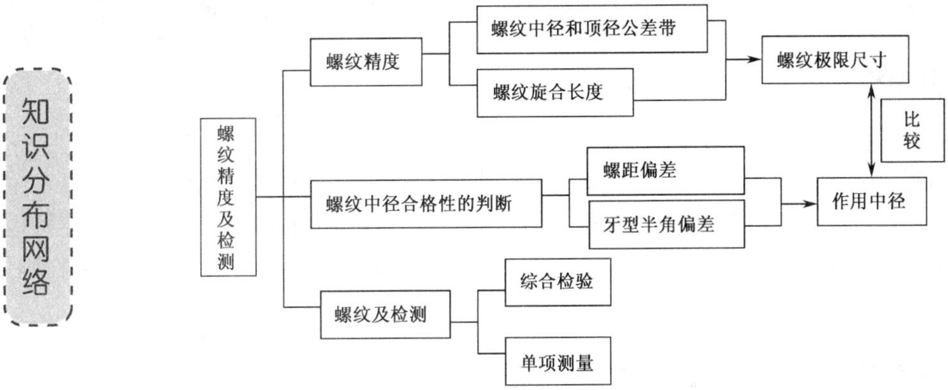

任务介绍

任务10　识读普通螺纹及梯形螺纹标注

螺纹连接是利用螺纹零件构成的可拆连接，在机器制造和仪器制造中应用十分广泛。螺纹的互换程度很高，几何参数较多，国家标准对螺纹的牙型、参数、公差与配合等都作了规定，以保证其几何精度。螺纹主要用于紧固连接、密封、传递动力和运动等。

在零件图和装配图上，各种螺纹有不同的标注形式。

（1）如图5-15所示为零件图螺纹公差标注示例。

（2）如图1-1所示车床尾座螺母零件图中，螺纹标注为 Tr18×4LH-7H。图 1-12 所示丝杠中螺纹标注为 Tr18×4LH-7h。

识读图样中的螺纹标记，应了解以下信息：螺纹的种类，螺纹大径、中径、小径的基本尺寸，以及极限偏差和极限尺寸。

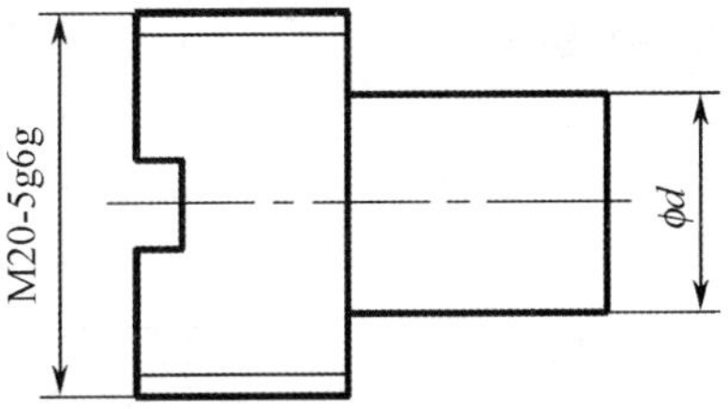

图5-15　零件图螺纹公差标注示例

相关知识

5.2.1　螺纹的种类

螺纹的种类繁多，常用螺纹按用途分为普通螺纹、传动螺纹和紧密螺纹；按牙型可分为三角形螺纹、梯形螺纹和矩形螺纹等。

1. 普通螺纹

普通螺纹通常又称为紧固螺纹，其代号为 M。

其作用是使零件相互连接或紧固成一体，并可拆卸。普通螺纹牙型是将原始三角形的顶部和底部按一定比例截取而得到的，有粗牙和细牙螺纹之分。普通螺纹类型很多，使用要求也有所不同。对于普通螺纹，如用螺栓连接减速器的箱座和箱盖，螺钉与机体连接等，对这类螺纹的要求主要是可旋合性及连接可靠性。旋合性是指相同规格的螺纹易于旋入或拧出，以便于装配或拆卸。连接可靠性是指有足够的连接强度，接触均匀，螺纹不易松脱。

2. 传动螺纹

传动螺纹的牙型常用梯形（代号为 Tr）和锯齿形（代号为 B）等。

传动螺纹用于传递动力和位移。如千斤顶的起重螺杆和摩擦压力机的传动螺杆，主要用来传递动力，同时可以使物体产生位移，但对所移位置没有严格要求，这类螺纹连接需有足够的强度。而机床进给机构中的微调丝杠、计量器具中的测微丝杠，主要用来传递精确位移，故要求传动准确。

3. 紧密螺纹

紧密螺纹又称密封螺纹，主要用于水、油、气的密封，如管道连接螺纹。这类螺纹连接应具有一定的过盈，以保证具有足够的连接强度和密封性。

5.2.2 普通螺纹基本几何参数

1. 基本牙型

按 GB/T 192—2003《普通螺纹 基本牙型》规定，普通螺纹的基本牙型见图 5-16，它是在螺纹轴剖面上，将高度为 H 的原始等边三角形的顶部截去 $H/8$ 和底部截去 $H/4$ 后形成的。内、外螺纹的大径、中径、小径和螺距等基本几何参数都在基本牙型上定义。

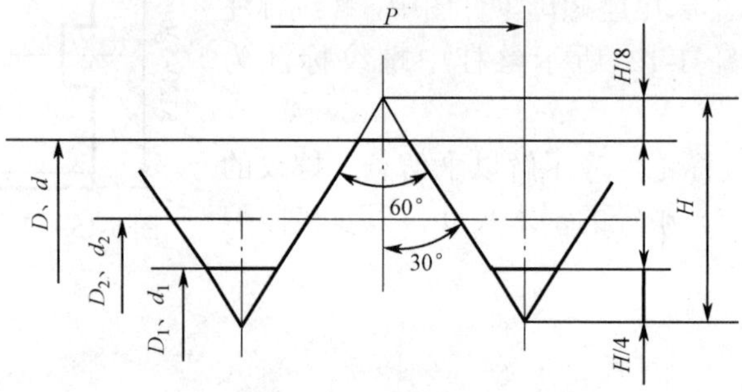

图 5-16 普通螺纹的基本牙型图

2. 几何参数

1）大径 D 或 d

大径是指与外螺纹牙顶或内螺纹牙底相重合的假想圆柱面的直径。

提示： 国家标准规定，大径的基本尺寸作为螺纹的公称直径。

2）小径 D_1 或 d_1

小径是指与外螺纹牙底或内螺纹牙顶相重合的假想圆柱面的直径。在强度计算中小径常作为螺杆危险剖面的计算直径。

提示： 外螺纹的大径和内螺纹的小径统称为顶径，外螺纹的小径和内螺纹的大径统称为底径。

3）中径 D_2 或 d_2

中径是一个假想圆柱面的直径，该圆柱面的母线位于牙体和牙槽宽度相等处，即 $H/2$ 处。

4）单一中径 D_{2a} 或 d_{2a}

单一中径是一个假想圆柱面的直径，该圆柱面的母线位于牙槽宽度等于螺距基本尺寸一半处。单一中径用三针法测得，用来表示螺纹中径的实际尺寸。

5）螺距 P 和导程 P_n

螺距是指螺纹相邻两牙在中径线上对应两点间的轴向距离；导程是指同一条螺旋线上相邻两牙在中径线上对应两点间的轴向距离。螺距和导程的关系是

$$P_n = nP$$

式中，n 是螺纹的头数或线数。

6）牙型角 α 和牙型半角 $\dfrac{\alpha}{2}$

牙型角是指螺纹牙型上相邻两侧间的夹角；牙型半角是指牙侧与螺纹轴线的垂线之间的夹角。米制普通螺纹牙型角为 60°，牙型半角为 30°。

7）原始三角形高度 H

原始三角形高度是指原始三角形顶点到底边的垂直距离。

8）螺纹旋合长度 L

螺纹旋合长度是指两个相配合螺纹沿螺纹轴线方向相互旋合部分的长度。

GB/T 196—2003《普通螺纹 基本尺寸》，规定了普通螺纹的基本尺寸，见表 5-8。

表 5-8 普通螺纹的基本尺寸（摘自 GB/T 196—2003）（mm）

大径 D，d			螺距 P	中径 D_2，d_2	小径 D_1，d_1	大径 D，d			螺距 P	中径 D_2，d_2	小径 D_1，d_1
第一系列	第二系列	第三系列				第一系列	第二系列	第三系列			
6			1	5.350	4.917	16			**2**	14.701	13.835
			0.75	5.513	5.188				1.5	15.026	14.376
			（0.5）	5.675	5.459				1	15.350	14.917
		7	1	6.350	5.917				（0.75）	15.513	15.188
			0.75	6.513	6.188				（0.5）	15.675	15.459
			0.5	6.675	6.459			17	1.5	16.026	15.376
8			**1.25**	7.188	6.647				（1）	16.350	15.917

续表

大径 D，d			螺距	中径	小径
第一系列	第二系列	第三系列	P	D_2，d_2	D_1，d_1
8			1	7.350	6.917
			0.75	7.513	7.188
			（0.5）	7.675	7.459
		9	**（1.25）**	8.188	7.647
			1	8.350	7.917
			0.75	8.513	8.188
			（0.5）	8.675	8.459
10			**1.5**	9.026	8.376
			1.25	9.188	8.647
			1	9.350	8.917
			0.75	9.513	9.188
			（0.5）	9.675	9.459
		11	**（1.5）**	10.026	9.376
			1	10.350	9.917
			0.75	10.513	10.188
			0.5	10.675	10.459
12			1.75	10.853	10.106
			1.5	11.026	10.376
			1.25	11.188	10.647
			1	11.350	10.917
			（0.75）	11.513	11.188
			（0.5）	11.675	11.459
	14		**2**	12.701	11.835
			1.5	13.026	12.376
			（1.25）	13.188	12.647
			1	13.350	12.917
			（0.75）	13.513	13.188
			（0.5）	13.675	13.459
		15	**1.5**	14.026	13.376
			（1）	14.350	13.917
	18		**2.5**	16.376	15.249
			2	16.701	15.835
			1.5	17.026	16.376
			1	17.350	16.917
			（0.75）	17.513	17.188
			（0.5）	17.675	17.459
20			**2.5**	18.376	17.249
			2	18.701	17.835
			1.5	19.026	18.376
			1	19.350	18.917
			（0.75）	19.513	19.188
			（0.5）	19.675	19.459
	22		2.5	20.376	19.249
			2	20.701	19.835
			1.5	21.026	20.376
			1	21.350	20.917
			（0.75）	21.513	21.188
			（0.5）	21.675	21.459
24			**3**	22.051	20.752
			2	22.701	21.835
			1.5	23.026	22.376
			1	23.350	22.917
			（0.75）	23.513	23.188
		25	2	23.701	22.835
			1.5	24.026	23.376
			（1）	24.350	23.917

注：（1）直径优先选用第一系列，其次是第二系列，第三系列尽可能不用。

（2）括号内的螺距尽可能不用。用黑体字表示的螺距为粗牙。

5.2.3 普通螺纹公差与配合

1. 普通螺纹的公差带

国家标准《普通螺纹 公差》GB/T 197—2003 将螺纹公差带的两个基本要素：公差带大小（公差等级）和公差带位置（基本偏差）进行标准化，组成各种螺纹公差带。

螺纹配合由内、外螺纹公差带组合而成。考虑到旋合长度对螺纹精度的影响，由螺纹公差带与螺纹旋合长度构成螺纹精度，从而形成了比较完整的螺纹公差体制。

1）螺纹公差带的大小和公差等级

国家标准规定了内、外螺纹的公差等级，其值和孔、轴公差值不同，有螺纹公差的系列和数值。普通螺纹公差带的大小由公差值确定，公差值又与螺距和公差等级有关。GB/T 197—2003

规定的普通螺纹公差等级如表 5-9 所示。各公差等级中 3 级最高，9 级最低，6 级为基本级。由于内螺纹较难加工，因此同样公差等级的内螺纹中径公差比外螺纹中径公差大 32%左右。对外螺纹的小径和内螺纹的大径不规定具体的公差数值，而只规定内、外螺纹牙底实际轮廓上的任何点均不得超越按基本偏差所确定的最大实体牙型，此外还规定了外螺纹的最小牙底半径。

另外，国标对内、外螺纹的顶径和中径规定了公差值，具体数值可查表 5-10 和表 5-11。

表 5-9　普通螺纹的公差等级

螺纹直径	公差等级	螺纹直径	公差等级
内螺纹中径 D_2	4，5，6，7，8	外螺纹中径 d_2	3，4，5，6，7，8，9
内螺纹小径 D_1	4，5，6，7，8	外螺纹小径 d_1	4，6，8

表 5-10　普通螺纹中径公差（摘自 GB/T 197—2003）

公称直径 D/mm		螺距	内螺纹中径公差 T_{D2}/μm					外螺纹中径公差 T_{d2}/μm						
>	≤	P/mm	公差等级					公差等级						
			4	5	6	7	8	3	4	5	6	7	8	9
5.6	11.2	0.5	71	90	112	140	—	42	53	67	85	106	—	—
		0.75	85	106	132	170	—	50	63	80	100	125	—	—
		1	95	118	150	190	236	56	71	90	112	140	180	224
		1.25	100	125	160	200	250	60	75	95	118	150	190	236
		1.5	112	140	180	224	280	67	85	106	132	170	212	265
11.2	22.4	0.5	75	95	118	150	—	45	56	71	90	112	—	—
		0.75	90	112	140	180	—	53	67	85	106	132	—	—
		1	100	125	160	200	250	60	75	95	118	150	190	236
		1.25	112	140	180	224	280	67	85	106	132	170	212	265
		1.5	118	150	190	236	300	71	90	112	140	180	224	280
		1.75	125	160	200	250	315	75	95	118	150	190	236	300
		2	132	170	212	265	335	80	100	125	160	200	250	315
		2.5	140	180	224	280	355	85	106	132	170	212	265	335
22.4	45	0.75	95	118	150	190	—	56	71	90	112	140	—	—
		1	106	132	170	212	—	63	80	100	125	160	200	250
		1.5	125	160	200	250	315	75	95	118	150	190	236	300
		2	140	180	224	280	355	85	106	132	170	212	265	335
		3	170	212	265	335	425	100	125	160	200	250	315	400
		3.5	180	224	280	355	450	106	132	170	212	265	335	425
		4	190	236	300	375	475	112	140	180	224	280	355	450
		4.5	200	250	315	400	500	118	150	190	236	300	375	475

表 5-11　普通螺纹基本偏差和顶径公差（摘自 GB/T 197—2003）　（μm）

螺距 P/mm	内螺纹的基本偏差 EI		外螺纹的基本偏差 es				内螺纹小径公差 T_{D1} 公差等级					外螺纹大径公差 T_d 公差等级		
	G	H	e	f	g	h	4	5	6	7	8	4	6	8
1	+26	0	−60	−40	−26	0	150	190	236	300	375	112	180	280
1.25	+28		−63	−42	−28		170	212	265	335	425	132	212	335

续表

螺距 P/mm	内螺纹的基本偏差 EI		外螺纹的基本偏差 es				内螺纹小径公差 T_{D1} 公差等级					外螺纹大径公差 T_d 公差等级		
	G	H	e	f	g	h	4	5	6	7	8	4	6	8
1.5	+32		−67	−45	−32		190	236	300	375	475	150	236	375
1.75	+34		−71	−48	−34		212	265	335	425	530	170	265	425
2	+38		−71	−52	−38		236	300	375	475	600	180	280	450
2.5	+42		−80	−58	−42		280	355	450	560	710	212	335	530
3	+48		−85	−63	−48		315	400	500	630	800	236	375	600
3.5	+53		−90	−70	−53		355	450	560	710	900	265	425	670
4	+60		−95	−75	−60		375	475	600	750	950	300	475	750

2）螺纹公差带的位置和基本偏差

普通螺纹公差带是以基本牙型为零线布置的，所以螺纹的基本牙型是计算螺纹偏差的基准。内、外螺纹的公差带相对于基本牙型的位置，与圆柱体的公差带位置一样，由基本偏差来确定。对于外螺纹，基本偏差是上偏差 es，对于内螺纹，基本偏差是下偏差 EI，则外螺纹下偏差 $ei=es-T$，内螺纹上偏差 $ES=EI+T$（T 为螺纹公差）。

国标对内螺纹的中径和小径规定了 G、H 两种公差带位置，以下偏差 EI 为基本偏差，由这两种基本偏差所决定的内螺纹的公差带均在基本牙型之上，如图 5-17 所示。

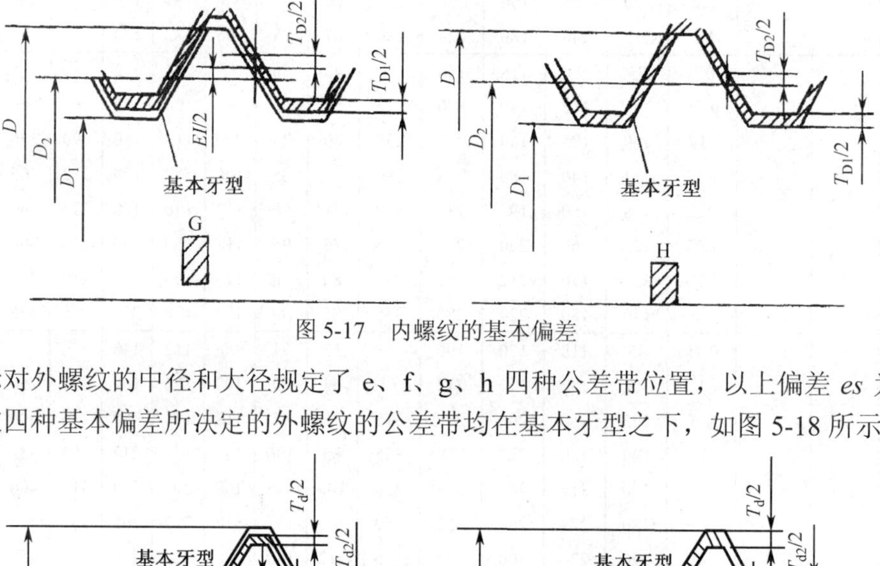

图 5-17　内螺纹的基本偏差

国标对外螺纹的中径和大径规定了 e、f、g、h 四种公差带位置，以上偏差 es 为基本偏差，由这四种基本偏差所决定的外螺纹的公差带均在基本牙型之下，如图 5-18 所示。

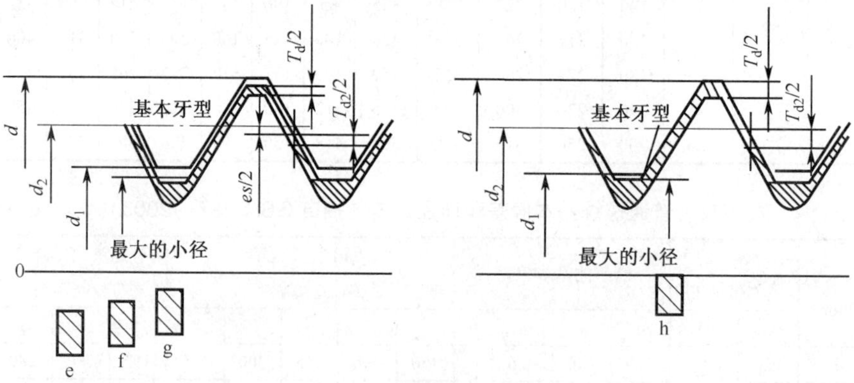

图 5-18　外螺纹的基本偏差

2．螺纹旋合长度及其配合精度

1）螺纹旋合长度

国家标准以螺纹公称直径和螺距为基本尺寸，对螺纹连接规定了三组旋合长度：短旋合长度（S）、中等旋合长度（N）和长旋合长度（L），其值可从表5-12中选取。一般情况采用中等旋合长度，其值往往取螺纹公称直径的0.5～1.5倍。

表5-12　螺纹旋合长度（摘自GB/T 197—2003）　（mm）

公称直径 D、d		螺距 P	旋合长度			
			S	N		L
>	≤		≤	>	≤	>
2.8	5.6	0.35	1	1	3	3
		0.5	1.5	1.5	4.5	4.5
		0.6	1.7	1.7	5	5
		0.7	2	2	6	6
		0.75	2.2	2.2	6.7	6.7
		0.8	2.5	2.5	7.5	7.5
5.6	11.2	0.75	2.4	2.4	7.1	7.1
		1	3	3	9	9
		1.25	4	4	12	12
		1.5	5	5	15	15
11.2	22.4	1	3.8	3.8	11	11
		1.25	4.5	4.5	13	13
		1.5	5.6	5.6	16	16
		1.75	6	6	18	18
		2	8	8	24	24
		2.5	10	10	30	30
22.4	45	1	4	4	12	12
		1.5	6.3	6.3	19	19
		2	8.5	8.5	25	25
		3	12	12	36	36
		3.5	15	15	45	45
		4	18	18	53	53
		4.5	21	21	63	63
45	90	1.5	7.5	7.5	22	22
		2	9.5	9.5	28	28
		3	15	15	45	45
		4	19	19	56	56
		5	24	24	71	71
		5.5	28	28	85	85
		6	32	32	95	95

2）配合精度

GB/T 197—2003将普通螺纹的配合精度分为精密级、中等级和粗糙级三个等级，如表5-13所示。

表 5-13 普通螺纹的选用公差带（摘自 GB/T 197—2003）

公差带位置 / 精度	G			H		
	旋合长度					
	S	N	L	S	N	L
精密				4H	4H、5H	5H、6H
中等	(5G)	(6G)	(7G)	*5H	[*6H]	*7H
粗糙		(7G)			7H	

公差带位置 / 精度	e			f			g			h		
	旋合长度											
	S	N	L	S	N	L	S	N	L	S	N	L
精密										(3h、4h)	*4h	(5h、4h)
中等		*6e			*6f		(5g、6g)	[*6g]	(7g、6g)	(5h、6h)	*6h	(7h、6h)
粗糙								8g			8h	

注：其中大量生产的精制紧固螺纹，推荐采用带方框的公差带；带“*”的公差带应优先选用，其次是不带“*”的公差带；括号内的的公差带尽量不用。

（1）精密级：用于配合性质要求稳定及保证定位精度的场合。

（2）中等级：用于一般螺纹连接，如应用在一般的机器、仪器和机构中。

（3）粗糙级：用于精度要求不高（不重要的结构）或制造较困难的螺纹（如在较深的盲孔中加工螺纹），也用于工作环境恶劣的场合。

3）配合的选用

由表 5-13 所示的内、外螺纹的公差带组合可得到多种供选用的螺纹配合，螺纹配合的选用主要根据使用要求来确定。

为了保证螺母、螺栓旋合后的同轴度及连接强度，一般选用最小间隙为零的 H/h 配合。

为了便于装拆，提高效率及改善螺纹的疲劳强度，可以选用 H/g 或 G/h 配合。

对单件、小批量生产的螺纹，可选用最小间隙为零的 H/h 配合。

对需要涂镀或在高温下工作的螺纹，通常选用 H/g、H/e 等较大间隙的配合。

5.2.4 普通螺纹、梯形螺纹和锯齿形螺纹的标记

1. 单个螺纹的标记

普通螺纹及梯形螺纹的完整标记如下。

螺纹代号-螺纹中径和顶径的公差带代号-旋合长度代号

1）螺纹代号

螺纹牙型符号　公称直径×螺距（单线时）或导程（*P* 螺距）（多线时）旋向

其中：

螺距——细牙螺纹需要标注出螺距，粗牙普通螺纹螺距省略标注。

旋向——标注中，左旋螺纹需在螺纹代号后加注“LH”。

2）公差带代号

螺纹公差带代号由表示其大小的公差等级数字和表示其位置的字母组成（内螺纹用大写字母，外螺纹用小写字母），如6H、5g等。

若螺纹的中径公差带与顶径公差带的代号不同，则用前者表示中径公差带代号，后者表示顶径公差带代号（顶径指外螺纹的大径和内螺纹的小径），分别标注，如4H5H、5h6h。

中径和顶径公差带代号两者相同时，可只标注一个代号。

提示： 梯形螺纹、锯齿形螺纹只标注中径公差带代号。

3）旋合长度代号

螺纹旋合长度是指两个相互配合的螺纹，沿螺纹轴线方向相互旋合部分的长度（螺纹端倒角不包括在内）。

普通螺纹旋合长度分短（S）、中（N）、长（L）三组，梯形螺纹分N、L两组。

当旋合长度为N时，省略标注。

4）标记示例

（1）M30×2－5g6g－S 表示公称直径为 30 mm，螺距 2 mm，中径和顶径公差带分别为5g、6g的短旋合长度的普通细牙外螺纹。

（2）M20×2LH－5H－L 表示公称直径为 20 mm，螺距 2 mm，中径和顶径公差带都为5H的长旋合长度的左旋普通细牙内螺纹。

（3）M16×P_h3P1.5 表示公称直径为 16 mm，导程为 3 mm，螺距为 1.5 mm 的普通细牙螺纹。

2．螺纹配合的标记

标注螺纹配合时，内、外螺纹的公差带代号用斜线分开，左边（分子）为内螺纹公差带代号，右边（分母）为外螺纹公差带代号。

例如，M20×2－5H/5g6g 表示公称直径为 20 mm，螺距为 2 mm，中径和顶径公差带都为5H的内螺纹与中径和顶径公差带分别为5g、6g的外螺纹旋合。

5.2.5 螺纹中径合格性的判断

1．螺纹几何参数偏差对互换性的影响

螺纹连接要实现其互换性，必须保证良好的旋合性和一定的连接强度。影响螺纹互换性的主要几何参数有五个：大径、小径、中径、螺距和牙型半角。这几个参数在加工过程中不可避免地会产生一定的加工误差，不仅会影响螺纹的旋合性、接触高度、配合松紧，还会影响连接的可靠性，从而影响螺纹的互换性。

由于螺纹旋合后主要是依靠螺牙侧面工作，如果内、外螺纹的牙侧接触不均匀，就会造成负荷分布不均，势必降低螺纹的配合均匀性和连接强度。因此对螺纹互换性影响较大的参数是中径偏差、螺距偏差和牙型半角偏差。

1）中径偏差的影响

中径偏差是指中径的实际尺寸（以单一中径体现）与基本尺寸的代数差。

就外螺纹而言，中径若比内螺纹大，必然影响旋合性；若过小，则会使牙侧间的间隙增大，连接强度降低。

2）螺距偏差的影响

螺距偏差可分为单个螺距偏差和螺距累积偏差两种。

单个螺距偏差——单个螺距的实际值与其基本值的代数差，它与旋合长度无关。

螺距累积偏差 ΔP_{Σ}——在规定的螺纹长度内，任意两同名牙侧与中径线交点间的实际轴向距离与其基本值的最大差值，它与旋合长度有关。螺距累积偏差对互换性的影响更为明显。

假设内螺纹具有基本牙型，仅与存在螺距偏差的外螺纹结合。外螺纹 N 个螺距的累积误差为 ΔP_{Σ}。内、外螺纹牙侧产生干涉而不能旋合。为防止干涉，为使具有 ΔP_{Σ} 的外螺纹旋入理想的内螺纹，就必须使外螺纹的中径减小一个数值 f_{p}。

同理，假设外螺纹具有基本牙型，与仅存在螺距偏差的内螺纹结合。设在 N 个螺牙的旋合长度内，内螺纹存在螺距累积偏差 ΔP_{Σ}。为保证旋合性，就必须将内螺纹中径增大一个数值 f_{p}。

f_{p} 就是为补偿螺距累积误差而折算到中径上的数值，称为螺距误差的中径当量。两种情况下的当量计算公式为

$$f_{\mathrm{p}} = 1.732\,|\Delta P_{\Sigma}|\,(\mathrm{mm}) \tag{5-1}$$

3）牙型半角偏差的影响

牙型半角偏差是指牙型半角的实际值对公称值的代数差，是螺纹牙侧相对于螺纹轴线的位置误差。它对螺纹的旋合性和连接强度均有影响。

外螺纹：外螺纹存在牙型半角偏差时，必须将外螺纹牙型沿垂直螺纹轴线的方向下移，从而使外螺纹的中径减小一个数值 $f_{\alpha/2}$。

内螺纹：内螺纹存在牙型半角偏差时，必须将内螺纹中径增大一个数值 $f_{\alpha/2}$。

$f_{\alpha/2}$ 称为牙型半角偏差的中径当量。计算公式为

$$f_{\alpha/2} = 0.073P\left[K_1\left|\Delta\frac{\alpha}{2}_{(左)}\right| + K_2\left|\Delta\frac{\alpha}{2}_{(右)}\right|\right](\mu\mathrm{m}) \tag{5-2}$$

式中，P 为螺距（mm），$\Delta\frac{\alpha}{2}_{(左)}$ 为左半角误差，$\Delta\frac{\alpha}{2}_{(右)}$ 为右半角误差（′），K_1、K_2 为系数，其值如表 5-14 所示。

表 5-14　K_1、K_2 系数值

	内 螺 纹		外 螺 纹	
半角误差	>0	<0	>0	<0
K_1、K_2	3	2	2	3

2．作用中径的概念

一个具有螺距误差和牙型半角误差的外螺纹，并不能与实际中径相同的内螺纹旋合，而

只能与一个中径较大的理想内螺纹旋合。

同理，一个具有螺距误差和牙型半角误差的内螺纹，只能与一个中径较小的理想外螺纹旋合。

这说明，螺纹旋合时真正起作用的尺寸已不单纯是螺纹的实际中径，而是螺纹的实际中径与螺距误差和牙型半角误差的中径补偿值所综合形成的尺寸。

这个在螺纹旋合时真正起作用的尺寸，称为螺纹的作用中径。

作用中径——在规定的旋合长度内，恰好包容实际外（内）螺纹的一个理想内（外）螺纹的中径，称为外（内）螺纹作用中径 d_{2m}（D_{2m}），可以表达为

外螺纹：
$$d_{2m} = d_{2a} + (f_p + f_{\alpha/2}) \tag{5-3}$$

内螺纹：
$$D_{2m} = D_{2a} - (f_p + f_{\alpha/2}) \tag{5-4}$$

实际中径 d_{2a}（D_{2a}）由螺纹的单一中径代替。

3．螺纹中径合格性判断原则

由于作用中径的存在以及螺纹中径公差的综合性，因此中径合格与否是衡量螺纹互换性的主要依据。判断中径的合格性应遵循泰勒原则。

实际螺纹的作用中径不允许超出最大实体牙型的中径，任何部位的单一中径不允许超出最小实体牙型的中径。用表达式表示为

外螺纹：
$$d_{2m} \leqslant d_{2max}，\quad d_{2a} \geqslant d_{2min} \tag{5-5}$$

内螺纹：
$$D_{2m} \geqslant D_{2min}，\quad D_{2a} \leqslant D_{2max} \tag{5-6}$$

5.2.6　螺纹的检测

1．综合检验

对于大批量生产、用于紧固连接的普通螺纹，只要求保证可旋合性和一定的连接强度，其螺距误差及牙型半角误差按照包容要求，可由中径公差综合控制。在对螺纹进行综合检验时，使用螺纹综合极限量规进行检验。用螺纹量规的通规检验内、外螺纹的作用中径及底径的合格性，用螺纹量规的止规检验内、外螺纹单一中径的合格性。

螺纹量规分为塞规和环规，分别用来检验内、外螺纹。

如图5-19所示为用螺纹环规和光滑极限量规检验外螺纹的图例。用卡规先检验外螺纹大径的合格性，再用螺纹环规的通规检验，如能与被检测螺纹顺利旋合，则表明该外螺纹的作用中径合格。

如图5-20所示为用螺纹塞规和光滑极限量规检验内螺纹的图例。

2．单项测量

对于具有其他精度要求和功能要求的精密螺纹，其中径、螺距和牙型半角等参数规定了不同的公差要求，常进行单项测量。

（1）用量针测量。生产中常采用“三针法”测量外螺纹的中径，具有方法简单，测量精度高的优点，应用广泛，如图5-21所示。

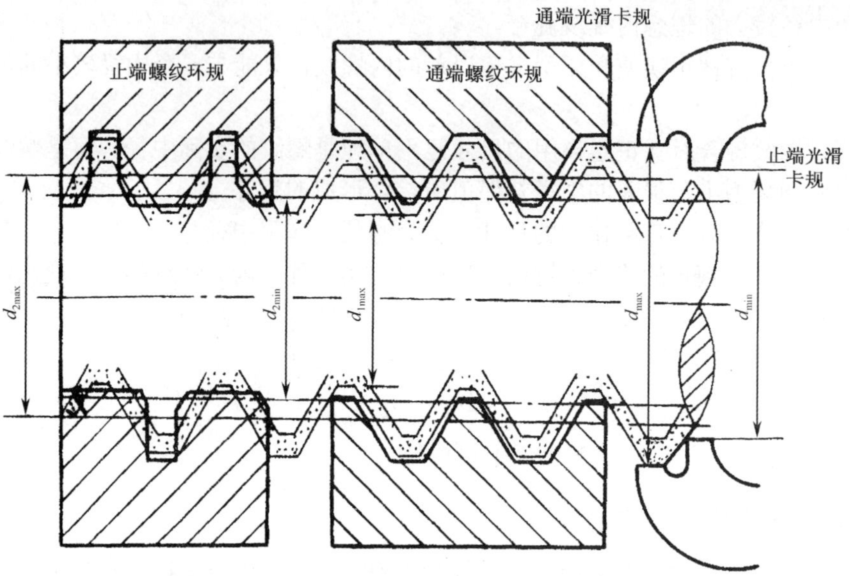

图 5-19　用螺纹环规和光滑极限量规检验外螺纹

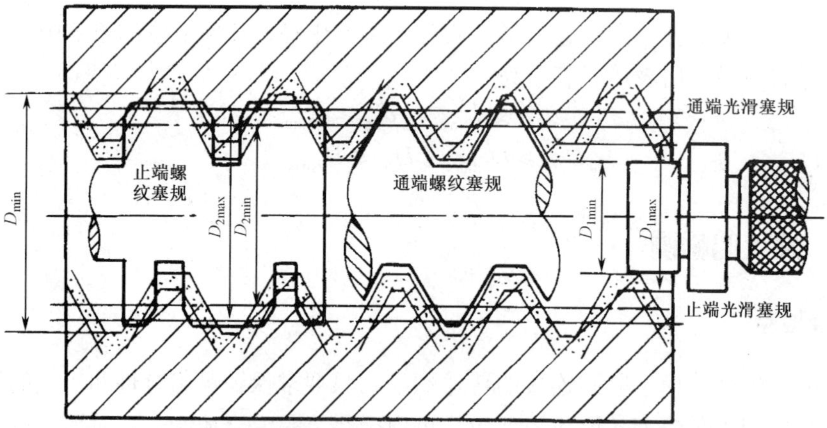

图 5-20　用螺纹塞规和光滑极限量规检验内螺纹

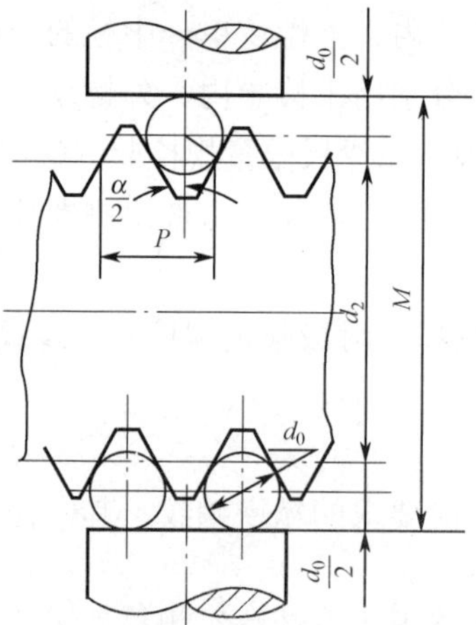

图 5-21　用三针法测量外螺纹的单一中径

（2）用万能工具显微镜进行螺纹各参数单项测量，还可用万能工具显微镜测量螺纹的各种参数。

任务小结

（1）识读图 5-15 所示零件图的螺纹标记：M20－5g6g，并求出螺纹大径、中经、小径的基本尺寸，以及极限偏差和极限尺寸。

解：M20－5g6g 表示公称直径为 20 mm，中径和顶径公差带分别为 5g、6g 的中等旋合长度的粗牙外螺纹。

由表 5-8，查螺距 $P = 2.5$ mm，大径（顶径）$d = 20$ mm，中径 $d_2 = 18.376$ mm，小径 $d_1 = 17.249$ mm。

在表 5-11 中，由螺距 2.5 mm 及外螺纹基本偏差代号 g，查出外螺纹基本偏差 $es = -42$ μm。

① 大径：

在表 5-11 中，由螺距 2.5 mm 及外螺纹大径公差等级为 6 级，查出：

大径（顶径）公差 $T_d = 335$ μm；

故大径公差带下偏差 $ei = es - T_d = (-42 - 335)$ μm $= -377$ μm；

所以大径的极限尺寸为：$d_{max} = 19.958$ mm，$d_{min} = 19.623$ mm。

② 中径：

在表 5-10 中，由公称直径为 20 mm，螺距 2.5 mm，外螺纹中径公差等级为 5 级，查出：

中径公差 $T_{d2} = 132$ μm；

故中径公差带下偏差 $ei = es - T_{d2} = (-42 - 132)$ μm $= -174$ μm；

所以中径的极限尺寸为：$d_{2max} = 18.334$ mm，$d_{2min} = 18.202$ mm。

③ 小径：

对外螺纹，小径下偏差不作要求，故小径的极限尺寸为：$d_{1max} = 17.207$ mm，d_{1min} 不超过实体牙型即可。

（2）识读图 1-1 所示车床尾座螺母零件图中螺纹标注 Tr18×4LH-7H 以及图 1-12 所示丝杠中螺纹标注 Tr18×4LH-7h。

解：Tr18×4LH-7H 表示公称直径为 18 mm，螺距为 4 mm，中径公差带为 7H 的中等旋合长度的左旋梯形内螺纹。

Tr18×4LH-7h 表示公称直径为 18 mm，螺距为 4 mm，中径公差带为 7h 的中等旋合长度的左旋梯形外螺纹。

技能训练

训练 11　车床尾座螺母及丝杠螺纹标注读解

1. 目的

（1）掌握有关螺纹公差基本术语和定义。

（2）掌握有关螺纹极限尺寸、极限偏差、公差的计算。

（3）熟悉螺纹公差与配合国家标准的基本内容，学会使用教材未引用的国家标准。

2. 内容及要求

（1）利用课外时间熟悉国家标准 GB/T 5796—2005《梯形螺纹》的内容。

（2）利用此标准，求出图 1-1 所示车床尾座螺母零件图中螺纹标注 Tr18×4LH-7H 以及图 1-12 所示丝杠中螺纹标注 Tr18×4LH-7h 的螺纹大径、中径、小径的基本尺寸，以及极限偏差和极限尺寸。

（3）分析此螺母和丝杠螺纹公差设计的合理性。

（4）在装配图中标注螺纹配合。

5.3 键连接公差及检测

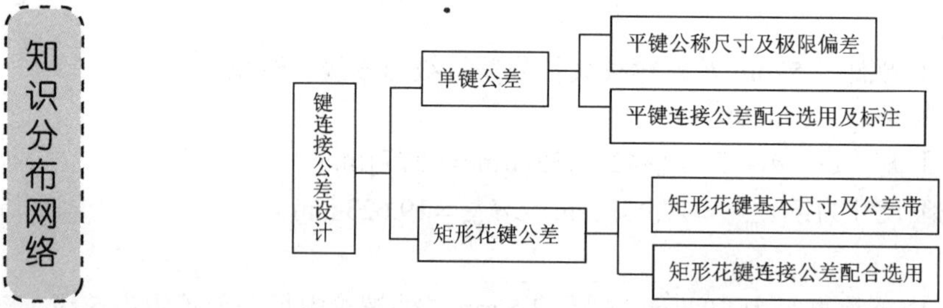

任务介绍

任务 11 设计减速器输出轴键连接公差

键连接与花键连接用于将轴与轴上传动件，如齿轮、链轮、皮带轮或联轴器等连接起来，以传递扭矩、运动或用于轴上传动件的导向。

例如，图 2-16 所示的圆柱齿轮减速器的输出轴中，ϕ56r6 和 ϕ45m6 圆柱面分别用于安装齿轮和带轮，它们都是由键连接实现的，为保证使用功能要求，必须进行公差设计。

键连接公差设计包括选择键连接的尺寸以及确定相应的配合公差。

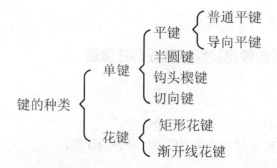

相关知识

5.3.1 键连接的种类

- 键的种类
  - 单键
    - 平键
      - 普通平键
      - 导向平键
    - 半圆键
    - 钩头楔键
    - 切向键
  - 花键
    - 矩形花键
    - 渐开线花键

任务提示： 减速器的输出轴中的键连接是平键连接。

5.3.2　平键连接几何参数

平键连接是由键、轴、轮毂三个零件组成的，通过键的侧面分别与轴槽、轮毂槽的侧面接触来传递运动和转矩，键的上表面和轮毂槽底面留有一定的间隙。因此，键和轴槽的侧面应有足够大的实际有效接触面积来承受负荷，并且键嵌入轴槽要牢固可靠，防止松动脱落。

所以，键和键槽宽 b 是决定配合性质和配合精度的主要参数，为主要配合尺寸，公差等级要求高；而键长 L、键高 h、轴槽深 t 和轮毂槽深 t_1 为非配合尺寸，其精度要求较低。

平键标记为：GB/T 1099.1 键 $b\times h\times L$。键连接的几何参数如图 5-22 所示，其参数值见表 5-15。

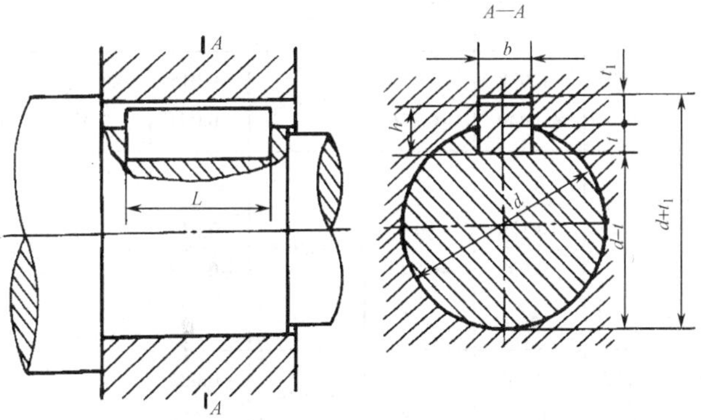

图 5-22　平键连接的几何参数

表 5-15　平键的公称尺寸和槽深的尺寸极限偏差（摘自 GB/T 1095—2003）（mm）

轴颈 基本尺寸 d	键 公称尺寸 $b\times h$	轴槽 t 公称尺寸	轴槽 t 极限偏差	轴槽 $(d-t)$ 极限偏差	轮毂槽 t_1 公称尺寸	轮毂槽 t_1 极限偏差	轮毂槽 $(d+t_1)$ 极限偏差
6～8	2×2	1.2	$^{+0.1}_{0}$	$^{0}_{-0.1}$	1	$^{+0.1}_{0}$	$^{+0.1}_{0}$
＞8～10	3×3	1.8			1.4		
＞10～12	4×4	2.5			1.8		
＞12～17	5×5	3.0			2.3		
＞17～22	6×6	3.5			2.8		
＞22～30	8×7	4.0	$^{+0.2}_{0}$	$^{0}_{-0.2}$	3.3	$^{+0.2}_{0}$	$^{+0.2}_{0}$
＞30～38	10×8	5.0			3.3		
＞38～44	12×8	5.0			3.3		
＞44～50	14×9	5.5			3.8		
＞50～58	16×10	6.0			4.3		

任务提示： 由表 5-15，查 ϕ56r6 和 ϕ45m6 轴径上的平键的公称尺寸分别为 16×10 和 14×9，$d-t$ 分别为 $50^{0}_{-0.2}$ 和 $39.5^{0}_{-0.2}$。

平键连接的剖面尺寸均已标准化，在 GB/T 1095—2003《平键：键和键槽的剖面尺寸》中作了规定，见表 5-16。

表 5-16　平键、键和键槽的剖面尺寸及公差（摘自 GB/T 1095—2003）　　（mm）

轴	键	键槽											
公称直径 *d*	公称尺寸 *b*×*h*	宽度 *b*						深度				半径 *r*	
		键宽 *b*	轴槽宽与毂槽宽的极限偏差					轴槽深 t_1		毂槽深 t_2			
			松连接		正常连接		紧密连接						
			轴 H9	毂 D10	轴 N9	毂 JS9	轴和毂 P9	公称	偏差	公称	偏差	最大	最小
≤6～8	2×2	2	+0.025 0	+0.060 +0.020	−0.004 −0.029	±0.0125	−0.006 −0.031	1.2	+0.10	1	+0.10 0	—	—
＞8～10	3×3	3						1.8		1.4		—	—
＞10～12	4×4	4	+0.030 0	+0.078 +0.030	0 −0.030	±0.015	−0.012 −0.042	2.5		1.8		—	—
＞12～17	5×5	5						3.0		2.3		—	—
＞17～22	6×6	6						3.5		2.8		—	—
＞22～30	8×7	8	+0.036 0	+0.098 +0.040	0 −0.036	±0.018	−0.015 −0.051	4.0	+0.20	3.3	+0.20 0	0.16	0.25
＞30～38	10×8	10						5.0		3.3		0.20	0.40
＞38～44	12×8	12	+0.043 0	+0.120 +0.050	0 −0.043	±0.0215	−0.018 −0.061	5.0		3.3			
＞44～50	14×9	14						5.5		3.8			
＞50～58	16×10	16						6.0		4.3			
＞58～65	18×11	18						7.0		4.4			
＞65～75	20×12	20	+0.052 0	+0.149 +0.065	0 −0.052	±0.026	−0.022 −0.074	7.5		4.9		0.40	0.60
＞75～85	22×14	22						9.0		5.4			

注：（$d-t$）和（$d+t_1$）两组合尺寸的极限偏差按相应的 t 和 t_1 的极限偏差选取。但（$d-t$）的极限偏差应取负号。

5.3.3 平键连接公差

1. 尺寸公差带

在键与键槽宽的配合中，键宽相当于广义的“轴”，键槽宽相当于广义的“孔”。

键宽同时要与轴槽宽和轮毂槽宽配合，而且配合性质又不同，由于平键是标准件，因此平键配合采用基轴制。

键的尺寸大小是根据轴的直径按表 5-15 选取的。

为保证键在轴槽上紧固，同时又便于拆装，轴槽和轮毂槽可以采用不同的公差带，使其配合的松紧不同。国家标准 GB/T 1095—2003《平键：键和键槽的剖面尺寸》对平键与键槽和轮毂槽的宽度规定了三种连接类型，即松连接、正常连接和紧密连接，对轴和轮毂的键槽宽各规定了三种公差带，见表 5-16。而国家标准 GB/T 1096—2003《普通型　平键》对键宽规定了一种公差带 h9，这样就构成三种不同性质的配合，以满足各种不同用途的需要。其配合尺寸（键与键槽宽）的公差带均从 GB/T 1801—2009《产品几何技术规范（GPS）极限与配合　公差带和配合的选择》标准中选取，键宽、键槽宽、轮毂槽宽 *b* 的公差带如图 5-23 所示。

2. 平键连接的三种配合及应用

平键连接的三种配合及应用如表 5-17 所示。

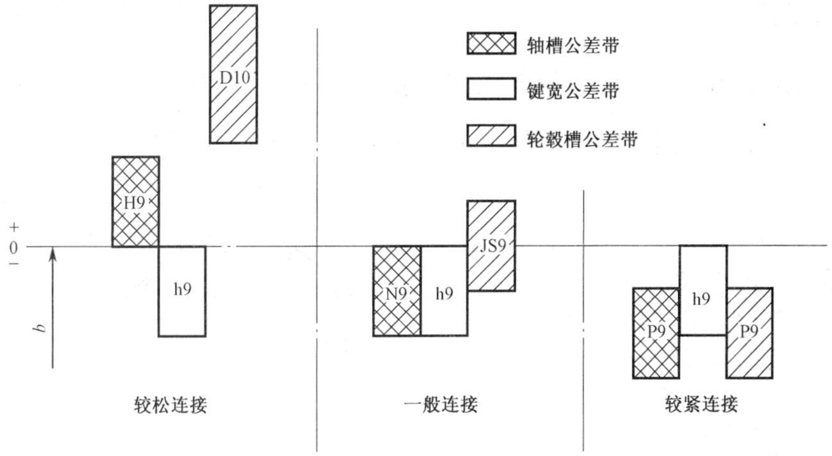

图 5-23 平键连接的配合性质

表 5-17 平键连接的三种配合及应用

配合种类	尺寸 b 的公差带			应用
	键	轴槽	轮毂槽	
较松连接	h9	H9	D10	键在轴上及轮毂中均能滑动，主要用于导向平键，轮毂可在轴上移动
一般连接		N9	JS9	键在轴槽中和轮毂槽中均固定，用于载荷不大的场合
较紧连接		P9	P9	键在轴槽中和轮毂槽中均牢固地固定，比一般键连接配合更紧。用于载荷较大、有冲击和双向传递扭矩的场合

任务提示： 由表 5-17，查键公差带为 h9，根据零件使用功能要求（键在轴槽中和轮毂槽中均固定，且载荷不大），确定配合种类为一般连接。轴槽的公差带为 N9，轮毂槽的公差带为 JS9。

由表 5-16，查两轴槽极限偏差为 $^{0}_{-0.043}$。

3. 键槽的形位公差

键与键槽配合的松紧程度不仅取决于其配合尺寸的公差带，还与配合表面的形位误差有关。同时，为保证键侧与键槽侧面之间有足够的接触面积，避免装配困难，还需规定键槽两侧面的中心平面对轴的基准轴线和轮毂键槽两侧面的中心平面对孔的基准轴线的对称度公差。根据不同的功能要求和键宽的基本尺寸 b，该对称度公差与键槽宽度公差的关系，以及与孔、轴尺寸公差的关系可以采用独立原则。

对称度公差等级可按 GB/T 1184—1996《形状和位置公差 未注公差值》一般取 7～9 级。

当键长 L 与键宽 b 之比大于或等于 8 时，应对键宽 b 的两工作侧面在长度方向上规定平行度公差，其公差值应按《形状和位置公差》的规定选取。当 $b\leqslant 6$ mm 时，平行度公差选 7 级；当 6 mm$<b<$36 mm 时，平行度公差选 6 级；当 $b\geqslant 40$ mm 时，平行度公差选 5 级。

4. 键槽的表面粗糙度

轴槽和轮毂槽两侧面的粗糙度参数 Ra 一般为 1.6～6.3 μm，槽底面的粗糙度参数 Ra 值一般为 12.5 μm。

5．轴槽的剖面尺寸、形位公差及表面粗糙度等在图样上的标注

轴槽的剖面尺寸、形位公差及表面粗糙度在图样上的标注见图 5-24。

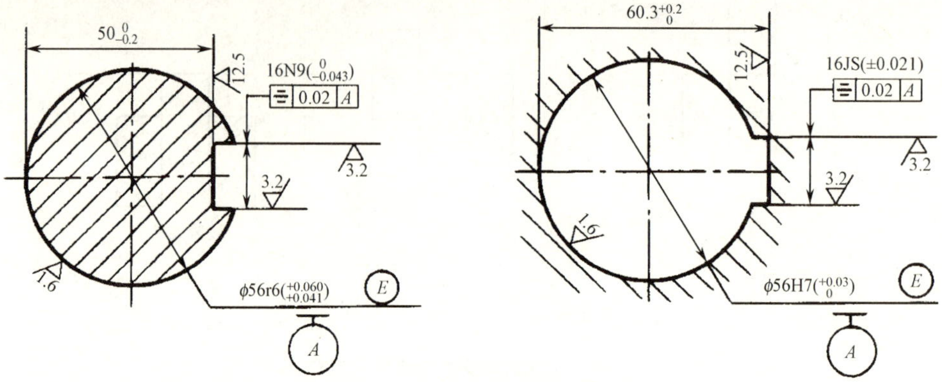

（a）轴槽　　（b）轮毂槽

图 5-24　键槽尺寸与公差标注

5.3.4　花键连接的种类

花键连接是由内花键（花键孔）和外花键（花键轴）两个零件组成的。与单键连接相比，其主要优点是导向性能好，定心精度高，承载能力强，在机械中应用广泛。花键连接可用作固定连接、滑动连接。花键按其截面形状的不同，可分为矩形花键、渐开线花键、三角形花键等几种，其中矩形花键应用最广。

5.3.5　矩形花键的主要尺寸

GB/T 1144—2001《矩形花键尺寸、公差和检验》规定了矩形花键的基本尺寸为大径 *D*、小径 *d*、键宽和键槽宽 *B*，如图 5-25 所示。键数规定为偶数，有 6、8、10 三种，以便于加工和测量。按承载能力的大小，对基本尺寸分为轻系列、中系列两种规格。同一小径的轻系列和中系列的键数相同，键宽（键槽宽）也相同，仅大径不相同。中系列的键高尺寸较大，承载能力强；轻系列的键高尺寸较小，承载能力较低。矩形花键的基本尺寸系列见表 5-18。

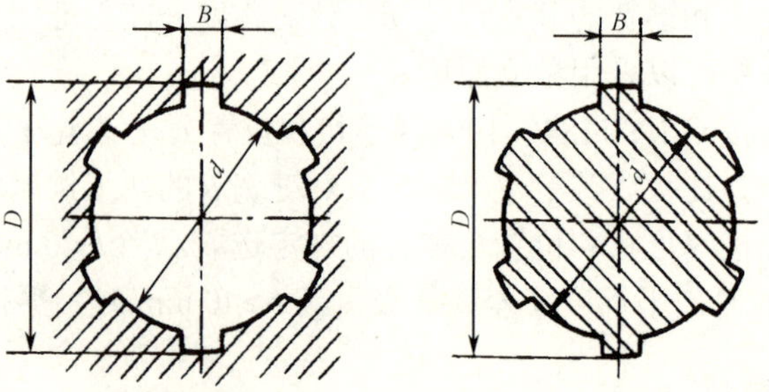

（a）内花键　　（b）外花键

图 5-25　矩形花键的主要尺寸

表 5-18　矩形花键的基本尺寸系列（摘自 GB/T 1144—2001）（mm）

小径 d	轻系列 规格 $N\times d\times D\times B$	轻系列 键数 N	轻系列 大径 D	轻系列 键宽 B	中系列 规格 $N\times d\times D\times B$	中系列 键数 N	中系列 大径 D	中系列 键宽 B
11	—	—	—	—	6×11×14×3	6	14	3
13					6×13×16×3.5		16	3.5
16					6×16×20×4		20	4
18					6×18×22×5		22	5
21					6×21×25×5		25	
23	6×23×26×6	6	26	6	6×23×28×6		28	6
26	6×26×30×6		30		6×26×32×6		32	
28	6×28×32×7		32	7	6×28×34×7		34	7
32	6×32×36×6		36	6	8×32×38×6	8	38	6
36	8×36×40×7	8	40	7	8×36×42×7		42	7
42	8×42×46×8		46	8	8×42×48×8		48	8
46	8×46×50×9		50	9	8×46×54×9		54	9
52	8×52×58×10		58	10	8×52×60×10		60	10
56	8×56×62×10		62		8×56×65×10		65	
62	8×62×68×12		68	12	8×62×72×12		72	12
72	10×72×78×12	10	78		10×72×82×12	10	82	
82	10×82×88×12		88		10×82×92×12		92	
92	10×92×98×14		98	14	10×92×102×14		102	14
102	10×102×108×16		108	16	10×102×112×16		112	16
112	10×112×120×18		120	18	10×112×125×18		125	18

5.3.6　矩形花键连接公差与配合

1. 矩形花键的尺寸公差

内、外花键定心小径、非定心大径和键宽（键槽宽）的尺寸公差带分一般用和精密传动用两类。其内、外花键的尺寸公差带见表 5-19。

为减少专用刀具和量具的数量，花键连接采用基孔制配合。

从表 5-19 可以看出：对一般用的内花键槽宽规定了两种公差带，加工后不再热处理的，公差带为 H9；加工后需要进行热处理的，为修正热处理变形，公差带为 H11；对于精密传动用内花键，当连接要求键侧配合间隙较小时，槽宽公差带选用 H7，一般情况选用 H9。

定心直径 d 的公差带，在一般情况下，内、外花键取相同的公差等级，且比相应的大径 D 和键宽 B 的公差等级都高。但在有些情况下，内花键允许与高一级的外花键配合。如公差带为 H7 的内花键可以与公差带为 f6、g6、h6 的外花键配合，公差带为 H6 的内花键可以与公差带为 f5、g5、h5 的外花键配合。而大径只有一种配合为 H10/a11。

表 5-19 矩形花键的尺寸公差带（摘自 GB/T 1144—2001）

内花键				外花键			装配形式
d	*D*	*B*		*d*	*D*	*B*	
		拉削后不热处理	拉削后热处理				
一般用							
H7	H10	H9	H11	f7	a11	d10	滑动
				g7		F9	紧滑动
				h7		H10	固定
精密传动用							
H5	H10	H7、H9		f5	a11	d8	滑动
				g5		F7	紧滑动
				h5		H8	固定
H6				f5		D8	滑动
				g6		F7	紧滑动
				h6		H8	固定

注：① 精密传动用的内花键，当需要控制键侧配合间隙时，槽宽可选用 H7，一般情况可选用 H9。
② 当内花键公差带为 H6 和 H7 时，允许与高一级的外花键配合。

2．矩形花键公差与配合的选择

1）矩形花键尺寸公差带的选择

传递扭矩大或定心精度要求高时，应选用精密传动用的尺寸公差带。否则，可选用一般用的尺寸公差带。

2）矩形花键的配合形式及其选择

内、外花键的装配形式（配合）分为滑动、紧滑动和固定三种。其中，滑动连接的间隙较大，紧滑动连接的间隙次之，固定连接的间隙最小。

当内、外花键连接只传递扭矩而无相对轴向移动时，应选用配合间隙最小的固定连接；当内、外花键连接不但要传递扭矩，还要有相对轴向移动时，应选用滑动或紧滑动连接；而当移动频繁，移动距离长时，则应选用配合间隙较大的滑动连接，以保证运动灵活，而且确保配合面间有足够的润滑油层。为保证定心精度要求，工作表面载荷分布均匀或减少反向运转所产生的空程及其冲击，对定心精度要求高，传递的扭矩大，运转中需经常反转等的连接，则应用配合间隙较小的紧滑动连接。表 5-20 列出了几种配合应用情况，可供参考。

表 5-20 矩形花键配合应用

应用	固定连接		滑动连接	
	配合	特征及应用	配合	特征及应用
精密传动用	H5/h5	紧固程度较高，可传递大扭矩	h5/g5	滑动程度较低，定心精度高，传递扭矩大
	H6/h6	传递中等扭矩	H6/f6	滑动程度中等，定心精度较高，传递中等扭矩
一般用	H7/h7	紧固程度较低，传递扭矩较小，可经常拆卸	H7/f7	移动频率高，移动长度大，定心精度要求不高

3．矩形花键的形位公差和表面粗糙度

1）矩形花键的形位公差

内、外花键加工时，不可避免地会产生形位误差。为防止装配困难，并保证键和键槽侧面接触均匀，除用包容原则控制定心表面的形状误差外，还应控制花键（或花键槽）在圆周上分布的均匀性（分度误差）。当花键较长时，还可根据产品性能要求进一步控制各个键或键槽侧面对定心表面轴线的平行度。

为保证花键（或花键槽）在圆周上分布的均匀性，应规定位置度公差，并采用相关要求。位置度的公差值见表5-21。

表5-21　矩形花键的位置度公差（摘自GB/T 1144—2001）　（mm）

键槽宽或键宽 *B*			3	3.5～6	7～10	12～18
t_1	键槽宽		0.010	0.015	0.020	0.025
	键宽	滑动、固定	0.010	0.015	0.020	0.025
		紧滑动	0.006	0.010	0.013	0.016

当单件、小批生产时，应规定键（键槽）两侧面的中心平面对定心表面轴线的对称度和花键等分公差。花键对称度公差在图样上的标注如图5-26所示，花键对称度的公差值见表5-22。

表5-22　矩形花键的对称度公差（摘自GB/T 1144—2001）　（mm）

键槽宽或键宽 *B*		3	3.5～6	7～10	12～18
t_2	一般用	0.010	0.015	0.020	0.025
	精密传动用	0.010	0.015	0.020	0.025

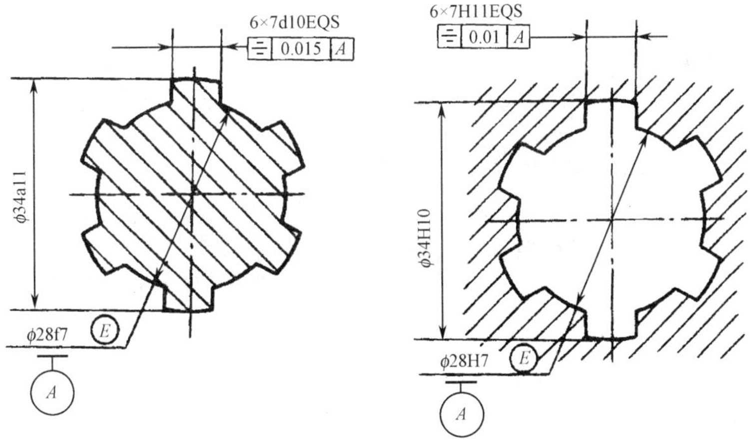

（a）外花键　（b）内花键

图5-26　花键对称度公差的标注

2）矩形花键的表面粗糙度

矩形花键的表面粗糙度参数 *Ra* 的上限值推荐见表5-23。

表 5-23　矩形花键表面粗糙度推荐值　(μm)

加工表面	内花键	外花键
	Ra 不大于	
大径	6.3	3.2
小径	0.8	0.8
键侧	3.2	0.8

4. 矩形花键的标注

矩形花键的规格按下列顺序表示：键数 N×小径 d×大径 D×键宽（键槽宽）B。

例如，矩形花键数 N 为 6，小径 d 的配合为 23H7/f7，大径 D 的配合为 28H10/a11，键宽 B 的配合为 6H11/d10 的标记如下。

花键规格　　$N\times d\times D\times B$，即 6×23×28×6

花键副　　$6\times 23\dfrac{H7}{f7}\times 28\dfrac{H10}{a11}\times 6\dfrac{H11}{d10}$（GB/T 1144—2001）

内花键　　6×23H7×28H10×6H11（GB/T 1144—2001）

外花键　　6×23f7×28a11×6d10（GB/T 1144—2001）

5.3.7　平键与花键的检测

1. 单键及其键槽的测量

键和键槽尺寸的检测比较简单，在单件、小批量生产中，键的宽度、高度和键槽宽度、深度等一般用游标卡尺、千分尺等通用计量器具来测量。

在成批量生产中可用极限量规检测，如图 5-27 所示。

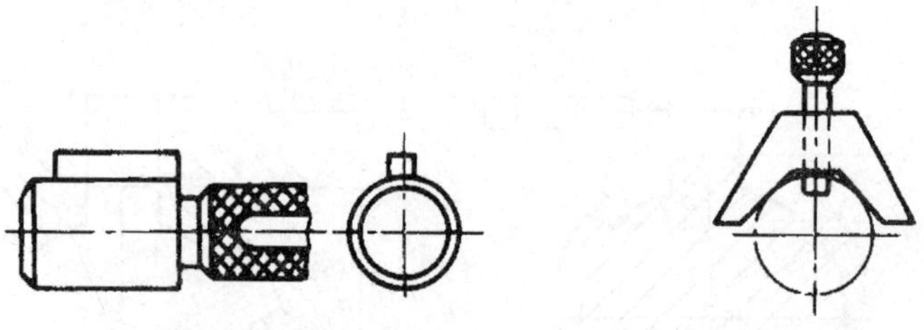

(a) 轮毂槽对称度量规　　(b) 轴槽对称度量规

图 5-27　检验键槽对称度的量规

2. 花键的测量

花键的测量分为单项测量和综合测量，也可以说对于定心小径、键宽、大径的三个参数检验，而每个参数都有尺寸、位置、表面粗糙度的检验。

1）单项测量

单项测量就是对花键的单个参数小径、键宽（键槽宽）、大径等尺寸、位置、表面粗糙度的检验。单项测量的目的是控制各单项参数小径、键宽（键槽宽）、大径等的精度。在单件、小批量生产时，花键的单项测量通常用千分尺等通用计量器具来测量。在成批量生产时，花键的单项测量用极限量规检验。

2）综合测量

综合测量就是对花键的尺寸、形位误差按控制最大实体实效边界要求，用综合量规进行检验。

花键的综合量规（内花键为综合塞规，外花键为综合环规）均为全形通规，作用是检验内、外花键的实际尺寸和形位误差的综合结果，即同时检验花键的小径、大径、键宽（键槽宽）实际尺寸和形位误差，以及各键（键槽）的位置误差，大径对小径的同轴度误差等综合结果，对小径、大径和键宽（键槽宽）的实际尺寸是否超越各自的最小实体尺寸，则采用相应的单项止端量规（或其他计量器具）来检测。

综合检测内、外花键时，若综合量规通过，单项止端量规不通过，则花键合格。当综合量规不通过时，花键不合格。

5.4 滚动轴承公差及确定

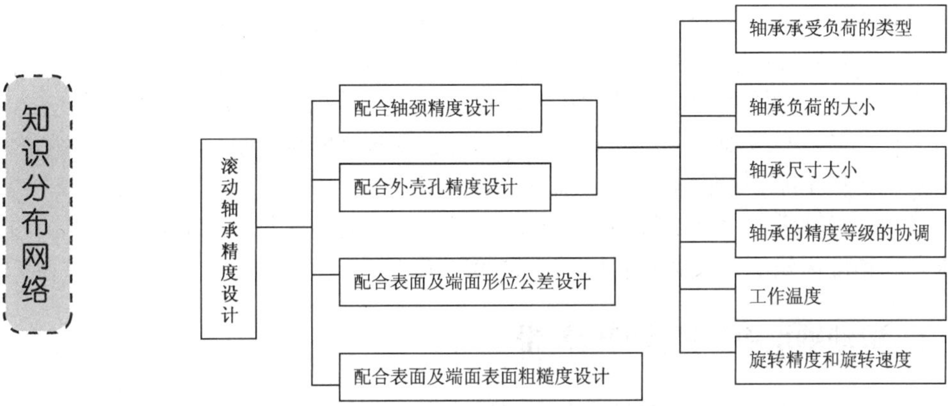

任务介绍

任务 12 设计齿轮减速器从动轴轴承精度

滚动轴承的工作性能和使用寿命主要取决于轴承本身的制造精度，同时还与滚动轴承相配合的轴颈和外壳孔的尺寸公差、形位公差和表面粗糙度，以及安装正确与否等因素有关。滚动轴承精度在很大程度上决定了机械产品的旋转精度。有关的详细内容在国家标准 GB/T 275—1993《滚动轴承与轴和外壳的配合》中均作了规定。

当机械产品应用滚动轴承时，精度设计的任务是：

（1）选择滚动轴承的公差等级。

（2）确定与滚动轴承配合的轴颈和座孔的尺寸公差带代号。

（3）确定与滚动轴承配合的轴颈和座孔的形状和位置公差及表面粗糙度要求。

例如，直齿圆柱齿轮减速器从动轴转速为 83 r/min，要求有较高的旋转精度，其两端的轴承为 0 级圆柱滚子轴承（d=50 mm，D=110 mm），额定动负荷 $C_r = 86\,410$ N，轴承承受的当量径向负荷 $F_r = 2\,401$ N。要求确定与轴承配合的轴颈和外壳孔的公差带代号、形位公差值和表面粗糙度参数值，将它们分别标注在装配图和零件图上。

相关知识

5.4.1 滚动轴承公差等级的选择

滚动轴承的公差等级由轴承的尺寸公差和旋转精度决定。

在实际应用中，向心球轴承比其他类型轴承应用更为广泛。根据国家标准 GB/T 307.1—2005《滚动轴承 向心轴承 公差》的规定，滚动轴承按尺寸公差与旋转精度分级。向心轴承分为 0、6(6x)、5、4 和 2 五个精度等级，其中 0 级最低，2 级最高；圆锥滚子轴承分为 0、6x、5、4 四个等级；推力球轴承分为 0、6、5、4 四个等级。

滚动轴承各级精度的应用情况如下。

0 级——0 级轴承在机械制造业中应用最广，通常称为普通级，在轴承代号标注时不予注出。它用于旋转精度、运动平稳性等要求不高，中等负荷，中等转速的一般机构中，如普通机床的变速机构和进给机构，汽车和拖拉机的变速机构等。

6 级——6 级轴承应用于旋转精度和运动平稳性要求较高或转速要求较高的旋转机构中，如普通机床主轴的后轴承和比较精密的仪器、仪表等的旋转机构中的轴承。

5、4 级——5、4 级轴承应用于旋转精度和转速要求高的旋转机构中，如高精度的车床和磨床、精密丝杠车床和滚齿机等的主轴轴承。

2 级——2 级轴承应用于旋转精度和转速要求特别高的精密机械的旋转机构中，如精密坐标镗床和高精度齿轮磨床及数控机床的主轴等轴承。

5.4.2 滚动轴承内、外径的公差带

国家标准对轴承内径和外径尺寸公差作了以下两种规定。

（1）轴承套圈任意横截面内测得的最大直径与最小直径的平均值 d_m（D_m）与公称直径 d（D）的差，即单一平面平均内（外）径偏差 Δd_{mp}（ΔD_{mp}）必须在极限偏差范围内，目的用于控制轴承的配合。表 5-24 所示为部分向心轴承单一平面平均内（外）径偏差 Δd_{mp}（ΔD_{mp}）的极限值。

（2）轴承套圈任意横截面内测得的最大直径、最小直径与公称直径 d（D）的差，即单一内孔直径（外径）偏差 Δd_s（ΔD_s）必须在极限偏差范围内，目的用于限制变形量。

对于高精度的 2、4 级轴承，上述两个公差项目都作了规定，对其余公差等级的轴承只规定了第一项。

表 5-24 向心轴承 Δd_{mp} 和 ΔD_{mp}（摘自 GB/T 307.1—2005）

精度等级			0		6		5		4		2	
基本直径/mm			极限偏差/μm									
大于		到	上偏差	下偏差	上偏差	下偏差	上偏差	下偏差	上偏差	下偏差	上偏差	下偏差
内圈	18	30	0	−10	0	−8	0	−6	0	−5	0	−2.5
	30	50	0	−12	0	−10	0	−8	0	−6	0	−2.5
外圈	50	80	0	−13	0	−11	0	−9	0	−7	0	−4
	80	120	0	−15	0	−13	0	−10	0	−8	0	−5

由于滚动轴承是标准部件，所以滚动轴承内圈与轴颈的配合采用基孔制，滚动轴承外圈与外壳孔的配合采用基轴制。

国家标准规定：滚动轴承内径为基准孔公差带，但其位置由原来的位于零线的上方而改为位于以公称内径 d 为零线的下方，即上偏差为零，下偏差为负值，如图 5-28 所示。当它与 GB/T 1801—2009 中的过渡配合的轴相配合时，能保证获得一定大小的过盈量，从而满足轴承的内孔与轴颈的配合要求。通常滚动轴承的外圈安装在外壳孔中不旋转，标准规定轴承外圈外径的公差带分布于以其公称直径 D 为零线的下方，即上偏差为零，下偏差为负值，如图 5-28 所示。它与 GB/T 1801—2009 标准中基本偏差代号为 h 的公差带相类似，只是公差值不同。

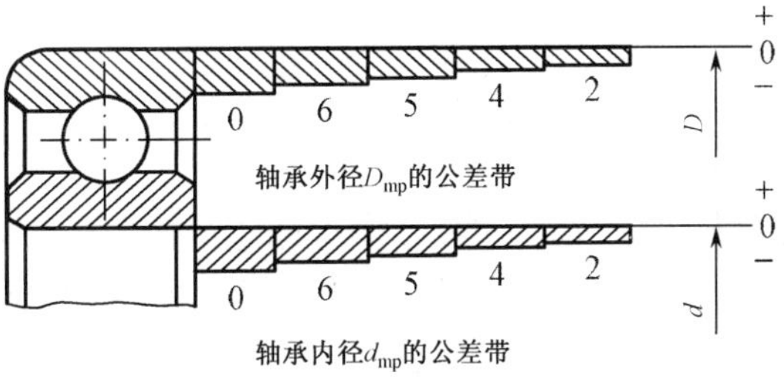

图 5-28　滚动轴承内、外径公差带

5.4.3　轴颈和外壳孔的公差带

1. 轴颈和外壳孔的公差带

轴承配合的选择就是确定轴颈和外壳孔的公差带的过程。国家标准 GB/T 275—1993《滚动轴承与轴和外壳的配合》对与 0 级和 6 级轴承配合的轴颈规定了 17 种公差带，如图 5-29 所示；外壳孔规定了 16 种公差带，如图 5-30 所示。

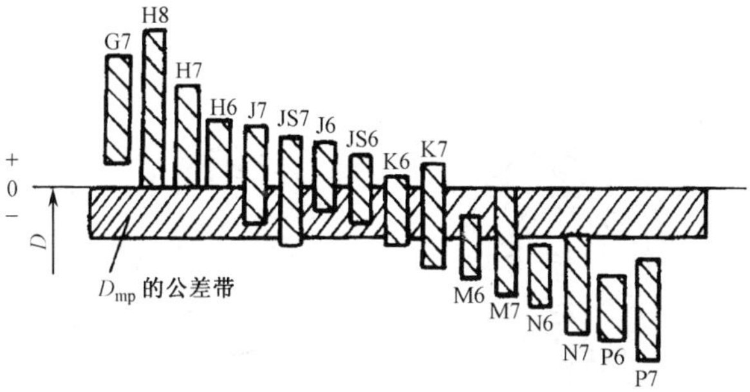

图 5-29　轴承内圈孔与轴颈的配合

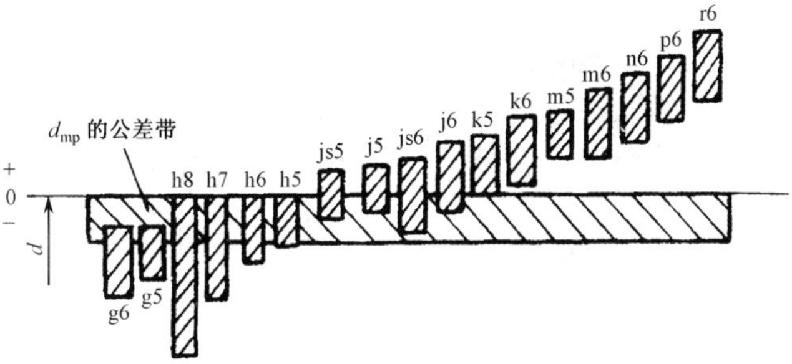

图 5-30　轴承外圈轴与外壳孔的配合

该标准适用范围如下。

（1）轴承精度等级为 0 级、6 级。

（2）轴为实体或厚壁空心件。

（3）轴颈材料为钢，外壳孔材料为铸铁。

（4）轴承游隙为 0 组。

2. 滚动轴承与轴径、外壳孔的配合的选择

选择轴颈和外壳孔公差带时应考虑的因素及选择的基本原则如下。

1）轴承承受负荷的类型

作用在轴承套圈上的径向负荷一般是由定向负荷和旋转负荷合成的。根据轴承套圈所承受的负荷具体情况不同，可分为以下三类。

（1）定向负荷。轴承运转时，作用在轴承套圈上的合成径向负荷相对静止，即合成径向负荷始终不变地作用在套圈滚道的某一局部区域上，则该套圈承受着定向负荷。如图 5-31（a）中的外圈和图 5-31（b）中的内圈，它们均受到一个定向的径向负荷 F_0 作用。其特点是只有套圈的局部滚道受到负荷的作用。

（2）旋转负荷。轴承运转时，作用在轴承套圈上的合成径向负荷与套圈相对旋转，顺次作用在套圈的整个轨道上，则该套圈承受旋转负荷。如图 5-31（a）中的内圈和图 5-31（b）中的外圈，都承受旋转负荷。其特点是套圈的整个圆周滚道顺次受到负荷的作用。

（3）摆动负荷。轴承运转时，作用在轴承上的合成径向负荷在套圈滚道的一定区域内相对摆动，则该套圈承受摆动负荷。如图 5-31（c），（d）所示，轴承套圈同时受到定向负荷和旋转负荷的作用，两者的合成负荷将由小到大，再由大到小地周期性变化。当 $F_0>F_1$ 时（见图 5-32），合成负荷在轴承下方 $A'B'$ 区域内摆动，不旋转的套圈承受摆动负荷，旋转的套圈承受旋转负荷。

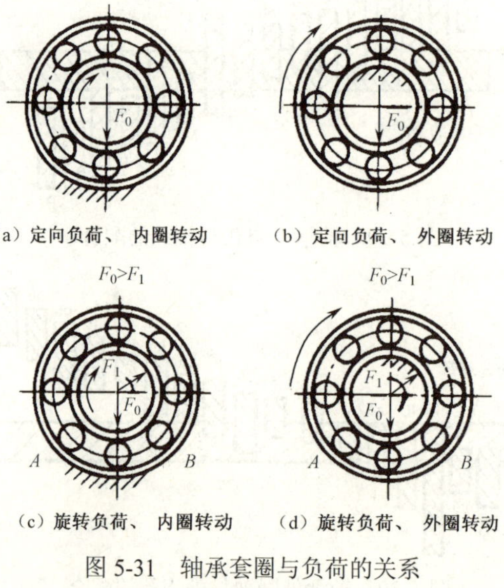

图 5-31　轴承套圈与负荷的关系

一般情况下，受定向负荷的套圈配合应选松一些，通常应选用过渡配合或具有极小间隙的间隙配合。受旋转负荷的套圈配合应选较紧的配合，通常应选用过盈量较小的过盈配合或有一定过盈量的过渡配合。受摆动负荷的套圈配合的松紧程度应介于前两种负荷的配合之间。

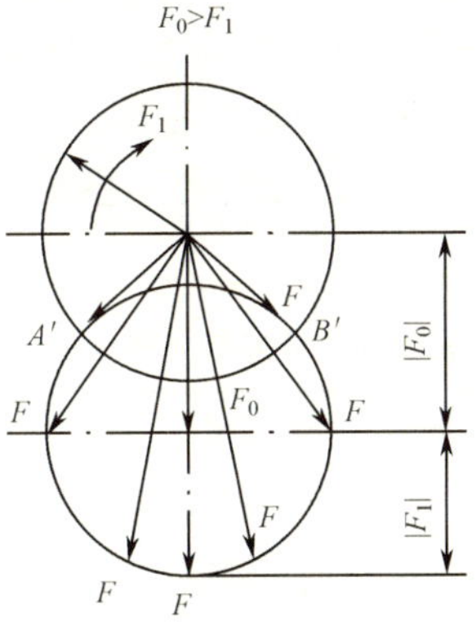

图 5-32 摆动负荷变化的区域

2）轴承负荷的大小

GB/T 275—1993 规定：向心轴承负荷的大小可用当量动负荷（一般指径向负荷）P_r 与额定动负荷 C_r 的比值区分，$P_r \leqslant 0.07C_r$ 时为轻负荷；$0.07C_r < P_r \leqslant 0.15C_r$ 时为正常负荷；$P_r > 0.15C_r$ 时为重负荷。负荷越大，配合过盈量应越大。其中，当量动负荷 P_r 与额定动负荷 C_r 分别由计算公式求出和由轴承型号查阅相关公差表格确定。

3）轴颈和外壳孔的尺寸公差等级

轴颈和外壳孔的尺寸公差等级应与轴承的精度等级相协调。对于要求有较高的旋转精度的场合，要选择较高公差等级的轴承（如 5 级、4 级轴承），而与滚动轴承配合的轴颈和外壳孔也要选择较高的公差等级（一般轴颈可取 IT5，外壳孔可取 IT6），以使两者协调。与 0 级、6 级配合的轴颈一般为 IT6，外壳孔一般为 IT7。

4）轴承尺寸大小

考虑到变形大小与基本尺寸有关，因此，随着轴承尺寸的增大，选择的过盈配合的过盈量越大，间隙配合的间隙量越大。

5）工作温度

轴承工作时，由于摩擦发热和其他热源的影响，使轴承套圈的温度经常高于与其相配合轴颈和外壳孔的温度。因此，轴承内圈会因热膨胀与轴颈的配合变松，而轴承外圈则因热膨胀与外壳孔的配合变紧，从而影响轴承的轴向游动。当轴承工作温度高于 100℃时，选择轴承的配合时必须考虑温度的影响。

6）旋转精度和旋转速度

对于承受较大负荷且旋转精度要求较高的轴承，为了消除弹性变形和振动的影响，应避免采用间隙配合，但也不宜太紧。轴承的旋转速度越高，应选用越紧的配合。

除上述因素外，轴颈和外壳孔的结构、材料以及安装与拆卸等对轴承的运转也有影响，应当全面分析考虑。

5.4.4 轴颈和外壳孔的公差等级

轴承的精度决定与之相配合的轴、外壳孔的公差等级。一般情况下，与 0、6 级轴承配合的轴，其公差等级一般为 IT6，外壳孔为 IT7。对旋转精度和运转平稳性有较高要求的场合，轴承公差等级及与之配合的零部件精度都应相应提高。

与向心轴承配合的轴公差带代号按表 5-25 所示选择；与向心轴承配合的外壳孔公差带代号按表 5-26 所示选择。

表 5-25 与向心轴承配合的轴公差带代号（摘自 GB/T 275—1993）

圆柱孔轴承						
运转状态		负荷状态	深沟球轴承、调心球轴承和角接触球轴承	圆柱滚子轴承和圆锥滚子轴承	调心滚子轴承	公差带
			轴承公称内径/mm			
说明	应用举例					
旋转的内圈负荷或摆动负荷	一般通用机械、电动机、机床主轴、泵、内燃机、正齿轮传动装置、铁路机车车辆轴箱、破碎机等	轻负荷	≤18 >18～100 >100～200 —	— ≤40 >40～140 >140～200	— ≤40 >40～100 >100～200	h5 j6① k6① m6①
		正常负荷	≤18 >18～100 >100～140 >140～200 >200～280 — —	— ≤40 >40～100 >100～140 >140～200 >200～400 —	— ≤40 >40～65 >65～100 >100～140 >140～280 >280～500	j5、js5 k5② m5② m6② n6 p6 r6
旋转的内圈负荷或摆动负荷	一般通用机械、电动机、机床主轴、泵、内燃机、正齿轮传动装置、铁路机车车辆轴箱、破碎机等	重负荷		>50～140 >140～200 >200 —	>50～100 >100～140 >140～200 >200	n6③ p6 r6 r7
固定的内圈负荷	静止轴上的各种轮子、张紧轮、绳轮、振动筛、惯性振动器	所有负荷	所有尺寸			f6① g6 h6 j6
纯轴向负荷		所有尺寸				j6、js6
圆锥孔轴承						
所有负荷	铁路机车车辆轴箱	装在退卸套上的所有尺寸				h8(IT6)⑤、④
	一般机械传动	装在紧定套上的所有尺寸				h9(IT7)④、⑤

注：① 凡对精度有较高要求的场合，应用 j5、k5 等代替 j6、k6 等。

② 圆锥滚子轴承、角接触球轴承配合对游隙的影响不大，可用 k6、m6 代替 k5、m5 等。

③ 重负荷下轴承游隙应选大于 0 组。

④ 凡有较高的精度或转速要求的场合，应选 h7（IT5）代替 h8（IT6）。

⑤ IT6、IT7 表示圆柱度公差数值。

表 5-26　与向心轴承配合的外壳孔公差带代号（摘自 GB/T 275—1993）

运转状态		负荷状态	其他情况	公差带①	
说明	举例			球轴承	滚子轴承
固定的外圈负荷	一般机械、铁路机车车辆轴箱、电动机、泵、曲轴主轴承	轻、正常、重	轴向易移动，可采用剖分式外壳	H7、G7②	
		冲击	轴向能移动，采用整体或剖分式外壳	J7、JS7	
摆动负荷		轻、正常			
		正常、重	轴向不移动，采用整体式外壳	K7	
		冲击		M7	
旋转的外圈负荷	张紧滑轮、轮毂轴承	轻		J7	K7
		正常		K7、M7	M7、N7
		重		—	N7、P7

注：① 并列公差带随尺寸的增大从左到右选择，对旋转精度有较高要求时，可相应提高一个公差等级。

② 不适用于剖分式外壳。

5.4.5　配合表面及端面的形位公差和表面粗糙度

正确选择轴承与轴颈和外壳孔的公差等级及配合的同时，对轴颈及外壳孔的形位公差及表面粗糙度也要提出要求，这样才能保证轴承的正常运转。

1. 配合表面及端面的形位公差

GB/T 275—1993 规定了与轴承配合的轴颈和外壳孔表面的圆柱度公差、轴肩及外壳孔端面的端面圆跳动公差，其形位公差值见表 5-27。

表 5-27　轴和外壳孔的形位公差值（摘自 GB/T 275—1993）

基本尺寸/mm		圆柱度 t				端面圆跳动 t_1			
		轴颈		外壳孔		轴肩		外壳孔肩	
		轴承公差等级							
		0	6(6x)	0	6(6x)	0	6(6x)	0	6(6x)
超过	到	公差值/μm							
	6	2.5	1.5	4	2.5	5	3	8	5
6	10	2.5	1.5	4	2.5	6	4	10	6
10	18	3.0	2.0	5	3.0	8	5	12	8
18	30	4.0	2.5	6	4.0	10	6	15	10
30	50	4.0	2.5	7	4.0	12	8	20	12
50	80	5.0	3.0	8	5.0	15	10	25	15
80	120	6.0	4.0	10	6.0	15	10	25	15
120	180	8.0	5.0	12	8.0	20	12	30	20
180	250	10.0	7.0	14	10.0	20	12	30	20
250	315	12.0	8.0	16	12.0	25	15	40	25
315	400	13.0	9.0	18	13.0	25	15	40	25
400	500	15.0	10.0	20	15.0	25	15	40	25

2. 配合表面及端面的粗糙度要求

表面粗糙度的大小不仅影响配合的性质，还会影响连接强度，因此，凡是与轴承内、外圈配合的表面通常都对粗糙度提出了较高的要求，按表 5-28 选择。

表 5-28　配合面的表面粗糙度（摘自 GB/T 275—1993）

轴或外壳孔直径/mm		轴或外壳孔配合表面直径公差等级								
		IT7			IT6			IT5		
		表面粗糙度参数 *Ra* 及 *Rz* 值（μm）								
大于	到	*Rz*	*Ra*		*Rz*	*Ra*		*Rz*	*Ra*	
			磨	车		磨	车		磨	车
	80	10	1.6	3.2	6.3	0.8	1.6	4	0.4	0.8
80	500	16	1.6	3.2	10	1.6	3.2	6.3	0.8	1.6
端面		25	3.2	6.3	25	3.2	6.3	10	1.6	3.2

任务小结

1）确定负荷类型

承受径向负荷：内圈旋转，外圈固定。

2）确定负荷状态

C_r=86 410 N，P_r=2 401 N

$P_r/C_r = 2\,401/86\,410 \approx 0.028<0.07$，为轻负荷。

3）确定轴颈公差带

按表 5-25 选择，与轴承配合的轴颈公差带代号为 k6。

4）确定孔公差带

按表 5-26 选择，与轴承配合的孔公差带代号为 H7 或 G7，但由于要求有较高的旋转精度，故可选用 J7，保证得到更紧一些的配合。

5）确定形位公差

查表 5-27 得圆柱度要求：轴颈为 0.004 mm，外壳孔为 0.010 mm；端面圆跳动要求：轴肩为 0.012 mm，外壳孔端面为 0.025 mm。

6）确定表面粗糙度

查表 5-28 得表面粗糙度要求：轴颈表面 $Ra \leqslant 0.8\,\mu m$，外壳孔表面 $Ra \leqslant 1.6\,\mu m$，轴肩端面 $Ra \leqslant 3.2\,\mu m$，外壳孔端面 $Ra \leqslant 3.2\,\mu m$。

7）标注

标注图样如图 5-33 所示。

技能训练

训练 12　减速器输入轴轴承精度设计

1. 目的

（1）掌握国家标准关于“滚动轴承的精度等级及公差带”规定的基本内容。

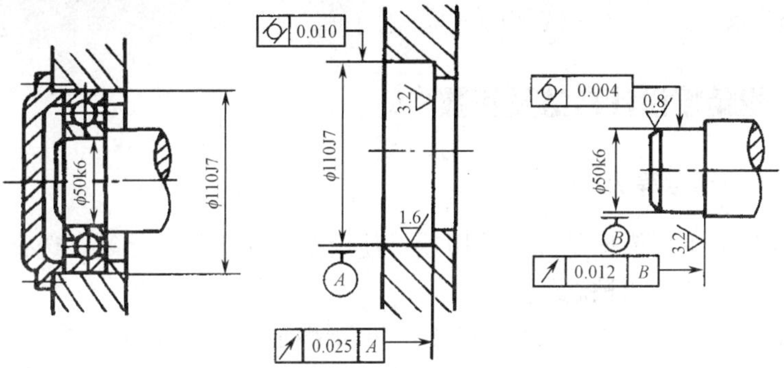

（a）装配图　　（b）外壳孔图样　　（c）轴颈图样

图 5-33　滚动轴承图样标注示例

（2）掌握正确选择与滚动轴承配合的轴颈和外壳孔公差带的基本原则、方法和步骤。

（3）掌握在装配图和零件图上对“轴颈和外壳孔”的尺寸公差、形位公差、公差原则以及表面粗糙度进行正确的选择和标注。

2．内容

（1）分析减速器的使用功能要求，选择输入轴上轴承型号、公差等级，明确轴承内圈内径和外圈外径（单一平均内、外径）的上、下偏差数值。

（2）分析轴承在输入轴上承受的负荷类型、大小等工作条件，选择与轴承配合的轴颈和外壳孔的公差带代号、形位公差数值和表面粗糙度数值等。

（3）在装配图中进行正确标注；在输入轴的零件示意图上进行正确标注。

5.5　直齿圆柱齿轮公差及确定

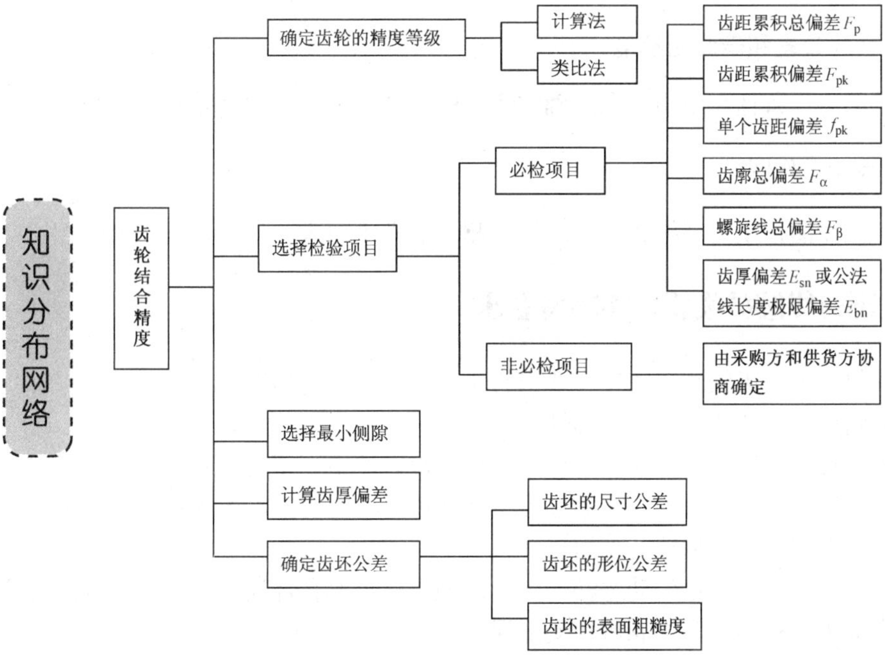

相关知识

5.5.1 齿轮精度设计方法及步骤

1．确定齿轮的精度等级

精度等级选择的主要依据是齿轮的用途、使用要求和工作条件等。选择的方法主要有计算法和经验法（类比法）两种。

计算法主要用于精密传动链设计，可先按传动链精度要求，计算出允许的转角偏差大小，再根据传递运动准确性偏差项目，选择适宜的精度等级。

经验法是参考同类产品的齿轮精度，结合所设计齿轮的具体要求来确定精度等级。

在机械传动中应用最多的齿轮是既传递运动又传递动力的齿轮，其精度等级与圆周速度密切相关，因此可计算出齿轮的最高圆周速度来确定齿轮的精度等级。

2．选择检验项目

考虑选用齿轮检验项目的因素很多，概括起来大致有以下几方面。

（1）齿轮的精度等级和用途。

（2）检验的目的，看是工序间检验还是完工检验。

（3）齿轮的切齿工艺。

（4）齿轮的生产批量。

（5）齿轮的尺寸大小和结构形式。

（6）生产企业现有测试设备情况等。

3．选择最小侧隙和计算齿厚偏差

由齿轮副的中心距合理地确定最小侧隙值，计算确定齿厚极限偏差。

4．确定齿坯公差和表面粗糙度

根据齿轮的工作条件和使用要求，确定齿坯的尺寸公差、形位公差和表面粗糙度。

5．绘制齿轮工作图

绘制齿轮工作图，填写规格数据表，标注相应的技术要求。

5.5.2 渐开线圆柱齿轮传动精度要求

在不同的机械中，齿轮传动的精度要求有所不同，主要包括以下几个方面。

（1）运动精度——传递运动的准确性。

（2）运动平稳性精度——要求齿轮运转平稳，没有冲击、振动和噪声。

（3）接触精度——要求齿轮在接触过程中，载荷分布要均匀，接触良好，以免引起应力集中，造成局部磨损，影响齿轮的使用寿命。

（4）齿侧间隙——在齿轮传动过程中，非接触面一定要有合理的间隙，一方面为了储存润滑油，一方面为了补偿齿轮的制造和变形误差。

上述四项要求，对于不同用途、不同工作条件的齿轮，其侧重点也应有所不同。

对于分度机构、仪器仪表中读数机构的齿轮，齿轮一转中的转角误差不超过 1′～2′，甚至是几秒，此时，传递运动准确性是主要的。

对于高速、大功率传动装置中用的齿轮，如汽轮机减速器上的齿轮，圆周速度高，传递功率大，其运动精度、工作平稳性精度及接触精度要求都很高，特别是瞬时传动比的变化要求小，以减少振动和噪声。

对于轧钢机、起重机、运输机、透平机等低速重载机械，传递动力大，但圆周速度不高，故齿轮接触精度要求较高，齿侧间隙也应足够大，而对其运动精度则要求不高。

5.5.3　圆柱齿轮的制造误差

GB/T 10095.1—2008《轮齿同侧齿面偏差的定义和允许值》、GB/T 10095.2—2008《径向综合偏差和径向跳动的定义和允许值》及 GB/Z 18620.1～4—2008《圆柱齿轮检验实施规范》给出了齿轮评定项目的允许值，规定了检测齿轮精度的实施规范。

1．影响传递运动准确性的误差

1）切向综合总偏差 F_i'

被测齿轮与理想精确的测量齿轮作单面啮合时，在被测齿轮一转范围内，分度圆上实际圆周位移与理论圆周位移的最大差值为切向综合总偏差 F_i' ，以分度圆弧长计值。

齿轮的切向综合总偏差是在接近齿轮的工作状态下测量出来的，是几何偏心、运动偏心和基节偏差、齿廓偏差的综合测量结果，是评定齿轮传动准确性最为完善的指标。

2）径向综合总偏差 F_i''

F_i'' 是指被测齿轮与理想精确的测量齿轮双面啮合时，在被测齿轮一转范围内双啮中心距的最大变动量。它主要反映几何偏心造成的径向长周期误差和齿廓偏差、基节偏差等短周期误差。

3）径向跳动 F_r

F_r 是指在齿轮一转范围内，将测头（球形、圆柱形、砧形）逐个放置在被测齿轮的齿槽内，在齿高中部双面接触，测头相对于齿轮轴线的最大和最小径向距离之差。

4）齿距累积总偏差 F_p

F_p 是指齿轮同侧齿面任意圆弧段（k=1～k=z）内实际弧长与理论弧长的最大差值。它等于齿距累积偏差的最大偏差与最小偏差的代数差。

5）齿距累积偏差 F_{pk}

F_{pk} 是指 k 个齿距间的实际弧长与理论弧长的最大差值，GB/T 10095.1—2008 中规定 k 的取值范围一般为 2～z/8，对特殊应用（高速齿轮）可取更小的 k 值。

2．影响传动平稳性的误差

1）一齿切向综合偏差 f_i'

f_i' 是指被测齿轮与理想精确的测量齿轮作单面啮合时，在被测齿轮转过一个齿距角内的切向综合偏差，以分度圆弧长计值。

它主要反映滚刀和机床分度传动链的制造和安装误差所引起的齿廓偏差、齿距误差，是切向短周期误差和径向短周期误差的综合结果，是评定运动平稳性较为完善的指标。

2）一齿径向综合偏差 f_i''

一齿径向综合偏差 f_i'' 主要反映短周期径向误差（基节偏差和齿廓偏差）的综合结果，但评定传动平稳性不如一齿切向综合偏差 f_i' 精确。

3）齿廓总偏差 F_α

F_α是指在计值范围内，包容实际齿廓迹线的两条设计齿廓迹线间的距离。

4）齿廓形状偏差 $f_{f\alpha}$

在计值范围内，包容实际齿廓迹线的两条与平均齿廓迹线完全相同的曲线间的距离，且两条曲线与平均齿廓迹线的距离为常数。

5）齿廓倾斜偏差 $f_{H\alpha}$

在计值范围内，两端与平均齿廓迹线相交的两条设计齿廓迹线间的距离。

6）单个齿距偏差 f_{pt}

单个齿距偏差 f_{pt} 是指在端平面上接近齿高中部的一个与齿轮轴线同心的圆上，实际齿距与理论齿距的代数差。

3. 影响载荷分布均匀性的误差

由于齿轮的制造和安装误差，一对齿轮在啮合过程中沿齿长方向和齿高方向都不是全齿接触的，实际接触线只是理论接触线的一部分，影响了载荷分布的均匀性。

国标规定用螺旋线偏差来评定载荷分布均匀性。螺旋线偏差是指在端面基圆切线方向上，实际螺旋线对设计螺旋线的偏离量。

1）螺旋线总偏差 F_β

在计值范围内，包容实际螺旋线迹线的两条设计螺旋线迹线的距离。

一般情况被测齿轮只需检测螺旋线总偏差 F_β即可。

2）螺旋线形状偏差 $f_{f\beta}$

在计值范围内，包容实际螺旋线迹线的两条与平均螺旋线迹线完全相同的曲线间的距离，且两条曲线与平均螺旋线迹线的距离为常数。

3）螺旋线倾斜偏差 $f_{H\beta}$

在计值范围内，两端与平均螺旋线迹线相交的设计螺旋线迹线间的距离。

4. 影响齿轮副侧隙的偏差及测量

为了保证齿轮副的齿侧间隙，就必须控制轮齿的齿厚，齿轮轮齿的减薄量可由齿厚偏差和公法线长度偏差来控制。

1）齿厚偏差

齿厚偏差是指在分度圆柱上，齿厚的实际值与公称值之差（对于斜齿轮，齿厚是指法向齿厚)。

齿厚上偏差代号为 E_{sns}，齿厚下偏差代号为 E_{sni}。齿厚偏差示意图如图 5-34 所示。

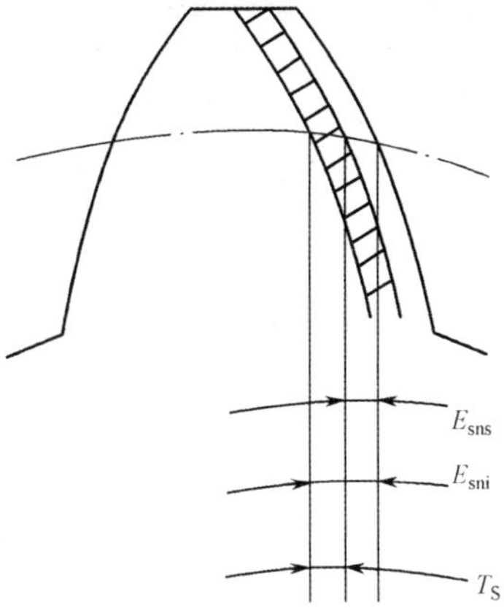

图 5-34　齿厚偏差示意图

2）公法线长度偏差

公法线长度偏差是指齿轮一圈内，实际公法线长度 W_{ka} 与公称公法线长度 W_k 之差。

公法线长度上偏差代号为 E_{bns}，下偏差代号为 E_{bni}。公法线长度示意图如图 5-35 所示。

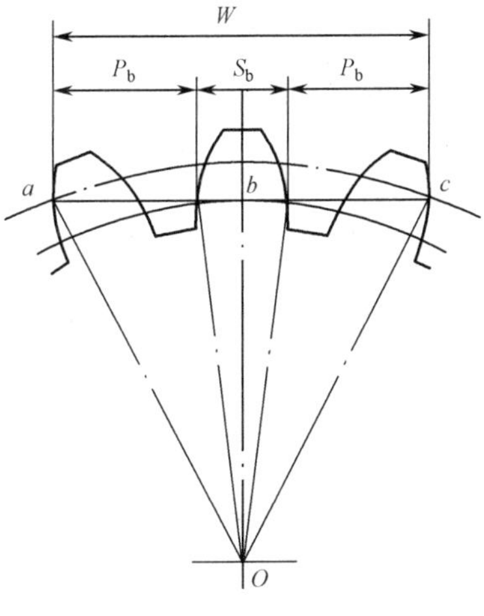

图 5-35　公法线长度示意图

5.5.4　渐开线圆柱齿轮精度

国标对渐开线圆柱齿轮除 F_i'' 和 f_i''（F_i'' 和 f_i'' 规定了 4～12 共 9 个精度等级）以外的评定项目规定了 0、1～12 共 13 个精度等级，其中 0 级精度最高，12 级精度最低。

0～2 级为待发展级；

3～5 级为高精度级；

6～9 级为中等精度级，使用最广；

10～12 级为低精度级。

各项偏差的公差值见表5-29～表5-35。

表5-29　单个齿距极限偏差 $\pm f_{pt}$ 值（μm）（摘自GB/T 10095.1—2008）

分度圆直径 d（mm）	法向模数 m_n（mm）	精度等级				
		5	6	7	8	9
$20<d\leqslant50$	$2<m_n\leqslant3.5$	5.5	7.5	11.0	15.0	22.0
	$3.5<m_n\leqslant6$	6.0	8.5	12.0	17.0	24.0
$50<d\leqslant125$	$2<m_n\leqslant3.5$	6.0	8.5	12.0	17.0	23.0
	$3.5<m_n\leqslant6$	6.5	9.0	13.0	18.0	26.0
	$6<m_n\leqslant10$	7.5	10.0	15.0	21.0	30.0
$125<d\leqslant280$	$2<m_n\leqslant3.5$	6.5	9.0	13.0	18.0	26.0
	$3.5<m_n\leqslant6$	7.0	10.0	14.0	20.0	28.0
	$6<m_n\leqslant10$	8.0	11.0	16.0	23.0	32.0
$280<d\leqslant560$	$2<m_n\leqslant3.5$	7.0	10.0	14.0	20.0	29.0
	$3.5<m_n\leqslant6$	8.0	11.0	16.0	22.0	31.0
	$6<m_n\leqslant10$	8.5	12.0	17.0	25.0	35.0

表5-30　齿距累积总公差 F_p 值（μm）（摘自GB/T 10095.1—2008）

分度圆直径 d（mm）	法向模数 m_n（mm）	精度等级				
		5	6	7	8	9
$20<d\leqslant50$	$2<m_n\leqslant3.5$	15.0	21.0	30.0	42.0	59.0
	$3.5<m_n\leqslant6$	15.0	22.0	31.0	44.0	62.0
$50<d\leqslant125$	$2<m_n\leqslant3.5$	19.0	27.0	38.0	53.0	76.0
	$3.5<m_n\leqslant6$	19.0	28.0	39.0	55.0	78.0
	$6<m_n\leqslant10$	20.0	29.0	41.0	58.0	82.0
$125<d\leqslant280$	$2<m_n\leqslant3.5$	25.0	35.0	50.0	40.0	100.0
	$3.5<m_n\leqslant6$	25.0	36.0	51.0	72.0	102.0
	$6<m_n\leqslant10$	26.0	37.0	53.0	75.0	106.0
$280<d\leqslant560$	$2<m_n\leqslant3.5$	33.0	46.0	65.0	92.0	131.0
	$3.5<m_n\leqslant6$	33.0	47.0	66.0	94.0	133.0
	$6<m_n\leqslant10$	34.0	48.0	68.0	97.0	137.0

表5-31　齿廓总公差 F_α 值（μm）（摘自GB/T 10095.1—2008）

分度圆直径 d（mm）	法向模数 m_n（mm）	精度等级				
		5	6	7	8	9
$20<d\leqslant50$	$2<m_n\leqslant3.5$	7.0	10.0	14.0	20.0	29.0
	$3.5<m_n\leqslant6$	9.0	12.0	18.0	25.0	35.0
$50<d\leqslant125$	$2<m_n\leqslant3.5$	8.0	11.0	16.0	22.0	31.0
	$3.5<m_n\leqslant6$	9.5	13.0	19.0	27.0	38.0
	$6<m_n\leqslant10$	12.0	16.0	23.0	33.0	46.0
$125<d\leqslant280$	$2<m_n\leqslant3.5$	9.0	13.0	18.0	25.0	36.0
	$3.5<m_n\leqslant6$	11.0	15.0	21.0	30.0	42.0
	$6<m_n\leqslant10$	13.0	18.0	25.0	36.0	50.0
$280<d\leqslant560$	$2<m_n\leqslant3.5$	10.0	15.0	21.0	29.0	41.0
	$3.5<m_n\leqslant6$	12.0	17.0	24.0	34.0	48.0
	$6<m_n\leqslant10$	14.0	20.0	28.0	40.0	56.0

表 5-32　螺旋线总公差 F_β值（μm）（摘自 GB/T 10095.1—2008）

分度圆直径 d（mm）	齿宽 b（mm）	精度等级				
		5	6	7	8	9
$20<d\leqslant 50$	$10<b\leqslant 20$	7.0	10.0	14.0	20.0	29.0
	$20<b\leqslant 40$	8.0	11.0	16.0	23.0	32.0
$50<d\leqslant 125$	$10<b\leqslant 20$	7.5	11.0	15.0	21.0	30.0
	$20<b\leqslant 40$	8.5	12.0	17.0	24.0	34.0
	$40<b\leqslant 80$	10.0	14.0	20.0	28.0	39.0
$125<d\leqslant 280$	$10<b\leqslant 20$	8.0	11.0	16.0	22.0	32.0
	$20<b\leqslant 40$	9.0	13.0	18.0	25.0	36.0
	$40<b\leqslant 80$	10.0	15.0	21.0	29.0	41.0
$280<d\leqslant 560$	$20<b\leqslant 40$	9.5	13.0	19.0	27.0	38.0
	$40<b\leqslant 80$	11.0	15.0	22.0	31.0	44.0
	$80<b\leqslant 160$	13.0	18.0	26.0	36.0	52.0

表 5-33　径向综合总公差 F_i'' 值（μm）（摘自 GB/T 10095.2—2008）

分度圆直径 d（mm）	法向模数 m_n（mm）	精度等级				
		5	6	7	8	9
$20<d\leqslant 50$	$1.0<m_n\leqslant 1.5$	16	23	32	45	64
	$1.5<m_n\leqslant 2.5$	18	26	37	52	73
$50<d\leqslant 125$	$1.0<m_n\leqslant 1.5$	19	27	39	55	77
	$1.5<m_n\leqslant 2.5$	22	31	43	61	86
	$2.5<m_n\leqslant 4.0$	25	36	51	72	102
$125<d\leqslant 280$	$1.0<m_n\leqslant 1.5$	24	34	48	68	97
	$1.5<m_n\leqslant 2.5$	26	37	53	75	106
	$2.5<m_n\leqslant 4.0$	30	43	61	86	121
	$4.0<m_n\leqslant 6.0$	36	51	72	102	144
$280<d\leqslant 560$	$1.0<m_n\leqslant 1.5$	30	43	61	86	122
	$1.5<m_n\leqslant 2.5$	33	46	65	92	131
	$2.5<m_n\leqslant 4.0$	37	52	73	104	146
	$4.0<m_n\leqslant 6.0$	42	60	84	119	169

表 5-34　一齿径向综合公差 f_i'' 值（μm）（摘自 GB/T 10095.2—2008）

分度圆直径 d（mm）	法向模数 m_n（mm）	精度等级				
		5	6	7	8	9
$20<d\leqslant 50$	$1.0<m_n\leqslant 1.5$	4.5	6.5	9.0	13	18
	$1.5<m_n\leqslant 2.5$	6.5	9.5	13	19	26
$50<d\leqslant 125$	$1.0<m_n\leqslant 1.5$	4.5	6.5	9.0	13	18
	$1.5<m_n\leqslant 2.5$	6.5	9.5	13	19	26
	$2.5<m_n\leqslant 4.0$	10	14	20	29	41
$125<d\leqslant 280$	$1.0<m_n\leqslant 1.5$	4.5	6.5	9.0	13	18
	$1.5<m_n\leqslant 2.5$	6.5	9.5	13	19	27
	$2.5<m_n\leqslant 4.0$	10	15	21	29	41
	$4.0<m_n\leqslant 6.0$	15	22	31	44	62

续表

分度圆直径 d (mm)	法向模数 m_n (mm)	精度等级				
		5	6	7	8	9
280<d≤560	1.0<m_n≤1.5	4.5	6.5	9.0	13	18
	1.5<m_n≤2.5	6.5	9.5	13	19	27
	2.5<m_n≤4.0	10	15	21	29	41
	4.0<m_n≤6.0	15	22	31	44	62

表 5-35　径向跳动公差 F_r 值（μm）（摘自 GB/T 10095.1—2008）

分度圆直径 d (mm)	法向模数 m_n (mm)	精度等级				
		5	6	7	8	9
20<d≤50	2<m_n≤3.5	12	17	24	34	47
	3.5<m_n≤6	12	17	25	35	49
50<d≤125	2<m_n≤3.5	15	21	30	43	61
	3.5<m_n≤6	16	22	31	44	62
	6<m_n≤10	16	23	33	46	65
125<d≤280	2<m_n≤3.5	20	28	40	56	80
	3.5<m_n≤6	20	29	41	58	82
	6<m_n≤10	21	30	42	60	85
280<d≤560	2<m_n≤3.5	26	37	52	74	105
	3.5<m_n≤6	27	38	53	75	106
	6<m_n≤10	27	39	55	77	—

5.5.5　齿轮精度等级的选择

齿轮精度等级的选择应考虑齿轮传动的用途、使用要求、工作条件以及其他技术要求，在满足使用要求的前提下，应尽量选择较低精度的公差等级。

精度等级的选择方法有计算法和类比法。

计算法根据整个传动链的精度要求，通过运动误差计算确定齿轮的精度等级；或者已知传动中允许的振动和噪声指标，通过动力学计算确定齿轮的精度等级；也可以根据齿轮的承载要求，通过强度和寿命计算确定齿轮的精度等级。计算法一般用于高精度齿轮精度等级的确定。

类比法根据生产实践中总结出来的同类产品的经验资料，经过对比选择精度等级。在实际生产中类比法较为常用。

表 5-36 和表 5-37 给出了常用的齿轮精度等级范围和部分齿轮精度等级的适用范围。

表 5-36　一些机械采用的齿轮精度等级

应用范围	精度等级	应用范围	精度等级
单啮仪、双啮仪	2～5	载重汽车	6～9
蜗轮减速器	3～5	通用减速器	6～8
金属切削机床	3～8	轧钢机	5～10
航空发动机	4～7	矿用绞车	6～10
内燃机车、电气机车	5～8	起重机	6～9
轻型汽车	5～8	拖拉机	6～10

表 5-37 圆柱齿轮精度等级的适用范围

精度等级	工作条件及应用范围	圆周速度/$m \cdot s^{-1}$		效率	切齿方法	齿面的最后加工
		直齿	斜齿			
3级	用于特别精密的分度机构或在最平稳且无噪声的极高速度下工作的齿轮传动中的齿轮；特别精密机构中的齿轮；特别高速传动的齿轮（透平传动）；检测5、6级的测量齿轮	>40	>75	不低于0.99（包括轴承不低于0.985）	在周期误差特别小的精密机床上用展成法加工	特精密的磨齿和研齿，用精密滚刀或单边剃齿后的大多数不经淬火的齿轮
4级	用于特别精密的分度机构或在最平稳且无噪声的极高速度下工作的齿轮传动中的齿轮；特别精密机构中的齿轮；高速透平传动的齿轮；检测7级的测量齿轮	>35	>70	不低于0.99（包括轴承不低于0.985）	在周期误差极小的精密机床上用展成法加工	精密磨齿，大多数用精密滚刀和研齿或单边剃齿
5级	用于精密分度机构的齿轮或要求极平稳且无噪声的极高速工作的齿轮传动中的齿轮；精密机构用齿轮；透平传动的齿轮；检测8、9级的测量齿轮	>20	>40	不低于0.99（包括轴承不低于0.985）	在周期误差小的精密机床上用展成法加工	精密磨齿；大多数用精密滚刀加工，进行研齿或剃齿
6级	用于要求最高效率且无噪声的高速下工作的齿轮传动或分度机构的齿轮传动中齿轮；特别重要的航空、汽车用齿轮；读数装置中的特别精密的齿轮	～15	～30	不低于0.99（包括轴承不低于0.985）	在精密机床上用展成法加工	精密磨齿或剃齿
7级	在高速和适度功率或大功率和适度速度下工作的齿轮；金属切削机床中需要运动协调性的进给齿轮；高速减速器齿轮；航空、汽车以及读数装置用齿轮	～10	～15	不低于0.98（包括轴承不低于0.975）	在精密机床上用展成法加工	无须热处理的齿轮仅用精确刀具加工；对于淬硬齿轮必须精整加工（磨齿、研齿、珩齿）
8级	无须特别精密的一般机械制造用齿轮；不包括在分度链中的机床齿轮；飞机、汽车制造业中不重要的齿轮；起重机构用齿轮；农业机械中的重要齿轮；通用减速器齿轮	～6	～10	不低于0.97（包括轴承不低于0.965）	用范成法或分度法（根据齿轮实际齿数设计齿形的刀具）加工	齿不用磨，必要时剃齿或研齿
9级	用于粗糙工作的，对它不提正常的精度要求的齿轮，因结构上考虑受载低于计算载荷的传动用齿轮	～2	～4	不低于0.96（包括轴承不低于0.95）	任何方法	无须特殊的精加工工序

5.5.6 齿轮副的精度和齿侧间隙

1. 齿轮副的精度

前面介绍了单个齿轮的偏差项目，齿轮副的安装偏差也会影响齿轮的使用性能，因此须对齿轮副的偏差加以控制。

1）齿轮副的中心距极限偏差$\pm f_a$

中心距偏差f_a是指在齿轮副的齿宽中间平面内，实际中心距与公称中心距之差。齿轮副中心距的尺寸偏差大小不但会影响齿轮侧隙，而且对齿轮的重合度产生影响，因此必须加以控制。表5-38给出了中心距极限偏差，供参考。

表5-38　中心距极限偏差（$\pm f_a$）

齿轮精度等级	5～6	7～8	9～10
f_a	$\frac{1}{2}$IT7	$\frac{1}{2}$IT8	$\frac{1}{2}$IT9

2）轴线平行度偏差

由于轴线平行度与其向量的方向有关，所以规定了轴线平面内的平行度偏差。如果一对啮合的圆柱齿轮的两条轴线不平行，形成了空间的异面（交叉）直线，则将影响齿轮的接触精度，因此必须加以控制。

3）接触斑点

接触斑点是指装配好的齿轮副，在轻微制动下，运转后齿面上分布的接触擦亮痕迹。

接触斑点在齿面展开图上用百分比计算。

沿齿高方向：接触痕迹高度h_c与有效齿面高度h之比的百分数，即$h_c/h\times100\%$。

沿齿长方向：接触痕迹宽度b_c与工作长度b之比的百分数，即$b_c/b\times100\%$。

国家标准给出了装配后齿轮副接触斑点的最低要求，见表5-39和表5-40。

表5-39　直齿轮装配后的接触斑点（摘自GB/Z 18620.4—2008）

精度等级（按GB/T 10095—2008）	b_{c1}占齿宽的百分比	h_{c1}占有效齿面高度的百分比	b_{c2}占齿宽的百分比	h_{c2}占有效齿面高度的百分比
4级及更高	50%	70%	40%	50%
5和6	45%	50%	35%	30%
7和8	35%	50%	35%	30%
9～12	25%	50%	25%	30%

表5-40　斜齿轮装配后的接触斑点（摘自GB/Z 18620.4—2008）

精度等级（按GB/T 10095—2008）	b_{c1}占齿宽的百分比	h_{c1}占有效齿面高度的百分比	b_{c2}占齿宽的百分比	h_{c2}占有效齿面高度的百分比
4级及更高	50%	50%	40%	30%
5和6	45%	40%	35%	20%
7和8	35%	40%	35%	20%
9～12	25%	40%	25%	20%

2．齿轮副的侧隙

在一对装配好的齿轮副中，侧隙j是相啮齿轮齿间的间隙，它是在节圆上齿槽宽度超过相啮齿轮齿厚的量。

齿轮副的侧隙是在齿轮装配后自然形成的，侧隙的大小主要取决于齿厚和中心距。在最小的中心距条件下，通过改变齿厚偏差来获得大小不同的齿侧间隙。

1）齿侧间隙的分类

齿侧间隙分为圆周侧隙 j_{wt} 和法向侧隙 j_{bn}。

圆周侧隙 j_{wt} 是指安装好的齿轮副，当其中一个齿轮固定时，另一个齿轮在圆周方向的转动量，以节圆弧长计值。

2）最小侧隙 j_{bmin} 的确定

j_{bmin} 是当一个齿轮的齿以最大允许实效齿厚（实效齿厚是指测量所得的齿厚加上轮齿各要素偏差及安装所产生的综合影响在齿厚方向的量）与一个也具有最大允许实效齿厚的相匹配的齿在最小的允许中心距啮合时，在静态下存在的最小允许侧隙。

齿轮副的侧隙是在齿轮装配后自然形成的，侧隙的大小主要取决于齿厚和中心距。在最小的中心距条件下，通过改变齿厚偏差来获得大小不同的齿侧间隙。表 5-41 所示为中、大模数齿轮最小侧隙的推荐值。

表 5-41 中、大模数齿轮最小侧隙 j_{bnmin} 的推荐值（摘自 GB/Z 18620.2—2008）（mm）

m_n	最小中心距 a_i					
	50	100	200	400	800	1 600
1.5	0.09	0.11	—	—	—	—
2	0.10	0.12	0.15	—	—	—
3	0.12	0.14	0.17	0.24	—	—
5	—	0.18	0.21	0.28	—	—
8	—	0.24	0.27	0.34	0.47	—
12	—	—	0.35	0.42	0.55	—
18	—	—	—	0.54	0.67	0.94

3. 齿厚偏差与公差

公称齿厚是指齿厚的理论值，两个具有公称齿厚 S_n 的齿轮在公称中心距下啮合是无侧隙的。为了得到合理的齿侧间隙，通过将轮齿齿厚减薄一定的数值，在装配后侧隙就会自然形成。

4. 公法线长度偏差 E_{bn}

公法线长度偏差为公法线实际长度与公称长度之差。公法线长度是在基圆柱切平面（公法线平面）上跨 k 个齿，在接触到一个齿的右齿面和另一个齿的左齿面的两个平行平面之间测得的距离。

对于大模数的齿轮，生产中通常测量齿厚控制侧隙。齿轮齿厚的变化必然会引起公法线长度的变化，在中、小模数齿轮的批量生产中，常采用测量公法线长度的方法来控制齿侧间隙。

5.5.7 齿轮检验项目的选择

GB/T 10095.1—2008 规定的必检项目有：齿距累积总偏差 F_p、齿距累积偏差 F_{pk}、单个齿距偏差f_{pt}、齿廓总偏差F_{α}、螺旋线总偏差F_{β}、齿厚偏差E_{sn}或公法线长度极限偏差E_{bn}。

非必检项目：其余的由采购方和供货方协商确定。

5.5.8　齿坯精度的确定

齿坯是指轮齿在加工前供制造齿轮的工件，齿坯的尺寸偏差和形位误差直接影响齿轮的加工精度和检验，也影响齿轮副的接触条件和运行状况。

1．确定齿轮基准轴线

齿轮的加工、检验和装配，应尽量采取基准一致的原则。通常将基准轴线与工作轴线重合，即将安装面作为基准面。一般采用齿坯内孔和端面作为基准，因此，基准轴线的确定有以下三种基本方法。

（1）由两个“短的”圆柱或圆锥形基准面上设定的两个圆的圆心来确定基准轴线，如图 5-36 所示。

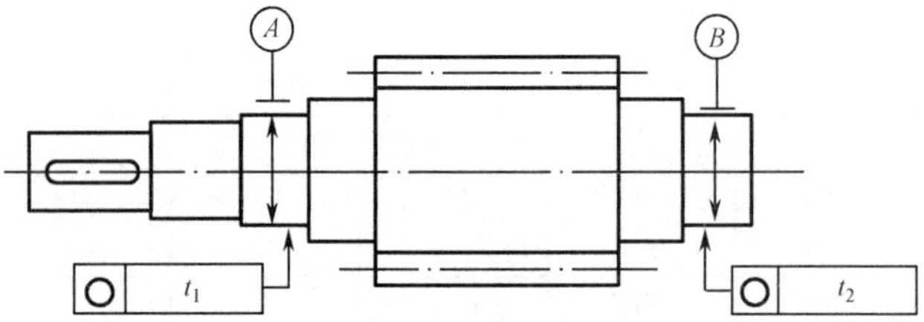

注：Ⓐ和Ⓑ是预定的轴承安装表面

图 5-36　由两个“短的”基准面确定基准轴线

（2）由一个“长的”圆柱或圆锥形的面来同时确定轴线的位置和方向，孔的轴线可以用与之正确装配的工作心轴的轴线来表示，如图 5-37 所示。

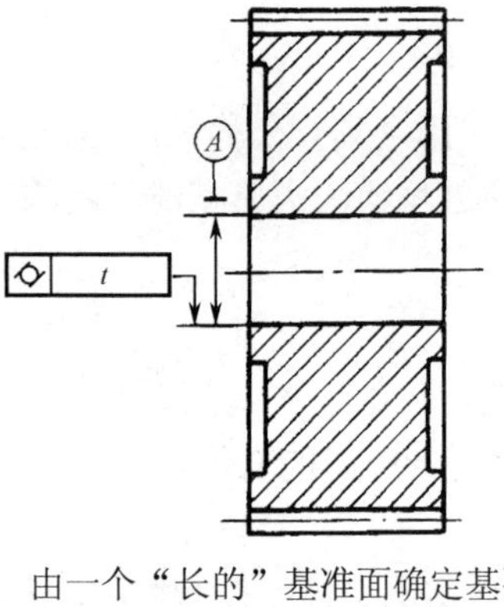

图 5-37　由一个“长的”基准面确定基准轴线

（3）用一个“短的”圆柱形基准面上的一个圆的圆心来确定轴线的位置，轴线方向垂直于一个基准面，如图 5-38 所示。

2．齿坯公差规定

上述基准面的精度对齿轮的加工质量有很大影响，因此，应控制其形状和位置公差。所有基准面的形状公差应不大于表 5-42 中的规定值。

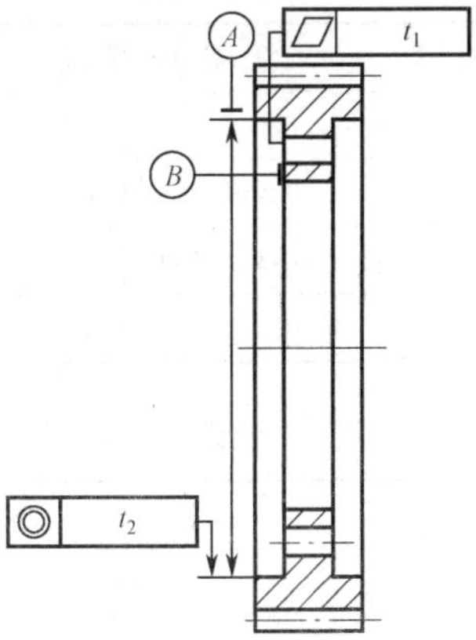

图 5-38　用一个“短的”圆柱形基准面和一个端面确定基准轴线

表 5-42　基准面与安装面的形状公差　（摘自 GB/Z 18620.3—2008）

确定轴线的基准面	公差项目		
	圆度	圆柱度	平面度
用两个“短的”圆柱或圆锥形基准面上设定的两个圆的圆心来确定轴线上的两个点	$0.04F_{\beta}L/b$ 或 $0.1F_p$ 取两者中小值	—	—
用一个“长的”圆柱或圆锥形的面来同时确定轴线的位置和方向。孔的轴线可以用与之正确装配的工作心轴的轴线来表示	—	$0.04F_{\beta}L/b$ 或 $0.1F_p$ 取两者中小值	—
轴线位置用一个“短的”圆柱形基准面上一个圆的圆心来确定，其方向则垂直于此轴线的一个基准端面	$0.06F_p$	—	$0.06F_{\beta}D_d/b$

确定轴线的安装基准面的跳动公差见表 5-43。

表 5-43　安装面的跳动公差　（摘自 GB/Z 18620.3—2008）

确定轴线的基准面	跳动量（总的指示幅度）	
	径　向	轴　向
仅指圆柱或圆锥形基准面	$0.15F_{\beta}L/b$ 或 $0.3F_p$ 取两者中大值	
一个圆柱基准面和一个端面基准面	$0.3F_p$	$0.2F_{\beta}D_d/b$

齿轮孔、轴颈和顶圆柱面的尺寸公差见表 5-44。

表 5-44　齿轮孔、轴颈和顶圆柱面尺寸公差

齿轮精度等级	6	7	8	9
孔	IT 6	IT 7	IT 7	IT 8
轴颈	IT 5	IT 6	IT 6	IT 7
顶圆柱面	IT 8	IT 8	IT 8	IT 9

齿轮各表面的表面粗糙度 *Ra* 推荐值见表 5-45 及表 5-46。

表 5-45 齿面 Ra 的推荐值（摘自 GB/Z 18620.4—2008） （μm）

模数（mm）	精度等级											
	1	2	3	4	5	6	7	8	9	10	11	12
$m<6$					0.5	0.8	1.25	2.0	3.2	5.0	10	20
$6 \leqslant m \leqslant 25$	0.04	0.08	0.16	0.32	0.63	1.00	1.6	2.5	4	6.3	12.5	2.5
$m>25$					0.8	1.25	2.0	3.2	5.0	8.0	16	32

表 5-46 齿坯其他表面 Ra 的推荐值 （μm）

齿轮精度等级	6	7	8	9
基准孔	1.25	1.25 ～ 2.5		5
基准轴颈	0.63	1.25	2.5	
基准端面	2.5 ～5		5	
顶圆柱面	5			

5.5.9 齿轮精度的标注

齿轮精度等级的标注方法示例如下。

【实例 5-1】 7 GB/T 10095.1—2008

表示齿轮各项偏差项目均应符合 GB/T 10095.1—2008 的要求，精度均为 7 级。

【实例 5-2】 $7F_{\mathrm{p}}$ $6(F_{\alpha}、F_{\beta})$GB/T 10095.1—2008

表示齿轮偏差均按 GB/T 10095.1—2008 的要求，但是 F_{p} 精度为 7 级，F_{α}与 F_{β}精度均为 6 级。

知识梳理与总结

（1）圆锥结合的基本参数及其定义、锥度与锥角系列；圆锥公差项目、公差给定方法及标注、圆锥公差的选用、表面粗糙度。

（2）螺纹误差分析及合格性判断条件、普通螺纹公差带、公差等级与基本偏差、螺纹旋合长度、螺纹的配合与选用。

（3）平键的几何参数、主要配合尺寸和标注；平键连接的公差配合及选用；键槽的形位公差、表面粗糙度的选用及标注；矩形花键的几何参数、主要配合尺寸及标注；矩形花键连接的定心方式、配合特点、公差配合的选用；矩形花键的形位公差、表面粗糙度的选用及标注。

（4）滚动轴承尺寸公差项目及公差等级；滚动轴承尺寸公差带特点；与滚动轴承配合的轴颈和外壳孔的尺寸公差、形位公差、表面粗糙度。

（5）齿轮传动基本要求；齿轮误差分析；齿轮精度评定指标、齿轮精度等级及选用、齿轮副精度、齿轮检验项目的确定、齿轮坯的精度和齿面粗糙度、齿轮精度设计。

思考与练习题 5

5-1　圆锥配合与圆柱配合相比较，具有哪些优点？

5-2　有一外圆锥的最大圆锥直径 D=200 mm，圆锥长度 L=400 mm，圆锥直径公差 T_D 取为 IT9。求 T_D 所能限制的最大圆锥角偏差 $\Delta\alpha_{max}$。

5-3　位移型圆锥配合的内、外圆锥的锥度为 1:50，内、外圆锥的基本直径为 100 mm，要求装配后得到 H8/u7 的配合性质。试计算所需的极限轴向位移。

5-4　有一 M24×2-6g-S 螺栓，试查表求出螺纹的中径、小径和大径的极限偏差，并计算中径、小径和大径的极限尺寸。

5-5　试说明下列螺纹标注中各代号的含义。

（1）M24-7H　　（2）M36×2-5g6g-S　　（3）M30×2-6H/5g6g-L

5-6　平键连接中，键宽与键槽宽的配合采用的是哪种基准制?为什么？

5-7　平键连接的配合种类有哪些?它们分别应用于什么场合？

5-8　什么叫矩形花键的定心方式?有哪几种定心方式？国标为什么规定只采用小径定心？

5-9　矩形花键连接的配合种类有哪些?各适用于什么场合？

5-10　影响花键连接的配合性质有哪些因素？

5-11　某矩形花键连接的标记代号为：6×26H7/g6×30H10/a11×6H11/f9，试确定内、外花键主要尺寸的极限偏差及极限尺寸。

5-12　滚动轴承内圈内孔及外圈外圆柱面公差带与一般基孔制的基准孔及一般基轴制的基准轴公差带有何不同？

5-13　与 6 级 6309 滚动轴承（内径 $45^{\ 0}_{-0.010}$，外径 $100^{\ 0}_{-0.013}$）配合的轴颈的公差带为 j5，外壳孔的公差带为 H6。试画出这两对配合的孔、轴公差带示意图，并计算它们的极限过盈或间隙。

5-14　某单级直齿圆柱齿轮减速器输出轴上安装两个 0 级 6211 深沟球轴承（公称内径为 55 mm，公称外径为 100 mm），径向额定动负荷为 33 354 N，工作时内圈旋转，外圈固定，承受的径向当量动负荷为 883 N。试确定：

（1）与内圈和外圈分别配合的轴颈和外壳的公差代号。

（2）轴颈和外壳孔的极限偏差、形位公差和表面粗糙度参数值。

（3）参照图 5-33，把上述公差带代号和各项公差标注在装配图和零件图上。

项目6 尺寸链分析与计算

教学导航

教	知识重点	尺寸链组成、分类和建立，尺寸链的分析
	知识难点	尺寸链的建立与分析及基本计算
	推荐教学方式	任务教学法
	推荐考核方式	笔试
学	推荐学习方法	课堂：听课+互动 课外：通过网络，理解更多尺寸链应用实例
	必须掌握的理论知识	尺寸链的基本概念、组成、分类，尺寸链的建立与分析，尺寸链的计算
	需要掌握的工作技能	能进行尺寸链的初步分析和计算，解决简单的工艺问题

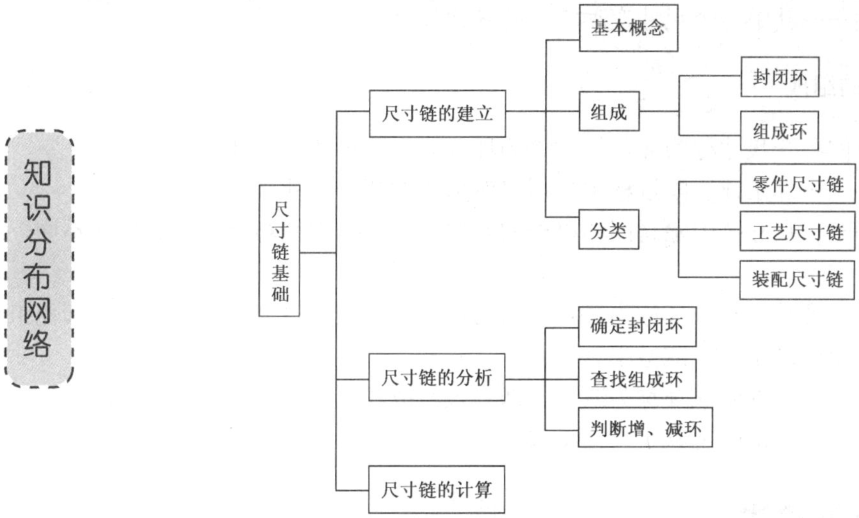

尺寸链正是研究机械产品中尺寸之间的相互关系，分析影响装配精度与技术要求的因素，确定各有关零部件尺寸和位置的适宜公差，从而求得保证产品达到设计精度要求的经济合理的方法。

【实例 6-1】 如图 6-1 所示零件，按图样注出的尺寸 A_1 和 A_3 加工时不易测量，现改为按尺寸 A_1 和 A_2 加工，为了保证原设计要求，试计算 A_2 的基本尺寸和偏差。

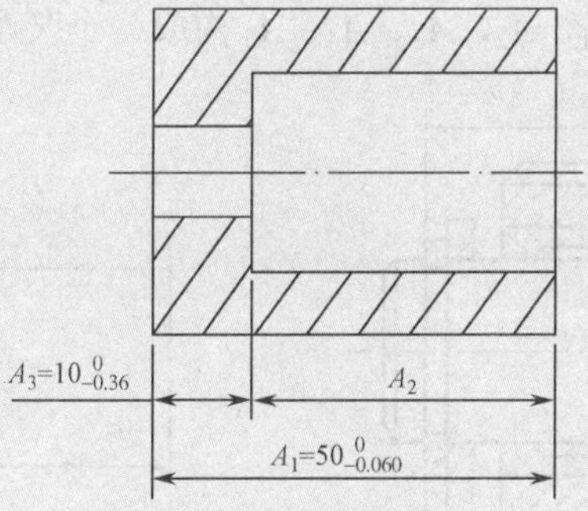

图 6-1　尺寸链任务图

解决此类问题，需要掌握以下知识点。

（1）尺寸链的含义与组成。

（2）有关尺寸链的基本术语，如封闭环、组成环、增环、减环等。

相关知识

6.1　尺寸链概念及组成

在一个零件或一台机器的结构中，总有一些相互联系的尺寸，这些相互联系的尺寸按一定顺序连接成一个封闭的尺寸组，称为尺寸链。

1．尺寸链的特点

（1）封闭性——组成尺寸链的各个尺寸按一定顺序构成一个封闭系统。

（2）相关性——其中一个尺寸变动将影响其他尺寸变动。

2. 尺寸链的组成

构成尺寸链的各个尺寸称为环，尺寸链的环分为封闭环和组成环。

（1）封闭环——加工或装配过程中最后自然形成的那个尺寸。

（2）组成环——尺寸链中除封闭环以外的其他环。根据它们对封闭环影响的不同，又分为增环和减环。

与封闭环同向变动的组成环称为增环，即当该组成环尺寸增大（或减小）而其他组成环不变时，封闭环也随之增大（或减小）；

与封闭环反向变动的组成环称为减环，即当该组成环尺寸增大（或减小）而其他组成环不变时，封闭环的尺寸却随之减小（或增大）。

6.2 尺寸链的分类

（1）按应用场合分：装配尺寸链、零件尺寸链、工艺尺寸链。

如图 6-2 所示的齿轮部件，A_1、A_2、A_3、A_4、A_5 分别为 5 个不同零件的轴向设计尺寸，A_0 是各个零件装配后，在齿轮端面与挡圈端面之间形成的间隙，A_0 受其他 5 个零件轴向设计尺寸变化的影响。因而 A_0 和 A_1、A_2、A_3、A_4、A_5 构成一个装配尺寸链。

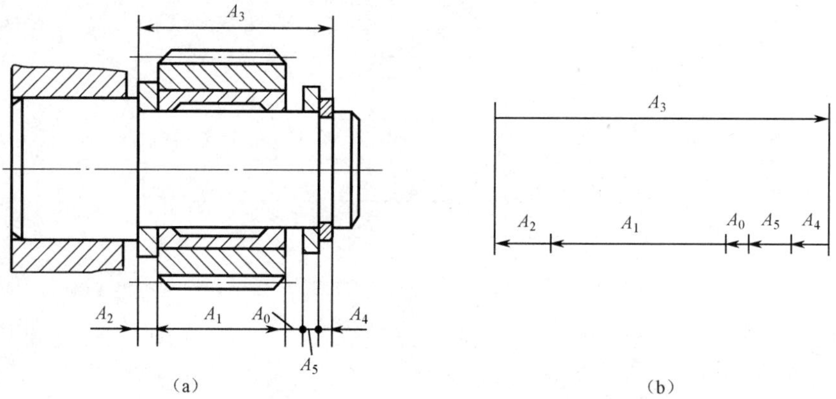

图 6-2 装配尺寸链

如图 6-3 所示的齿轮轴，由 4 个端平面的轴向尺寸 A_1、A_2、A_3、A_0 按照一定顺序构成一个相互联系的封闭尺寸回路，该尺寸回路反映了零件上的设计尺寸之间的关系，因而构成一个零件尺寸链。

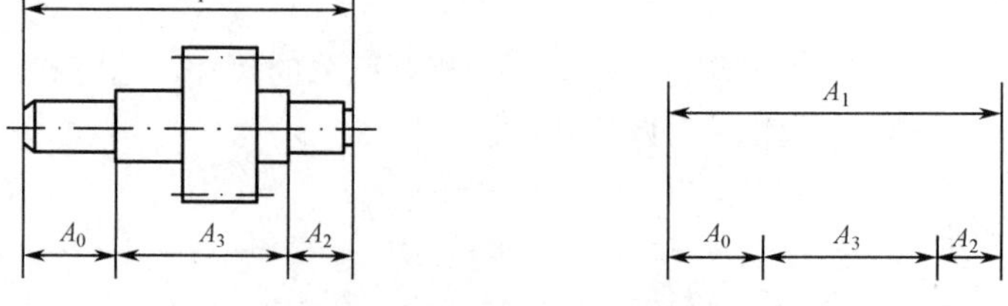

图 6-3 零件尺寸链

如图 6-4 所示的阶梯工件在加工过程中，尺寸的形成是相互联系的。已加工尺寸 A_2 和本工序尺寸 A_1 直接影响设计尺寸 A_0。因而 A_0 和 A_1、A_2 按照一定顺序构成一个相互联系的封闭尺寸回路，该尺寸回路反映了零件上的加工关系，因而构成一个工艺尺寸链。

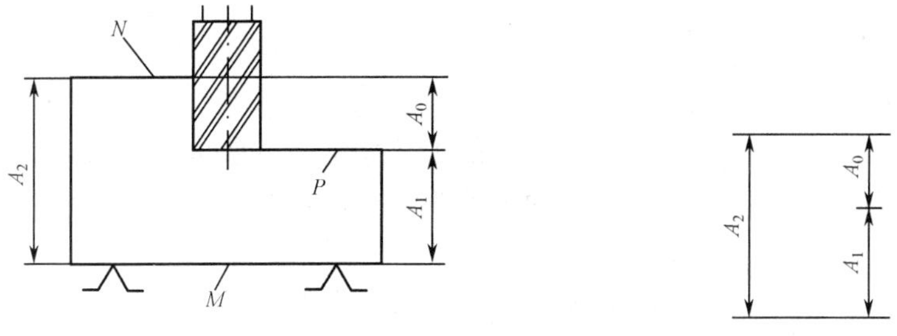

（a）　　　　（b）

图 6-4　工艺尺寸链

（2）按各环所在空间位置分：线性尺寸链、平面尺寸链、空间尺寸链（如图 6-5 所示）。尺寸链中常见的是线性尺寸链。平面尺寸链和空间尺寸链可以用坐标投影法转换为线性尺寸链。

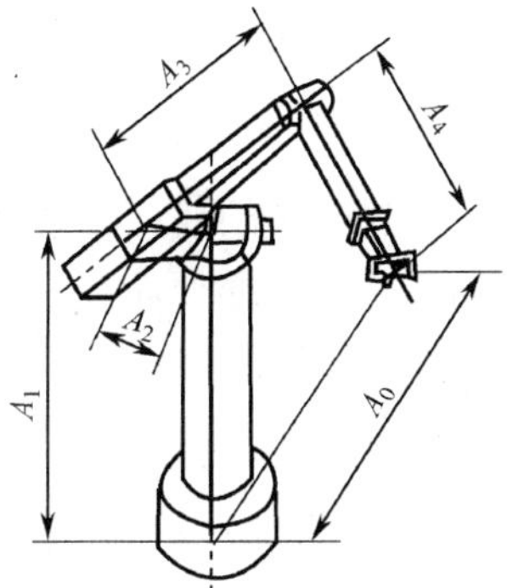

图 6-5　空间尺寸链

（3）按各环尺寸的几何特性分：长度尺寸链、角度尺寸链（见图 6-6）。

角度尺寸链常用于分析和技术机械结构中有关零件要素的位置精度，如平行度、垂直度和同轴度等。

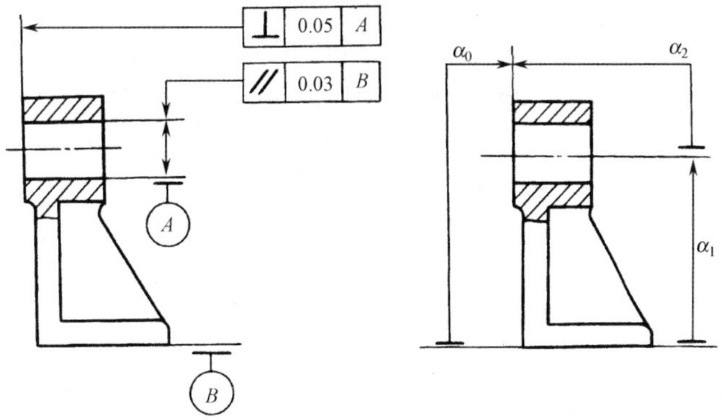

（a）　　　　（b）

图 6-6　角度尺寸链

6.3 尺寸链的建立和分析

正确地查明尺寸链的组成，是进行尺寸链计算的依据。其具体步骤如下。

1. 确定封闭环

建立尺寸链，首先要正确地确定封闭环。

（1）在装配尺寸链中——封闭环就是产品上有装配精度要求的尺寸。

（2）在零件尺寸链中——封闭环应为公差等级要求最低的环，一般在零件图上不进行标注，以免引起加工中的混乱。

（3）在工艺尺寸链中——封闭环是在加工中最后自然形成的环，一般为被加工零件要求达到的设计尺寸或工艺过程中需要的余量尺寸。加工顺序不同，封闭环也不同。所以工艺尺寸链的封闭环必须在加工顺序确定之后才能判断。

> **提示：** 一个尺寸链中只有一个封闭环。

2. 查找组成环

组成环是对封闭环有直接影响的那些尺寸，与此无关的尺寸要排除在外。一个尺寸链的环数应尽量少。

查找装配尺寸链的组成环时，先从封闭环的任意一端开始，找相邻零件的尺寸，然后再找与第一个零件相邻的第二个零件的尺寸，这样一环接一环，直到封闭环的另一端为止，从而形成封闭的尺寸组。

3. 绘制尺寸链图

为了讨论问题方便，更清楚地表达尺寸链的组成，通常不需要画出零件或部件的具体结构，也不必按照严格的比例，只需将链中各尺寸依次画出，形成封闭的图形即可，这样的图形称为尺寸链图。

4. 判断增、减环

在确定封闭环、组成环以及绘制尺寸链图之后，还要判断出组成环中的增、减环，最后才能解尺寸链。

在尺寸链图中，常用带单箭头的线段表示各环，箭头仅表示查找尺寸链组成环的方向。与封闭环 A_0 箭头方向相同的环为减环，与封闭环箭头方向相反的环为增环，如图 6-7 所示。

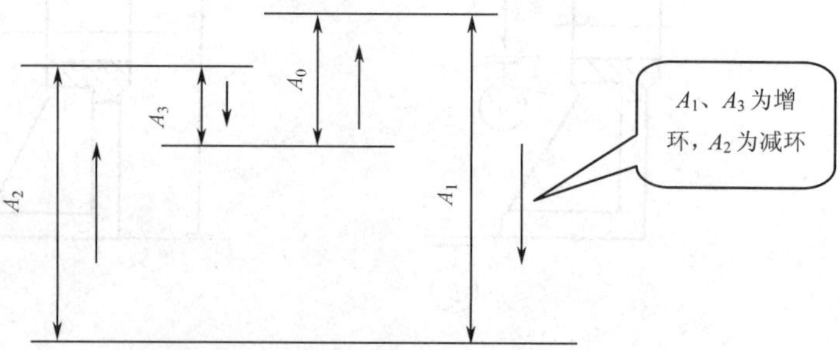

图 6-7　尺寸链示意图

6.4　尺寸链的计算

1. 计算类型

正计算——已知各组成环的极限尺寸，求封闭环的极限尺寸。这类计算主要用来验算设计的正确性，故又称校核计算。

反计算——已知封闭环的极限尺寸和各组成环的基本尺寸，求各组成环的极限偏差。这类计算主要用在设计上，即根据机器的使用要求来分配各零件的公差。

中间计算——已知封闭环和部分组成环的极限尺寸，求某一组成环的极限尺寸，这类计算常用在工艺上。

反计算和中间计算通常称为设计计算。

2. 计算方法

1）完全互换法（极值法）

从尺寸链各环的最大与最小极限尺寸出发进行尺寸链计算，不考虑各环实际尺寸的分布情况。按此法计算出来的尺寸加工各组成环，装配时各组成环不需挑选或辅助加工，装配后即能满足封闭环的公差要求，可实现完全互换。完全互换法是尺寸链计算中最基本的方法。

完全互换法解尺寸链的基本公式如下。

设尺寸链的组成环数为 m，其中 n 个增环，$m-n$ 个减环，A_0 为封闭环的基本尺寸，A_i 为组成环的基本尺寸，则对于直线尺寸链有如下公式。

（1）封闭环的基本尺寸

$$A_0 = \sum_{i=1}^{n} A_i - \sum_{i=n+1}^{m} A_i \tag{6-1}$$

即封闭环的基本尺寸等于所有增环的基本尺寸之和减去所有减环的基本尺寸之和。

（2）封闭环的极限尺寸

$$A_{0\max} = \sum_{i=1}^{n} A_{i\max} - \sum_{i=n+1}^{m} A_{i\min} \tag{6-2}$$

$$A_{0\min} = \sum_{i=1}^{n} A_{i\min} - \sum_{i=n+1}^{m} A_{i\max} \tag{6-3}$$

即封闭环的最大极限尺寸等于所有增环的最大极限尺寸之和减去所有减环的最小极限尺寸之和；封闭环的最小极限尺寸等于所有增环的最小极限尺寸之和减去所有减环的最大极限尺寸之和。

（3）封闭环的极限偏差

$$ES_0 = \sum_{i=1}^{n} ES_i - \sum_{i=n+1}^{m} EI_i \tag{6-4}$$

$$EI_0 = \sum_{i=1}^{n} EI_i - \sum_{i=n+1}^{m} ES_i \tag{6-5}$$

即封闭环的上偏差等于所有增环的上偏差之和减去所有减环的下偏差之和；封闭环的下偏差等于所有增环的下偏差之和减去所有减环的上偏差之和。

（4）封闭环的公差

$$T_0 = \sum_{i=1}^{m} T_i$$

即封闭环的公差等于所有组成环公差之和。

据实例 6-1 题意，按尺寸 A_1、A_2 加工，则 A_3 必须为封闭环，A_2 则为工序尺寸。尺寸链如图 6-8 所示。

$\because A_3=A_1-A_2$

$\therefore A_2=A_1-A_3=50-10=40$ mm

又 $\because ES_3=ES_1-EI_2$

$\therefore EI_2=ES_1-ES_3=0-0=0$

又 $\because EI_3=EI_1-ES_2$

$\therefore ES_2=EI_1-EI_3=-0.060-(-0.36)=+0.30$ mm

故 A_2 尺寸为 $40^{+0.30}_{0}$ mm。

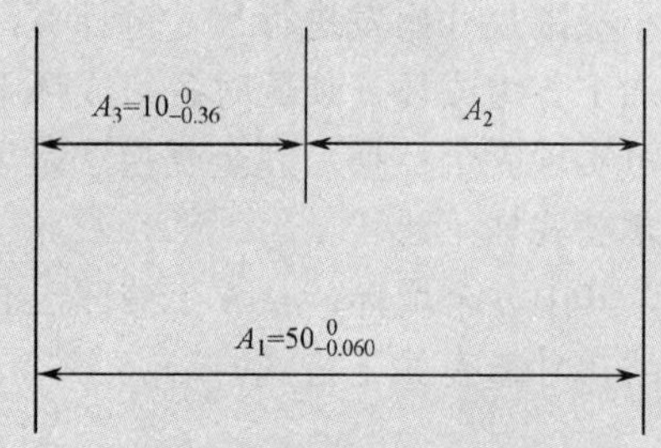

图 6-8　实例 6-1 尺寸链

2）大数互换法

该法是以保证大数互换为出发点的。生产实践和大量统计资料表明，在大量生产且工艺过程稳定的情况下，各组成环的实际尺寸趋近公差带中间的概率大，出现在极限值的概率小。采用概率法，不是在全部产品中，而是在绝大多数产品中，装配时不需要挑选或修配，就能满足封闭环的公差要求，即保证大数互换。

3）其他方法

在某些场合，为了获得更高的装配精度，而生产条件又不允许提高组成环的制造精度时，可采用分组互换法、修配法和调整法等来完成这一任务。

知识梳理与总结

尺寸链计算具有综合应用、综合设计的性质，即分析各有关尺寸的公差和极限偏差之间的关系，从而进行简单的精度计算。它主要应解决以下两个问题。

(1) 建立尺寸链要遵守“最短尺寸链原则”。

(2) 确定环的性质最重要的是正确确定封闭环，必须严格按照封闭环的定义来确定哪个尺寸是封闭环，特别是在工艺尺寸的设计计算问题中，一定不要把未知其公差和极限偏差的尺寸当做封闭环。在组成环中，要分清增环和减环。

思考与练习题6

6-1　判断题

（1）在一个尺寸链中必须同时具备封闭环、增环和减环。　（　　）

（2）需要求解的环就是封闭环。　（　　）

（3）在零件尺寸链中，应选择最重要的尺寸作为封闭环。　（　　）

6-2　简答题

（1）什么是尺寸链？尺寸链具有什么特征？

（2）正计算、反计算和中间计算的特点和应用场合是什么？

6-3　计算题

某轴磨削加工后表面镀铬，镀铬层深为 0.025～0.040 mm。镀铬后轴的直径尺寸为 ϕ28 mm。试用极值法求该轴镀铬前的尺寸。

附录 A 技能训练参考答案

第 1 章

训练 2 手柄与手轮尺寸公差及配合设计

车床尾座中手柄与手轮（铸铁）上 ϕ10 孔的配合，装上后无拆卸要求，但手轮为铸铁件，配合过盈不能过大，且要求配合的一致性较好，故可用 ϕ10H7/js6。

训练 3 安全阀尺寸公差及配合设计

安全阀（见图 1-18）最重要的配合是阀体 1 和阀门 2 端面的圆锥配合，此两圆锥面都是成对研配，要求不漏油、不漏气，无互换性。其他配合则属一般。

1）阀门 2 与阀体 1 上 ϕ34 孔的配合

阀门要求能在阀体内作轴向移动，不得歪斜，因此要用间隙很小的配合，可选用 ϕ34H8/h7。

2）阀盖 5 与阀帽 9 上 ϕ26 孔的配合

阀帽套在阀盖上起防尘作用，要求阀帽装卸方便，配合精度要求较低，故选用间隙配合 ϕ26H9/f9。

具体见图 A-1。

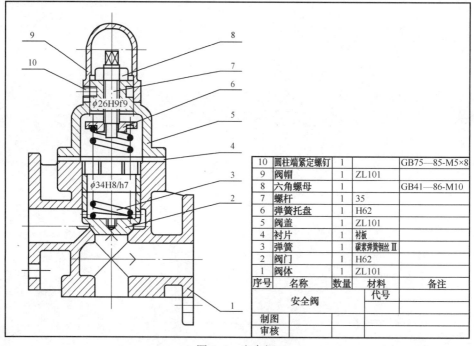

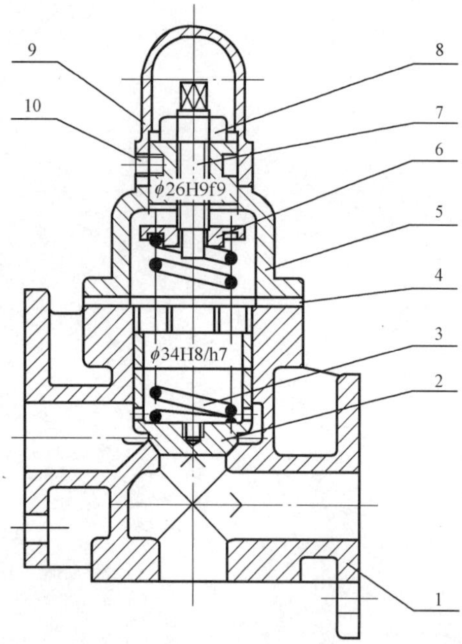

10	圆柱端紧定螺钉	1		GB75—85-M5×8
9	阀帽	1	ZL101	
8	六角螺母	1		GB41—86-M10
7	螺杆	1	35	
6	弹簧托盘	1	H62	
5	阀盖	1	ZL101	
4	衬片	1	衬板	
3	弹簧	1	碳素弹簧钢丝 Ⅱ	
2	阀门	1	H62	
1	阀体	1	ZL101	
序号	名称	数量	材料	备注
安全阀			代号	
制图				
审核				

图 A-1 安全阀

第2章

训练6　台虎钳形位精度设计

具体见图A-2、图A-3。

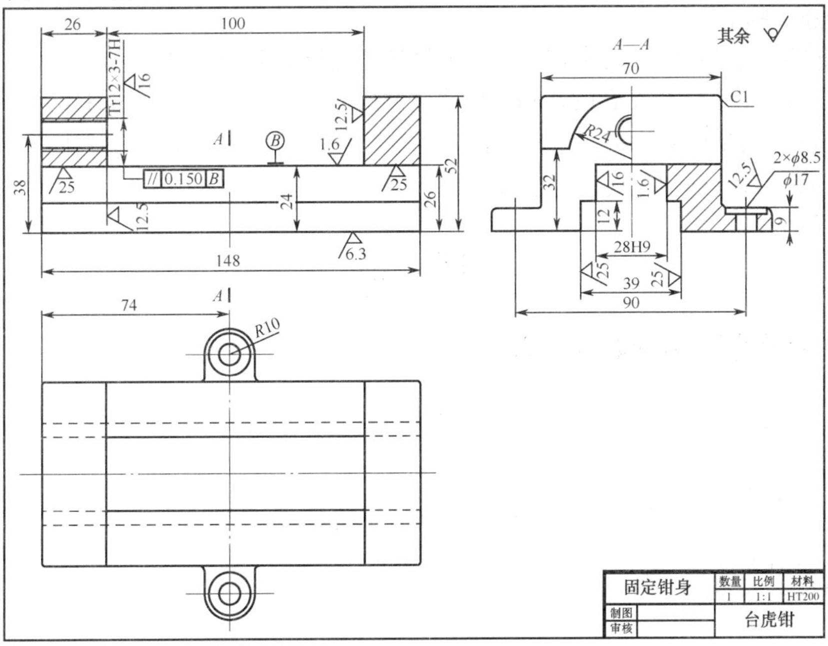

图A-2　固定钳身

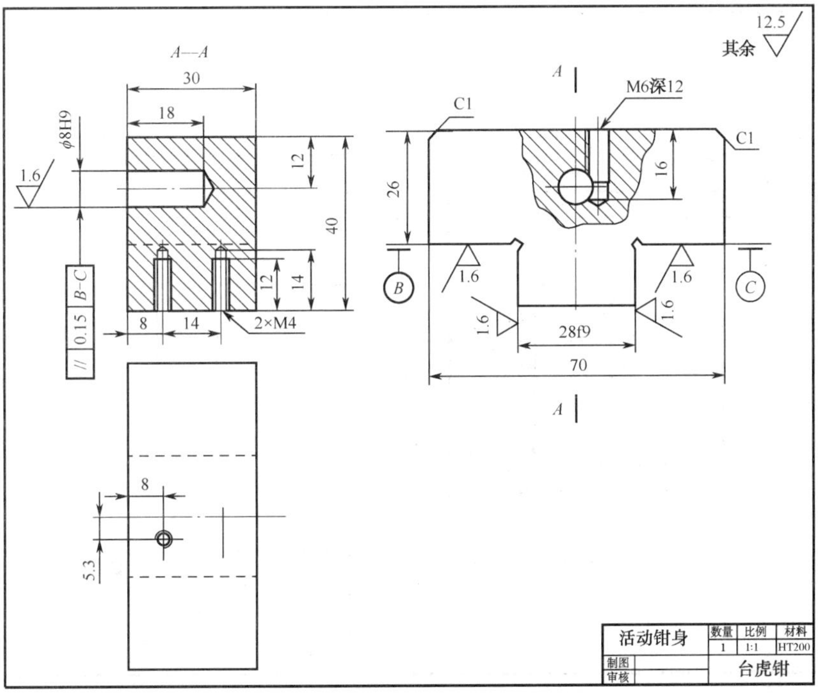

图A-3　活动钳身

训练 7　顶尖套筒形位精度设计

（1）顶尖套筒外径与尾座上 ϕ60 孔的配合要求很严，如有晃动，将直接影响车床的加工精度，因此除公差采用包容要求（ϕ60h5 Ⓔ）外，还对圆柱度作进一步要求，采用 7 级公差，查表知为 0.008 mm。

（2）ϕ32H7 孔是螺母 5 的定位孔，由于丝杠还通过后盖 6 连接在尾座体 3 上，故套筒上 ϕ32H7 孔对其与尾座体孔配合的 ϕ60h5 外圆柱面应有同轴度要求，否则将影响丝杠转动的灵活性与平稳性。为了检测方便，可用径向圆跳动代替同轴度，由于径向圆跳动可综合反映同轴度和圆度误差，故选用比较一般的 8 级精度误差。查表知为 0.03 mm。

第 3 章

训练 8　安全阀表面粗糙度设计

（如果学生的水平允许，该训练题目可改为利用图 1-19 和图 1-20 让学生自己设计表面粗糙度。）

阀盖与阀体结合的端面取 3.2 μm，与阀帽配合面取 6.3 μm，其余需机加工的表面取 12.5 μm。

阀门圆锥面要求高，取 0.8 μm，其次为 ϕ34h7 配合面，取 1.6 μm，其余需机加工的表面取 12.5 μm。

具体见图 A-4、图 A-5。

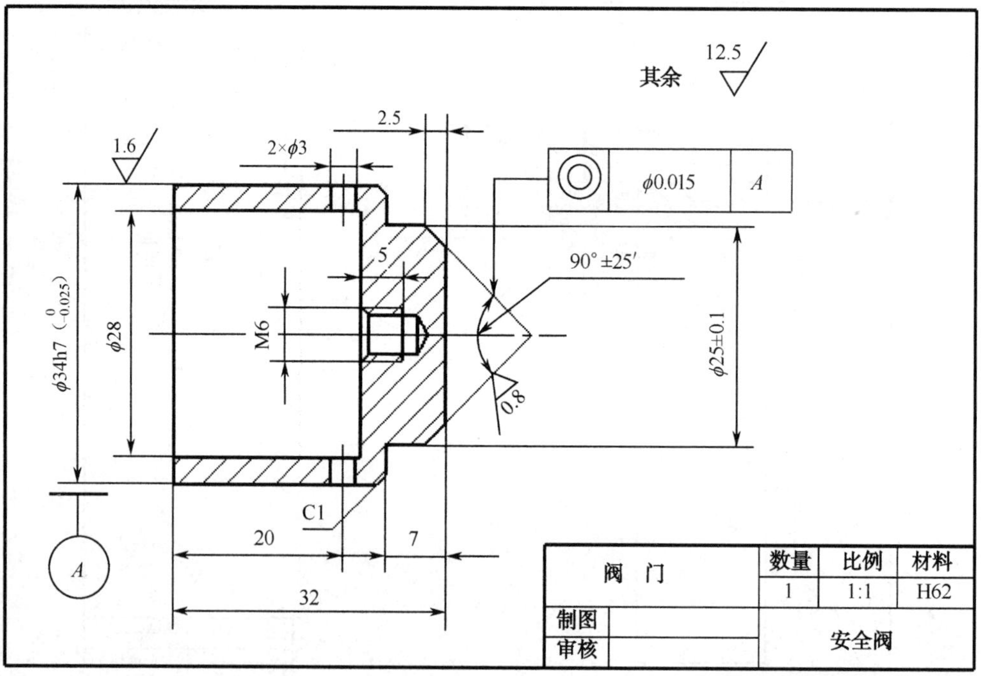

图 A-4　阀门

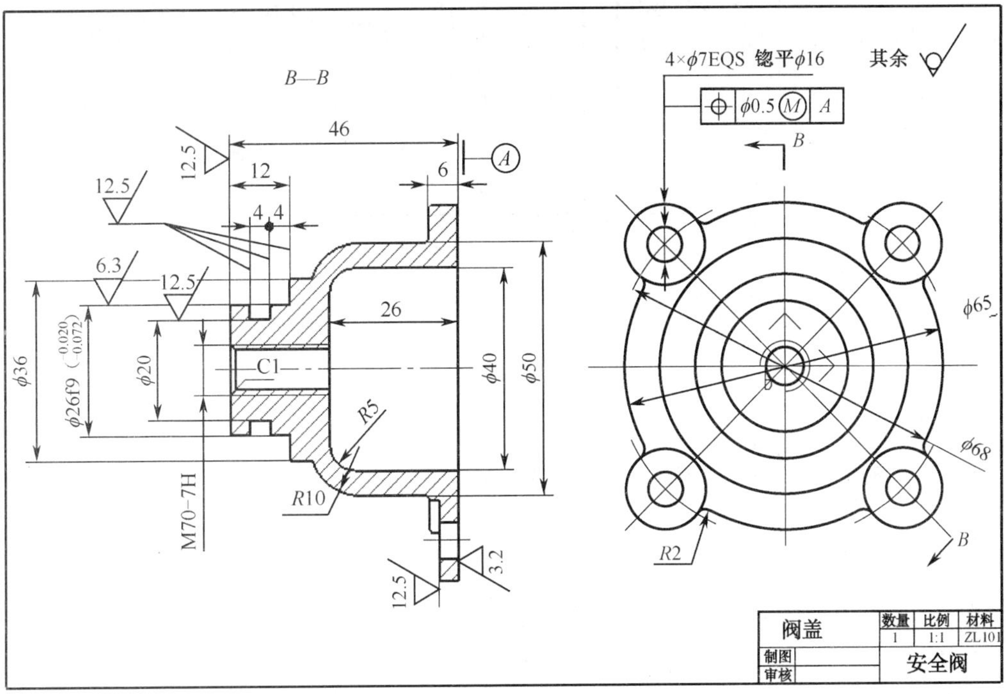

图 A-5　阀盖

第 4 章

训练 9　测量顶尖套筒ϕ32H7 孔（单件或小批量生产）

没有包容要求，可按第二种方法确定验收极限。

安全裕度 A=0

上验收极限=最大极限尺寸=32+0.025=32.025

下验收极限=最小极限尺寸=32

由表 4-2 查得测量器具不确定度的允许值 u_1=2.3 μm。

由表 4-4 查得分度值为 0.002 的比较仪不确定度为 0.001 8 mm，小于 0.002 3 mm，所以能满足要求。

训练 10　工作量规设计

（1）选择量规的结构形式：锥柄圆柱塞规。

（2）量规工作尺寸的计算：

ϕ32H7 孔的极限偏差分别为：EI=0，ES=0.025。

由表 4-6 查出塞规的制造公差 T=3 μm，位置公差 Z=4 μm。

工作量规公差带图如图 A-6 所示。

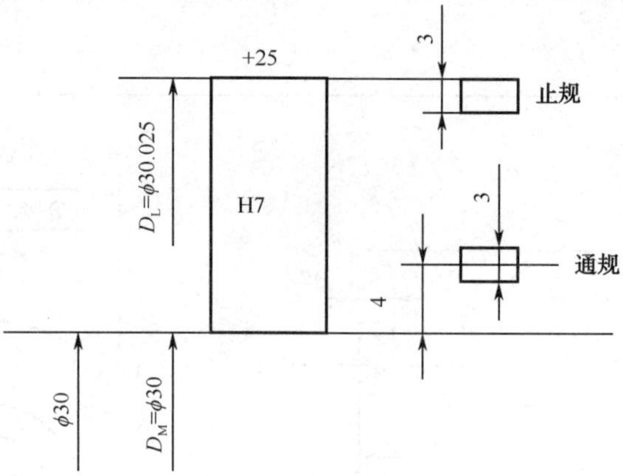

图 A-6　工作量规公差带图

塞规通端：

上偏差$=EI+Z+\dfrac{T}{2}=(0+0.004+\dfrac{0.003}{2})\ \text{mm}=+0.005\ 5\ \text{mm}$

下偏差$=EI+Z-\dfrac{T}{2}=(0+0.004-\dfrac{0.003}{2})\ \text{mm}=+0.002\ 5\ \text{mm}$

所以，通端尺寸为$\phi 32^{+0.005\ 5}_{+0.002\ 5}$ mm，也可按工艺尺寸标注为$\phi 32.005\ 5^{\ 0}_{-0.003}$ mm。

塞规止端：

上偏差$=ES=+0.025\ \text{mm}$

下偏差$=ES-T=(0.025-0.003)\ \text{mm}=+0.022\ \text{mm}$

所以，通端尺寸为$\phi 32^{+0.025}_{+0.022}$ mm，也可按工艺尺寸标注为$\phi 32.025^{\ 0}_{-0.003}$ mm。

（3）量规的技术要求：

- 量规应稳定处理；
- 测量面不应有任何缺陷；
- 硬度为 58～65 HRC；
- 形状误差为尺寸误差的 1/2；
- 由表 4-7 查得测量面表面粗糙度参数 $Ra \leqslant 0.05\ \mu\text{m}$。

第 5 章

训练 12　减速器输入轴轴承精度设计

该训练在《机械设计基础》课程设计中进行，根据具体设计题目完成相关滚动轴承精度设计。